均衡合理的营养是
宝宝聪明健康的保证

最有效的健康直通车　最关爱女性的家庭必备健康顾问

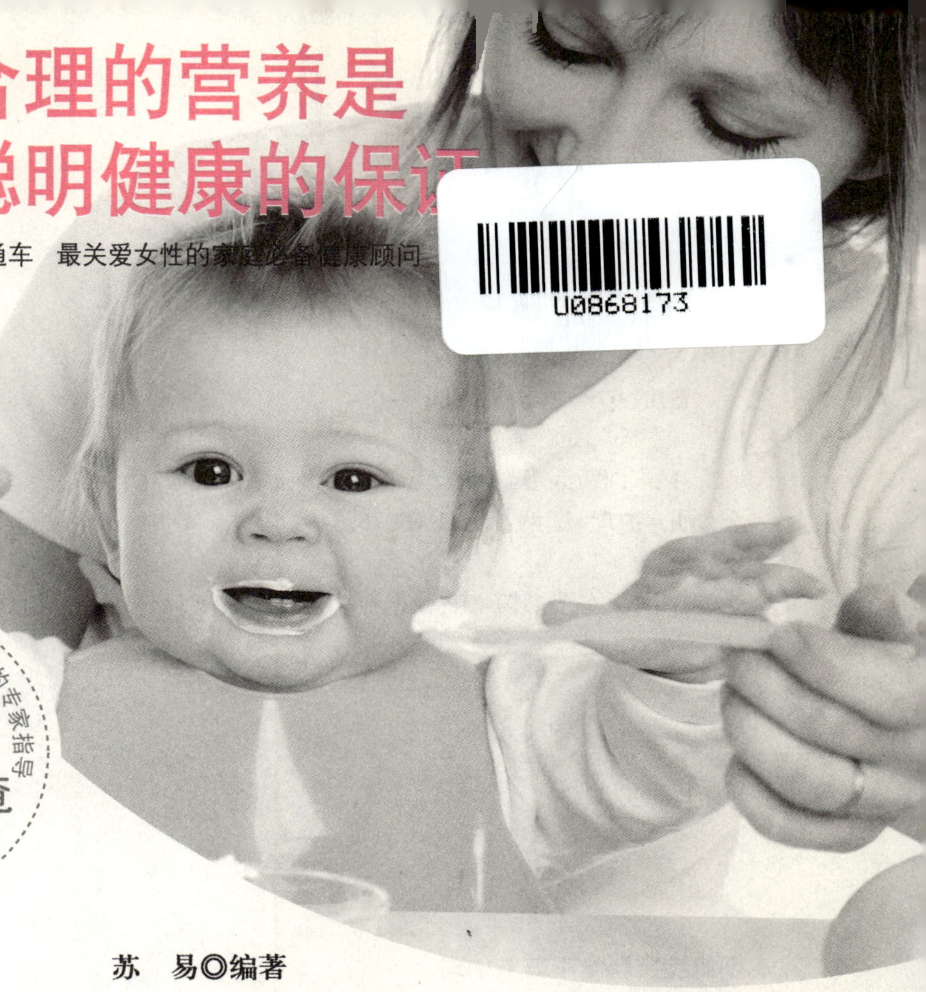

苏　易◎编著

宝宝科学喂养与护理

全方位同步科学喂养指导

母婴健康专家鼎力推荐

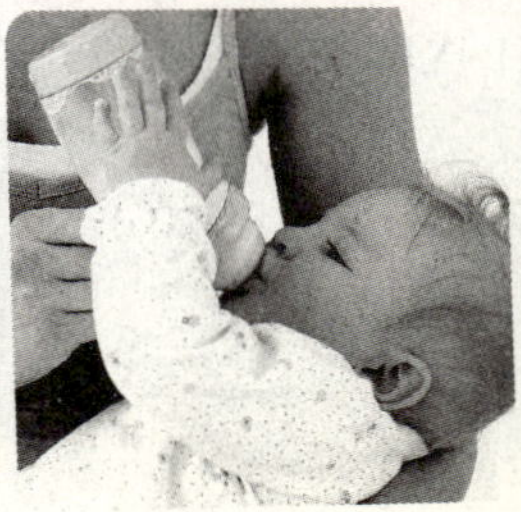
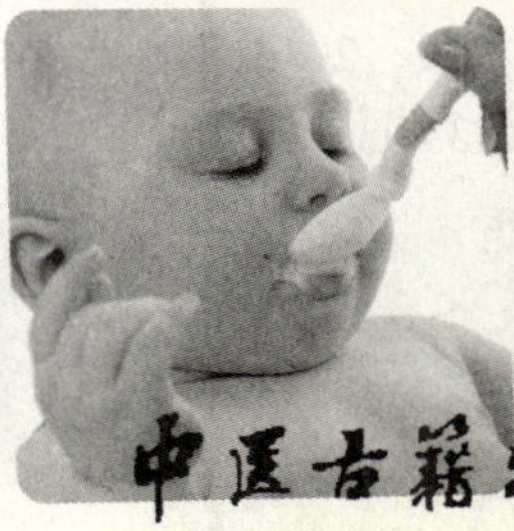

中医古籍出版社

图书在版编目(CIP)数据

图解宝宝科学喂养与护理 / 苏易编著. -- 北京：
中医古籍出版社，2013.5
ISBN 978-7-5152-0369-0

Ⅰ. ①图… Ⅱ. ①苏… Ⅲ. ①婴幼儿-哺育-图解②
婴幼儿-护理-图解 Ⅳ. ①TS976.31-64②R174-64

中国版本图书馆 CIP 数据核字(2013)第084896号

图解宝宝科学喂养与护理
苏 易 编著

责任编辑 邓永标
排版制作 腾飞文化
出版发行 中医古籍出版社
社　　址 北京市东直门内南小街16号(100700)
经　　销 全国各地新华书店
印　　刷 北京盛兰兄弟印刷装订有限公司
开　　本 710×1000 1/16
印　　张 17
字　　数 320千字
版　　次 2013年6月第1版 2013年6月第1次印刷
书　　号 ISBN 978-7-5152-0369-0
定　　价 36.00元

前　言

做父母，你们准备好了吗?

拥有一个健康、聪明、漂亮的小宝宝是每一对父母的共同愿望。要实现这一美好的愿望，就必须掌握科学的喂养原则，并在实践中加以科学地运用。

当宝宝以一声动人心弦的啼哭来到人世间，为人父母的生涯就开始了。当然初为人父为人母，需要面对许多问题和挑战！比如宝宝什么时候该喂奶了？宝宝吃什么才最有营养？宝宝不应该吃什么？应该给宝宝穿什么样的衣服？宝宝生病了怎么办？等等。一系列问题，着实让人头疼。毕竟，作为父母谁不希望自己的宝宝能够健康成长、聪明可爱呢?

但是宝宝体质是否强健，智力是否优异，一方面取决于先天遗传，另一方面却取决于后天的调养。不一样的生长发育阶段，有着不一样的喂养方式；不一样的辅食添加，造就不一样的成长基础。毫不夸张地说，宝宝的喂养是否得当，将影响其终生！为了帮助父母在科学喂养宝宝的道路上少走弯路，更多地享受与宝宝一起成长的快乐和幸福，鉴于此，我们编写了这本《图解宝宝科学喂养与护理》一书，主要针对宝宝在喂养中遇到的诸多问题，做出科学、详细而又易懂的解答。

本书以宝宝生长发育的时间为顺序，根据宝宝每一阶段的生长发育特点，详细介绍各个阶段的喂养与护理知识，为父母们提供一套科学、实用的宝宝喂养与护理方案，涵盖了众多关于宝宝科学喂养与护理方面的知识。还针对宝宝在生长过程中容易出现的疾病，介绍了相应的食疗及预防指导，供广大父母们参考借鉴。本书是一本让父母少一点遗憾、多一些技巧的读物，对科学喂养与护理宝宝提出了非常有针对性的建议，虽然不能分担新手父母们的辛苦，但确实是引导他们正确付出辛苦的导航者。我们深信：科学的喂养与护理，会有效促进宝宝体格的发展、智力的发育。

总之，本书集科学性、实用性、指导性于一体，力争以通俗易懂、深入浅出的语言，打造出最新、最全的宝宝科学喂养方案。愿所有的宝宝吃得开心，吃出健康，吃出聪明；愿所有的父母从这里学会科学喂养与护理自己的宝宝，让你的宝宝健康、聪明地赢在起跑线上。

目录

CONTENTS

第一篇 宝宝科学喂养必修课

第一章 宝宝需要的营养素

第二章 营养素的摄入量

第三章 宝宝获取营养的源泉

第二篇
0~1岁宝宝的喂养与护理

第一章
新生儿

第二章

1～3个月

第三章

4～6个月

第四章 7～9个月

第五章 10个月～1岁

第三篇 1~2岁宝宝的喂养与护理

第一章 1岁零1~3个月

第四篇

2~3岁宝宝的喂养与护理

第一章

2岁零1~3个月

第二章 2岁零4~6个月

第三章 2岁零7~9个月

第四章 2岁零10个月~3岁

第五篇
宝宝特殊时期的喂养与护理

第一章
特殊宝宝护理及预防接种

第二章
宝宝常见疾病护理

第三章 宝宝用药常识

第四章 宝宝疾病食疗方法

第一篇

宝宝科学喂养必修课

第一章

宝宝需要的营养素

提到营养，可能很多家长会说："营养？我们懂！生物为了维持生命、保证正常活动必须从外界环境中摄取所需的各种物质，此即为营养。那所摄取的物质就是营养素。"可是你知道宝宝需要什么营养素吗？

蛋白质

蛋白质是构成一切细胞和组织结构的基本材料，是一切生命活动的物质基础，在所有的生命现象中起着决定性的作用。从生命活动的过程来衡量，蛋白质加上核酸就是生命存在的主要形式。

蛋白质的生理意义有以下几点：

1. 维持身体组织的生长、更新与修补

蛋白质是人体器官与组织细胞不断更新、生长的原料。身体的增长与发育直至成熟，都需要蛋白质的参与。人体伤口的修复同样离不开蛋白质的作用。

2. 调节人体的生理功能

蛋白质在人体各种生理功能中起着非常重要的作用。例如，食物的消化过程和细胞内不断进行的物质代谢过程，都是在各种各样的酶催化作用下进行的，而酶都是由蛋白质所组成。蛋白质还能调节和控制人体的各种生理功能。

3. 增强人体对疾病的抵抗能力

蛋白质可以使人体对外界某些有害因素保持高度的抵抗力。例如，人体防御流行性感冒、麻疹、传染性肝炎、伤寒、白喉和百日咳等疾病的抗体，都是一些蛋白质和蛋白质衍生物。抗体能与入侵的各种细菌、病毒和细菌毒素结合起来，使它们的致病能力减弱，使病原体无法生存、繁殖。因而可以避免感染，减少疾病的发生。

4. 提供人体必需的氨基酸

蛋白质对婴幼儿生长发育的重要性，实际上就是氨基酸的重要性，食物蛋白质在消化道中，经胃和胰液中蛋白酶的作用，合成氨基酸后被机体吸收，在体内再合成蛋白质。人体蛋白质的合成，除了机体自身可以合成多种氨基酸外，还有九种必需由食物蛋白质供给，称为“必需氨基酸”，它们是：赖氨酸、色氨酸、蛋氨酸、苯丙氨酸、亮氨酸、异亮氨酸、苏氨酸、缬氨酸和组氨酸。一般说来，蛋、肉、鱼、奶等动物蛋白质中所含的氨基酸，从其组成和比例方面都比较合乎人体需要，容易被人体吸收利用，从而促进身体的生长发育。而植物蛋白质如豆类、面粉、小米、玉米等，除黄豆中所含氨基酸比较全面外，不少植物蛋白质所含的必需氨基酸的种类都不甚完备，因而营养价值不如动物蛋白质。婴幼儿时期的新陈代谢旺盛，应适当多吃动物蛋白质。

5. 供给人体热能

蛋白质是为人体提供热能的三种物质之一。在碳水化合物供给热能不足时，人体会动用蛋白质的分解来释放热能。另外，人体内衰老的或已破损的组织细胞中的蛋白质在分解的过程中也会释放部分热能。

婴幼儿时期正处于身体的生长突增阶段，蛋白质的质和量都直接对其有重要影响，倘若缺欠，就会造成疾病，甚至导致死亡。蛋白质在小儿体内的代谢特点是：合成远远超过分解。婴幼儿正处于生长发育阶段，如果体内蛋白质合成不足或体内蛋白质的分解大于合成，就会导致氮的负平衡，对婴幼儿生长发育不利。

脂肪

脂肪是脂类的一种，脂肪是由一分子甘油和三分子脂肪酸结合而成的甘油三酯（三酰甘油），组成天然脂肪的脂肪酸种类很多，由不同脂肪酸组成的脂肪对人体的作用各异。脂肪的另一种为类脂，类脂包括磷脂和胆固醇。脂肪中含不饱和脂肪酸较多，在高温下呈液态的称为油；含不饱和脂肪酸较少，在室温下呈固态的称为脂。

脂肪的生理意义有如下几点：

1. 构成人体细胞的重要成分

脂肪是组成人体组织细胞的一个重要组成部分。细胞膜是由磷脂、糖脂、胆固醇和蛋白质共同组成的。细胞膜具有特殊的通透性，并且与细胞的正常生理和代谢活动有密切关系。胆固醇是体内合成类固醇激素的重要物质，胆固醇在体内可转化为胆汁酸、维生素 D 等。

2. 储存供给人体热量

脂肪是产热最高的一种营养素，氧化 1 克脂肪所释放的热量是氧化 1 克蛋白质或碳水化合物所释放的热量的 1 倍多。1 克脂肪氧化所释放的能量约为 155 千焦。

3. 对人体的保护及保温作用

人体内的脂肪组织分布于皮下、内脏周围。内脏周围的脂肪组织对内脏起着固定和保护的作用，对机械摩擦、移位和撞击有缓冲作用，保护内脏和肌肉免受损伤。由于脂肪不易导热，所以有防止热量散失，保持体温的作用。

>> 小贴士

脂肪能供给人体所必需的脂肪酸（如亚油酸），以维持人体正常的生长发育；能促进脂肪溶性维生素的吸收与利用，维生素 A、维生素 D、维生素 E、维生素 K 和胡萝卜素等都溶于脂肪并随同脂肪一起在肠道中被吸收；脂肪还能改善食物的色、香、味等，提高食物的可口性，增进人的食欲。

碳水化合物

碳水化合物是人体活动最主要的能源物质，也是最经济的能量来源，是婴幼儿一切内脏器官、神经、四肢以及肌肉等内外部器官发育与活动的强大动力，碳水化合物也叫糖类。碳水化合物是自然界中存在的一大类有机化合物，几乎所有动物、植物、微生物的体内都含有它，其中以存在于植物界的最多。根据碳水化合物的分子结构特点，可分为：单糖（葡萄糖、果糖等）、双糖（蔗糖、麦芽糖和乳糖等）和多糖（淀粉和糖原、纤维素和果胶等）。以上各种糖类，除纤维素和果胶不能被人体消化和吸收外，其他都可被人体吸收利用。

碳水化合物的生理意义表现在以下几点：

1. 人体最主要的供能物质

碳水化合物是人体最主要的热能来源，它在人体被消化后，主要以葡萄糖的形式被吸收，葡萄糖能迅速氧化为人体提供热能。心脏的工作全靠葡萄糖和动物淀粉供给热能，肌肉活动也是以葡萄糖为主要燃料，神经组织和脑组织所需要的能源，几乎全部由葡萄糖氧化供给。如果人体的血糖浓度低于正常，就会引起大脑供能障碍，出现昏迷、痉挛，甚至导致死亡。

2. 构造人体组织

碳水化合物是构成人体组织的一种重要物质，参与了诸多生命过程。糖蛋白是细胞膜的组成成分之一，并且是一些具有生理功能的物质；糖脂是组成神经细胞和细胞膜不可缺少的结构成分之一；核糖和脱氧核糖是核酸的重要组成部分，而核酸在人体生长发育及繁殖等过程中都起着重要的作用，其中脱氧核糖核酸（DNA）是生命的遗传物质。

>> 小贴士

碳水化合物如供给不足，则会出现血糖降低的症状，同时也会影响其他营养素的消化、吸收和利用，使体内蛋白质消耗增加，因而形成营养不良症，使身体消瘦，没有力气，发育也不好。但婴幼儿如进食糖类食物过多，又易引起腹泻或不正常地积存脂肪，从而产生虚胖或水肿，这对以后的发育以至成年后的健康都会带来不利影响。

3. 抗酮作用

碳水化合物、脂肪和蛋白质三者在体内氧化，虽然都能产生热能，但在正常情况下，人体热能的来源应以碳水化合物为主。如果以脂肪为供能的主要来源，可能因氧化不全产生酮体，时间长了就会出现酸中毒现象。碳水化合物可以促进脂肪在体内的氧化，防止由于脂肪氧化产生过多的酮体而导致中毒。因此，只有碳水化合物才能维持脂肪的正常代谢。

有些糖类（如纤维素和果胶）虽然不能被人体消化、吸收和利用，但是它能促进肠道蠕动，促进消化液的分泌以助正常消化，特别是果胶吸水膨胀后可增大粪便的体积，以利于粪便的排出。

矿物质

矿物质是构成人体的重要原料，虽然仅占体重的4%左右，但种类较多。其中含量较多的有钙、镁、钾、钠、磷、硫、氯七种大量元素，含量大于5克，体内含量较少的微量元素有铁、铜、碘、锌、氧、锰、硒等。它们都是维持人体正常生理功能和构成组织细胞必不可少的物质。婴幼儿营养中最重要的矿物质有钙、磷、碘、锌、铁等。婴幼儿最易缺乏的是钙和铁，所以3岁以内小儿容易患佝偻病和营养不良性贫血，故应特别注意给儿童补充钙、铁。

1. 钙

人体的矿物质中，以钙的数量为最多。钙是构成骨骼、牙齿的主要成分，在骨骼发育和牙齿形成的关键时期，钙缺乏所导致的损害是不可逆转的。通常，成人体内的含钙总量约为1200克，其中大约99%集中于骨骼和牙齿中，其余约1%的钙以游离或结合的离子状态存在于软组织、细胞外液及血液中。游离钙与骨骼钙维持动态平衡，就是骨骼中的钙不断地从破骨细胞中释放出来，而游离钙也不断地沉积于成骨细胞内，通过这种方式进行钙的更新，以保证骨骼、牙齿的正常生长。钙的另一个功能是维持正常神经和肌肉的兴奋性，例如，心脏的正常搏动，肌肉、神经正常兴奋性的传导和适宜感应性的维持，都必须有一定量的钙离子存在。钙还帮助血液凝集和维持毛细血管的正常渗透压。钙对体内许多酶有激活作用。钙对婴幼儿的生长发育尤为重要，婴幼儿缺钙可患佝偻病及牙齿发育不良、心律不齐和手足抽搐、血液不正常凝固使得流血不止等。

>> 爱心妈妈育儿经

荤素平衡提高钙的利用率：比如豆腐炖鱼，鱼肉中含维生素D，豆腐含钙丰富。维生素D可促进钙的吸收，使豆腐中钙的利用率大大提高。另外，主食讲究谷豆类混食，不仅能使氨基酸互补达到最理想化，还能促进钙的吸收。

2. 磷

无机磷或有机磷复合物是构成骨骼及牙齿的主要成分。骨骼中的磷占人体磷总量的70%，其余分布在所有的细胞和磷酸肌酸中。磷具有储存和转移能量的作用。磷酸盐有助于调节机体内的酸碱平衡，磷也是构成细胞中很多重要成分的原料，如核酸、脑磷脂及某些磷酸等。婴儿期饮食中的钙磷比例以1∶1较为适宜，3~10岁以1.5∶1较为适宜，但在维生素供应不足时，钙磷比值无重大意义。

3. 铁

铁对婴幼儿营养极为重要，它是人体血红蛋白的必需成分，人体有60%~70%的铁存在于血红蛋白中。每1克血红蛋白含铁3.35毫克，血红蛋白是红血球中的有色物质，在血液中携带氧，并将氧由肺输送到人体各个组织，对维持人体组织正常的生理功能是必需的。铁还是肌肉组织中肌红蛋白的重要成分，体内3%的铁存在于肌红蛋白中，肌红蛋白将氧输送到肌肉细胞中，通过生物化学反应，供肌肉细胞收缩用。1%的铁存在于酶系统中（有细胞色素酶、过氧化氢酶和过氧化物酶等），参与组织呼吸，推动生物氧化还原反应。26%~36%的铁以运铁物质（例如运铁蛋白和储备铁）的形式储存于肝脏、脾脏和骨髓中。铁对婴幼儿的生长发育具有很重要的作用，缺铁时会发生缺铁性贫血，严重时患儿在活动后或大哭时，会出现呼吸困难和心跳过速等症状。铁长期摄入不足，婴幼儿的生长发育就会停滞，并会影响其智力发育。

4. 碘

碘的主要功能是制造甲状腺素。甲状腺素是一种激素，在人体内起着重要作用。对婴幼儿生长发育、新陈代谢及精神状态都有着重要的作用。碘还能促进蛋白质的合成与骨钙化，故对婴幼儿的生长发育影响较大。孕期缺碘的产妇所生的孩子易发生克汀病，主要表现为严重的智力障碍，这是因碘缺乏而造成人体损伤最严重的一种形式。幼儿甲状腺素不足，表现为皮肤厚而干燥，头发粗而稀，身材短而肥胖，面宽头大，鼻梁下陷，眉间增宽，唇厚，舌大露于口，乳齿生长较晚，腹呈蛙腹状，行路如鸭子，并且代谢迟缓，头脑愚笨，表情呆滞。

5. 锌

人体锌的含量为1.4~2.3克，多分布在头发、皮肤、骨骼、肠、肾、肌肉、胰、脾、胃肠道、红细胞及睾丸中。锌在人体内构成多种金属酶，对蛋白质的合成与人体的生长发育起着重要作用。锌参与碳水化合物和维生素A的代谢过程，锌还具有维持胰腺、性腺、脑下垂体、消化系统和皮肤的正常功能的作用。婴幼儿缺锌时会出现生长发育缓慢、味觉减退、食欲不振、贫血、创伤愈合不良、免疫功能低下等现象。

婴幼儿脑部发育的关键时期缺锌，会导致不可弥补的脑损害。造成婴幼儿缺锌的原因主要是膳食结构不合理，其次是婴幼儿的挑食、偏食等。

维生素

维生素是维持人体正常生理功能所必需的营养素。如果人体缺乏维生素就会

引起疾病，甚至导致死亡，例如，坏血病、脚气病、恶性贫血等。对于婴幼儿，要保证从膳食中摄取适量的维生素，促进身体的正常生长和发育。目前已知的维生素有二十多种，它们在人体内不提供能量也不构成人体的组织，主要与蛋白质合成多种酶，参与人体内新陈代谢过程中一系列的生物化学反应。它们多数不能在人体内合成，要由食物供给。通常人们按各种维生素发现的先后顺序，将其命名为维生素 A、维生素 B（B 族维生素的统称）、维生素 C、维生素 D、维生素 E 等，后来又按维生素的性质分为脂溶性维生素和水溶性维生素两大类，前者包括维生素 A、维生素 D、维生素 E、维生素 K 等，后者包括 B 族维生素（维生素 B_1、维生素 B_2、维生素 B_6、维生素 B_{12}、尼克酸、叶酸等）和维生素 C。

水

水是人体内含量最多的成分，也是人体不可缺少的物质。如同人体的生命活动不能缺少阳光和空气一样，人体也不能缺少水。人几天不吃饭仍可维持生命，如果几天不喝水，就会危及生命。水的生理功能有如下几点：

1. 促进食物的消化吸收

水是维持人体正常生理活动的重要营养物质，是人体对各种物质的吸收、运输及排泄的工具。各种营养素必须先溶解于水，然后才能通过种种体液运往全身各

个组织器官和细胞中，发挥各自的作用。各种代谢产物包括有害废物，也同样以水做溶剂，随体液带到排泄器官排出体外。这一切生理活动离开了水就无法进行，新陈代谢就会发生障碍。

2. 维持脏器形态

一部分水在体内与蛋白质、黏多糖和磷脂结合。以结合水的形式存在，呈胶冻状，使得体内某些组织含水量虽多（如心脏含水量约70%以上），但仍具有一定的形态、硬度和弹性。

水能起到调节体温（通过汗液蒸发和血液循环）和润滑作用（如唾液有利于吞咽，关节腔中的滑液可减少活动时的摩擦等）。

婴幼儿须每日定时饮水喝汤，以便补充大量的水分。此外，从水果中也能获得水分。婴幼儿如果因排汗过多，供水不足而缺水，特别是水泻引起“脱水”时，就会造成体内代谢紊乱，水盐代谢失去平衡，假若失水量超过体重的20%以上，就会引起死亡。如果缺水造成便秘、尿少，则容易引起中毒。

第二章

营养素的摄入量

人体每天都需要从膳食中获取一定量的各种必需营养素来满足身体的生长发育或是消耗。对小儿来说，摄取的营养素多用于身体的生长发育，因为婴幼儿时期是生长发育最为迅速的时期之一。

热能

婴幼儿的能量消耗主要决定于其体格大小、生理活动及生长速度。按体重计，婴幼儿对热能的需要量高于成年人，年龄越小，每千克体重的每日需要量越多。对婴幼儿来说，能量的需要存在个体差异，即使是体格、年龄、性别一致的小儿，其能量需要也有所不同。

小儿的热能需要量与活动量有关，活动量越大，热能的消耗越多，所以必须供给小儿充足的热能以满足其体力活动消耗。

一般新生儿每日每千克体重约需热能418～502千焦，如新生儿体重3千克，则每日需要的热能为1254～1506千焦，1岁左右时每日每千克体重需热量418千焦，学龄前儿童每日每千克体重需热能376千焦左右。

如果活动时消耗的热能总量大于摄入的总量，人体可以通过把体内储存的脂肪转变成为可利用的热能来补偿这种短缺。如果长期热能供给不足,其他营养素在体内也不能被很好地利用,这样就会影响婴幼儿的生长发育,身体日渐消瘦,容易生病。当个人消耗的热能低于食物所含能量的总和时,过多的热能将以脂肪的形式储存起来,长期下去,就会表现为肥胖。

蛋白质

对小儿来说,蛋白质的作用是维持其新陈代谢、身体的生长以及各种组织器官的成熟。由于蛋白质在人体内不能储存,人体所需要的氨基酸也不能全部由碳水化合物或脂肪转变而来,而且组成人体的蛋白质又在不断地更新,所以,人体必须每天从食物中摄取一定量的蛋白质。

婴幼儿时期,宝宝对蛋白质的需求不仅要求量高,还要求质优,母乳可以为新生儿提供高生物性的蛋白质,而人工喂养者由于蛋白质的质量低于母乳,所以,蛋白质的需要量高于母乳喂养者。母乳喂养时蛋白质需要量为每日每千克体重 2 克,牛奶喂养时为 3.5 克,主要以大豆及谷类蛋白供给时则为 4 克。另外,婴幼儿的必需氨基酸的需要量远高于成人,同时由于婴儿体内的酶功能尚不完善,其必需氨基酸的种类也多于成人,即对于成人来说是非必需氨基酸,而对于婴儿来说是必需氨基酸,如半胱氨酸和酪氨酸。婴儿自身不能合成这些氨基酸,只能从食物中供给。

蛋白质的需要量与热能摄入量密切关系。如果热能供给不足,那么膳食中的蛋白质就不能有效地被利用。当不能维持热能处于平衡状态时,体内原有的蛋白质就将分解氧化,以供给能量,弥补其他能量来源的不足。因此,只有供给人体充足的能量,才能充分发挥蛋白质应有的作用。一般要求儿童膳食蛋白质供给热能为 13% ~15% ,1 岁以下婴儿为 15% 以上。

由于植物性蛋白质不但在营养价值方面不如动物性蛋白质,而且其所含的蛋白质的量也比较少(豆类除外),因此膳食中蛋白质的数量不够时,就需要在膳食中增大动物性食物和豆类所占的比例。若能争取使动物性蛋白质达到总蛋白质量的20%～30%，将能有效地提高蛋白质的利用率。蛋白质的主要食物来源为奶、蛋、肉、鱼、禽及豆类等。

>> 爱心妈妈育儿经

给宝宝补充氟化物

氟化物有助于宝宝牙齿健康发育。妈妈应该和儿科医生讨论宝宝补充氟化物的需要，多数医生会建议宝宝在6个月左右开始补充氟化物。正确的补充剂量要看宝宝日常饮水中的含氟量来决定。过多的氟化物会导致牙齿变色或产生斑点，因此要严格遵循医生的建议。

脂肪

婴幼儿正处于生长发育较迅速的阶段，需要足够的类脂（如糖脂、磷脂和胆固醇等），否则会影响宝宝的生长发育和身体健康。

膳食中脂肪的推荐摄入量受饮食习惯、季节及气候的影响，变动范围较大，而且脂肪在体内供给的热能也可由碳水化合物来供给，至于为了供给脂溶性维生素、必需脂肪酸以及保证脂溶性维生素的吸收等所需的脂肪并不多。因此，在我们每日膳食中营养素推荐摄入量的建议中，并未明确规定脂肪的推荐摄入量。一般以脂肪供给的热能不宜超过30%，以避免油脂食入过多。婴幼儿需要各种脂肪酸和脂类，初生时脂肪占总热量的45%，随月龄的增加，逐渐减少到总热量的30%～40%。婴儿神经系统的发育需要必需脂肪酸的参与，所以必需脂肪酸提供的热量不应低于总热量的3%。这一需要量，在以植物油为主要烹调油的饮食中是不能满足的（必需脂肪酸的最好食物来源是植物油类，动物脂肪中的必需脂肪酸含量一般较植物油低）。

食物中的猪油、牛油、羊油、奶油、蛋黄油和禽类油，是动物性脂肪的主要来源。花生、大豆、芝麻、棉籽、向日葵籽、油菜籽等是植物性脂肪的主要来源。

人体内脂肪的沉积可能有利，也可能不利，这取决于是否适宜或过多。目前在膳食中脂肪的食入量随着人们生活水平的提高而逐渐增多的趋势，脂肪在一天总热能中的比例过高，会发生热能过剩，以致过多的脂肪堆积在体内，引起体重增加，发生肥胖，增加心脏或其他器官的负担。

碳水化合物

碳水化合物的摄入量要根据年龄、性别、民族饮食习惯、生活水平、环境情况以及活动量来确定。例如,活动量大的孩子,因身体所消耗的热量多,对碳水化合物的需要量也多,所以推荐摄入量也应该多。一般认为,母乳喂养的新生儿,其摄入量应占总热能的50%,3千克的新生儿每日应摄取碳水化合物为45克左右,婴幼儿时期碳水化合物的摄入量应占总热能的50%~55%。在婴幼儿食物的选择上,为了摄取适量的纤维素、维生素和无机盐,应当选择适当比例的粮食,并要多吃些新鲜蔬菜和水果,但是不宜多吃高糖食品和高糖饮料。碳水化合物的主要食物来源为谷类、豆类、土豆和水果等。

碳水化合物的摄入不足会造成能量不足,对处在生长发育期的婴儿,会引起生长发育迟缓、体重减轻。但是也不能吃过量的碳水化合物,譬如食糖就不可吃得太多,吃食糖太多可能会损害牙齿,产生龋齿,尤其是婴幼儿饮食糖或含糖的饮料太多会影响食欲,长期下去,将影响婴幼儿的生长发育。

矿物质

这里我们只说说几种对婴幼儿特别重要的矿物质的参考摄入量。

1. 钙

钙是人体中含量最多的矿物质,对婴幼儿的生长发育相当重要。因此,在婴幼儿期应该相应增加宝宝钙的摄入量,1岁以内的婴儿每日应摄取300~400毫克,1~3岁的幼儿每日应摄入600毫克左右。

含钙较多的食物有:虾皮、海带、紫菜、绿叶蔬菜、乳类、糕干粉、代乳粉、豆腐粉、黄豆及其制品、粗面、粗米等。

2. 磷

磷广泛地存在于各种食物中,一般地,若是膳食中钙质和蛋白质的摄入量充足,那么磷的摄入量也能得到满足。1岁以内婴儿每日磷摄入量为150~300毫克,1~3岁幼儿每日磷的适宜摄入量为450毫克。

磷广泛存在于乳类、肉类、鱼类、豆类和谷类等多种食物中。

3. 铁

人体中的铁有一部分可以重新吸收利用,所以从膳食中摄入的铁主要用于补充胃肠道黏膜脱落(失铁约0.6毫克/天)、皮肤脱屑(失铁约0.2毫克/天)及泌尿道(失铁约0.1毫克/天)所丢失的铁。我国提出的学龄前儿童铁适宜摄入量为10~12毫克。

食物中的肝类、瘦肉、蛋黄、绿叶蔬菜和一些水果中含铁都较丰富。

4. 碘

正常的体格、认知行为和神经运动系统的发育均依赖于碘合成的甲状腺素。外部环境缺碘可导致人体脑部发育落后,出现以甲状腺肿为主要特征的碘缺乏病。婴幼儿每日需碘50微克左右。通常食盐中含碘量甚微,越是精制盐含碘越少,近年来我国普及加碘盐,可长期稳定供给人体生理需要的碘量,不再需要额外补充碘。

海产品中含有丰富的碘,如海带、紫菜、发菜、鱼、虾等,海盐中的原盐也含有一定量的碘。

5. 锌

锌在婴幼儿的生长发育中是不可缺少的。缺乏锌不但使生长停滞、创伤愈合不良,还会出现性发育不良。7~12月婴儿锌的推荐摄入量为8毫克,1~3岁的幼儿为9毫克,学龄前儿童为12毫克。

锌的来源广泛,但动植物食物的锌含量与吸收率有很大差异。牡蛎含锌量最高,每千克可达1克以上;动物性食品含锌量也较高,如牛肉、猪肉、羊肉及肝脏、蛋类每千克在20~50毫克;鱼类和其他海产品每千克在15毫克左右;牛乳及乳制品每千克在3~5毫克;豆类及谷类每千克在15~20毫克;蔬菜和水果含锌较低,一般每千克在10毫克以下。过细的食品加工过程可导致锌大量丢失,例如,将小麦加工成精面粉约去掉80%的锌,罐装食品也会导致锌的大量损失。

维生素

关于维生素的参考摄入量，我们选取常见的几种讲述一下。

1. 维生素 A

对母乳喂养的婴儿，除维生素 D 供给量低外，正常母乳含有婴儿所需的其他各种维生素。

我国规定 1 岁以内婴儿维生素 A 的供给量为每天 400 微克，幼儿每天供应量为 500 微克，学龄前儿童每天供应量为 600 微克。

维生素 A 最好的食物来源是各种动物肝脏、鱼肝油、鱼卵、全奶、奶油、禽蛋等。

植物性食物中存在的胡萝卜素在体内也能转化成为维生素 A。

胡萝卜素的良好来源是黄绿色蔬菜，如胡萝卜、菠菜、苜蓿、豌豆苗、红心甜薯、辣椒、冬苋菜，以及水果中的杏子、芒果和柿子等。

2. 维生素 D

维生素 D 是体内钙磷代谢的重要调节因素之一。

体内缺乏维生素 D 可出现与缺钙相同的表现，如骨骼钙化障碍及牙齿发育缺陷。我国建议 3 岁以内婴幼儿每日摄入 10 微克维生素 D，维生素 D 的摄入量随受日照的多少会有所不同，因为吸收阳光可以在体内合成维生素 D。

所有鱼肝油都是维生素 D 的丰富来源。通常天然食物中维生素 D 含量均较低，含脂肪高的海鱼、动物肝脏、蛋黄、奶油等相对较多，瘦肉和奶中含量较少。

3. 维生素 B_1

一般认为，维生素 B_1 的需要量应当与人体热能的总摄入量成正比，每天应为

0.5 毫克/4182 千焦。

过分淘米，会造成维生素 B_1 大量损失。婴幼儿维生素 B_1 的每日推荐摄入量为 0.3 ~ 0.7 毫克。

维生素 B_1 的食物来源主要为未精制的谷类食物，但随碾磨和精加工使维生素 B_1 含量逐渐减少；瘦肉和内脏中（心、肝、肾）也较丰富；豆类、种子、干果、坚果类和蛋类也是维生素 B_1 的良好来源；发酵生产的酵母制品中也含有丰富的 B 族维生素；蔬菜水果中含量较少，但芹菜和莴苣叶中含量丰富，要注意充分利用。

4. 维生素 B_2

一般认为，维生素 B_2 的需要量与蛋白质摄入量有关，生长加速期蛋白质需要量增加，维生素 B_2 需要量也要增加。婴幼儿维生素 B_2 的每日推荐摄入量为 0.5 ~ 0.7 毫克。维生素 B_2 广泛存在于动植物食物中，如奶类、蛋类、肉类、动物内脏、谷类、新鲜蔬菜和水果。谷类和蔬菜是我国人民维生素 B_2 的主要来源，但由于谷类的精加工会使维生素 B_2 损失一部分，另外，在烹调的过程中也会使维生素 B_2 损失一部分，因此维生素 B_2 容易缺失。

5. 维生素 C

2000 年，中国营养学会提出我国人民膳食中维生素 C 的摄入量，1 岁以内婴儿每日适宜摄入量为 40 ~ 50 毫克，3 岁以内幼儿每日摄入量为 60 毫克，学龄前儿童每日摄入量为 70 毫克左右，维生素 C 的主要来源是新鲜的蔬菜和水果，例如，绿色、红色、黄色的辣椒，菠菜，西红柿，韭菜，柑橘，红果，草莓等。动物性食物仅肝脏和肾脏含有少量的维生素 C，肉、鱼、禽、蛋、奶等食品中含量较少。

维生素 C 是水溶性物质，并且易氧化破坏，过热、遇碱性、长时间暴露在空气中都会破坏维生素 C。

第三章

宝宝获取营养的源泉

宝宝所需要的营养素大多数能从食物中获得。食物经过消化，变成简单的物质被人体吸收，有的能满足机体的需要，有的能参与生理功能的调节，有的能满足生长发育的需要等。营养素是宝宝成长的基础，缺一不可。

脂肪含量较多的食物

膳食中脂肪主要来自动物脂肪和富含油脂的植物。脂肪含量较高的食物包括猪肉、猪油、植物油、核桃、葵花子、花生、松子等。来自植物性食品的脂肪除棕榈油外均富含不饱和脂肪酸，其亚油酸含量高，并含有较多的维生素 E。动物性脂肪除某些海产动物外，一般含饱和脂肪酸和胆固醇较多。

糖类含量较多的食物

糖类在自然界中分布较广，人类所需的糖类主要由植物性食物提供，如米、面、杂粮、根茎、果实、蜂蜜等，它们中糖类的含量很丰富。动物性食品中只有肝脏含有糖原，乳类食品中含有乳糖，其他则含量低微。日常生活中，良好的糖类多来源于根类食物、全麦面包、未加工的谷类、新鲜水果和果汁等。

认识蔬菜的营养价值

为了宝宝的健康,不要低估蔬菜的营养价值。蔬菜中含有大量的维生素、矿物质、氨基酸、抗氧化剂、酶及植物化学物质。这些物质一起作用,可以为人体提供大量的维生素、食物纤维、蛋白质和无机盐等,而蔬菜中的一些植物化学物质,对人体具有更重要的作用。如绿叶蔬菜里含有丰富的叶绿素,它们有助于"制造"血液,能够帮助抵抗癌症和部分辐射,杀死细菌,有很强的疗伤作用;红椒中含有大量的辣椒素,它有助于保护DNA免受破坏;存在于柑橘类水果及黄瓜中的生物类黄酮对人体有许多好处,能够与有毒金属结合,并将它们排出体外,能抑制细菌,因而具有抗感染的特性,还能够抵抗致癌物质;葱属植物,含有丰富的维生素和矿物质,大蒜对免疫系统非常有益,能够预防癌症。

>> 新手妈妈大课堂

提到水果,人们首先想到的是富含维生素。确实,水果是一切食物中维生素含量最高的,也正是因为这个原因,许多人认为,进食水果只是为了补充维生素。其实,各种水果的营养价值远不止如此,水果中含有大量水分、无机盐、矿物质以及果糖、葡萄糖、蔗糖、纤维素、钾、镁、钠等,它们都是人类生命所需的重要物质。另外,水果具有芬芳的香味、鲜艳的色彩,能促进人的食欲,水果中所含的有机酶还可以促进消化。

蛋白质的食物来源

蛋白质的食物来源主要有两类,一类为动物性蛋白质,来源于:瘦肉、牛肉、鱼、虾、奶、蛋、禽类等;另一类为植物性蛋白质,来源于:豆类、谷类、坚果(如花生、核桃)等。蛋白质的营养价值取决于其所含必需氨基酸的种类、数量以及氨基酸之间的比例。

如蛋白质中所含必需氨基酸的种类、数量及氨基酸之间的比例接近人体组织器官中的蛋白质,则该蛋白质的营养价值高。如鸡蛋、乳类、豆类等所含的蛋白质,就富含优质蛋白质。

植物性蛋白质中,粮谷类食品所含蛋白质少,且必需氨基酸的组成也不均衡,故其蛋白质营养价值较低。因此,一般认为动物性蛋白质比植物性蛋白质的营养价值高。

对婴儿而言，提供蛋白质最好的食物是母乳（主食），其次是蛋、鱼、禽、肉及大豆。

混合食物可以达到营养互补

生活中，人们为了提高食物的营养价值，常将鱼、肉、粮、豆混食以取长补短，发挥蛋白质的互补作用，以提高食物的营养价值。各种食物中蛋白质的氨基酸组成成分不同，因而营养价值也不一样。通常将含有 8 种必需氨基酸的蛋白质称为完全蛋白质，不完全含 8 种必需氨基酸的蛋白质称为不完全蛋白质。

一般来说，多种食物配合应用，能较好地满足人体对氨基酸特别是对必需氨基酸的要求，提高食品的蛋白质营养价值，这就是蛋白质的互补作用。如谷类食品的赖氨酸少，而豆类中的赖氨酸多，将谷类大米与豆类混吃就可以提高其营养价值，单吃大豆、小米和玉米，其生物价分别是 64、57 和 60，如果将大豆和玉米混食，其生物价可提高到 76。

>> 温馨提示

鱼贝类食物含有丰富的营养

鱼贝类食物中蛋白质的含量丰富，占 15% ~20%，所含脂肪中以不饱和脂肪酸为主，因此易于消化。鱼贝类食物中含磷、钾、铂等微量元素较多，海鱼含碘较多，虾皮含钙丰富，鱼油中的脂容性维生素 A 和维生素 D 含量多，鱼肉中含有烟酸，其营养素齐全，能促进小儿生长和智力发育。相比之下，肉类食品蛋白质含量相对较低，无机盐及维生素含量较少，营养价值低于鱼贝类食物。

食物在加工时要留住营养素

除了空气之外，人类生命所需要的营养都是从食物中得来的，人类摄取食物就是为了获得更多的营养。但往往食物在烹饪加工过程中会丢失不少的营养，因此，在食物的加工过程中，我们应该注意防止营养素的丢失。

谷类食物加工精度越高，营养素的损失就越多，因此淘米时除非谷粒被污染，否则应避免过分揉搓。用盆或碗蒸饭及焖饭不会有米汤的溢出，可有效地防止营养素的损失。

大豆及豆类食品如将其浸泡并磨制成豆浆、豆腐等，比整粒煮熟的消化率要高，从这一点看，干炒大豆的消化率不如煮熟的，煮熟的大豆又不如豆浆、豆腐等豆制品的营养价值高。

蔬菜水果类食品在加工过程中应注意尽量少用水浸泡和弃掉汤汁及挤出菜汁的方法，叶菜烹饪加工时间不宜太长，新鲜蔬菜不宜久煮，勿在阳光下暴晒，烹制好的蔬菜不宜放置时间太长，加醋烹调可减少维生素B和维生素C的损失，加淀粉调芡汁也可减少维生素C的破坏。平时应注意不用铜制器皿装盛蔬菜，以免破坏蔬菜中的维生素等营养素。

添加辅食的原则

给婴儿添加辅食的原则：根据婴儿的消化能力循序渐进地添加，每次添加一种，量由少到多，待适应后再渐渐增加种类和量。由稀到稠；由细到粗；由一种到多种；由流质、半流质到软食，最后辅食转为主食，为断奶打下良好的基础。天气炎热和生病期间，应减少辅食量或暂停辅食。

第二篇

0~1岁宝宝的喂养与护理

第一章

新生儿

临床上，一般把宝宝从出生之日起直到满 28 天为止称为新生儿。新生儿一天中大多数时间是在睡眠中度过的，最好为母婴准备一个专用的房间。由于新生儿刚离开母体，来到一个新的世界，需要一个适应过程，所以，父母要充分认识新生儿的生理特点，仔细地呵护他，帮宝宝尽快地适应新环境。

发育特征

生长发育指标

临床上，一般把宝宝从出生之日起直到满 28 天为止称为新生儿。大多数新生儿都是足月生正常儿，也有少数新生儿是早产儿或过熟儿。正常新生儿的胎龄大于或等于 37 周，体重在 2500 克以上。胎龄未满 37 周而出生的宝宝，被称为早产儿，也称为未成熟儿。胎龄超过 42 周的新生儿为过熟儿。

若胎龄满 37 周，但体重却不足 2500 克，一般称为足月小样儿，又称低体重儿。平时说的新生儿一般是指正常足月产的宝宝，指标如下：

体重：2500～4000 克

身长：47～53 厘米

头围：33～34 厘米

胸围：约 32 厘米

坐高（头顶至臀长）：约 33 厘米

呼吸：每分钟 40～60 次

心率：每分钟 140 次左右

新生儿的听力

新生儿出生前几个月，听的能力就已经发育得很好了，能听到声音了。他们从一出生就有对声音的定向能力。如距右耳10~15厘米处的咯咯声，就能使他的眼和头转向右方，有时还能用眼寻找发出声音的物体。新生儿头转回到正前方后，再在他的左耳旁发出声音，他的头和眼又会转向左方。

新生儿喜欢听人说话，特别喜欢听自己母亲的声音，听到母亲的声音时会把头和眼转向母亲说话的一边。新生儿还喜欢听高调的声音，所以父母和新生儿谈话时应提高音调。新生儿阶段已能形成听的条件反射，例如，出生后仅1天的小宝宝，用铃声和嗡嗡声刺激他，当右侧铃声响时，让宝宝吸吮糖水，嗡嗡声响时不让吸吮糖水。新生儿就能学会当铃声响时，头转向右，而嗡嗡声响时，头不转向右边。

新生儿的视力

以前人们认为新生儿是看不见东西的，仅会睡、哭、吃奶，现在才知道新生儿从一出生就具备了一定的认识世界的能力，他们在睡醒时不仅能看东西并能用眼与成人进行感情交流。

新生儿刚生下来就有一段安静觉醒状态，平均约40分钟。这时，他会盯着父母的脸，认真地听他们说话。如果父母观察新生的宝宝，会注意到在安静觉醒状态下的小宝宝很少活动，似乎他把全部精力集中到看和听上面了。这种安静觉醒的状态时间不是很长，出生后7

>> 爱心妈妈育儿经

新生儿体检

婴儿一出生就要在医院进行一次仔细的身体检查，包括身体异常检查、健康状况检查、口腔内检查、头部检查等，项目虽然多，但对宝宝今后的健康成长是很有必要的。在检查中若发现异常情况可以及时做出处理，避免以后因为治疗不及时而产生遗憾。

天内约占每天时间的1/10，多数在吃奶后1小时左右容易发现。新生儿常把眼睛睁得很大，明亮发光，很少活动，很平静。新生儿是很机敏的，喜欢看东西，特别是圆形、有鲜艳颜色的东西，如颜色鲜艳的球或有鲜明对比条纹的图片，还喜欢看人脸，大人的眼睛是最能吸引新生儿注视的目标。当新生儿在注视你时，假如你的头向一侧慢慢移动，但仍然面对着他的脸，这时他也会随着你慢慢移动眼睛，然后转动头部追随你头部运动的方向。除水平方向外，他还能从垂直方向跟着看你的脸。

认为新生儿不能看见东西的原因之一是不清楚新生儿"近视"的特点。新生儿看东西的最适当距离约20厘米，大约等于母亲抱宝宝喂奶时，母亲脸和宝宝脸之间的距离。

新生儿不仅能看东西，而且还能记住曾经看过的东西。如床头挂一玩具，开始他看的时间长，以后看的时间渐渐变短。如果换一样新东西，又会重新产生兴趣。

更有趣的是，新生儿还能观察出母亲脸上的变化。如母亲戴上口罩，只有8天的小宝宝会更加不停地看她的脸，吃奶也变少了，表现出心神不安的样子。

因此，母亲要抓住新生儿觉醒的时机，与他在热切的相视中，互相交流以增进母子之间的感情。

新生儿的体温

出生后，新生儿从温暖恒定的母体内来到外面世界，处在温度经常变异的环境里。新生儿在这一逐渐适应的过程中，虽然具有保持体温相对恒定的功能，但由于他的体温调节中枢发育尚不完善，同时适应能力差，皮下脂肪薄等身体本身的特殊原因，导致体温的调节功能不稳定，体温容易波动。

保持体温的恒定主要取决于体内的产热与体表的散热及二者的平衡。而在新生儿期，新生儿的产热方式与成人是不同的。成人在寒冷的刺激下，发抖（寒战）过程中所产生的热量要比平时增加2～3倍；新生儿极少以发抖的方式产生热量，而是依赖一种叫作棕色脂肪的物质来提供急需的热能。因此新生儿产热的本领非常有限。新生儿的散热和成人的散热也有很大的区别。足月新生儿的体重仅为成人的5%，而体表面积却是成人的12%，可以看出新生儿的体表面积和体重的比例是成人的2倍以上。

新生儿体表面积相对较大，较成人更容易失热，再加上新生儿皮下脂肪层比较薄，保护体内温度传至体表的隔热效果不太好，易散热而致体温偏低。由此可见，新生儿体温调节的不稳定和其内在身体条件的特殊性，使得他的体温容易波动。如在炎热的夏季，不注意室内通风，环境温度过高，会引起新生儿发热或脱水等不良后果；在寒冷的冬季，不注意保暖，新生儿体温过低时，可能会出现新生儿硬肿症，使生理状态发生紊乱。因此，要注意为新生儿创造适宜的温度环境，使居室温度保持在18~22℃，新生儿的体温波动在36~37℃。

>> 温馨提示

婴儿的体温是37℃左右，比成人略高，吃奶后和哭后体温会更高。婴儿自己还不能适当地调节体温，所以，妈妈要注意，不要让他太热也不要让他太冷。室温最好保持在20℃左右。体温如果在37.5℃以上或36℃以下的情况，就是生病了。

新生儿的味觉和嗅觉

新生儿的味觉发育得特别好，能分辨4种基本味道：甜、咸、酸、苦。他们非常喜欢甜味，不喜欢过咸、酸和苦的味道。假如给新生儿的舌头上滴一些糖水或橘子汁，他们乐于接受糖水，而对有酸味的橘子汁则表现出皱眉、闭眼、张嘴等表情。如果给予浓度不一样的糖水时，新生儿吸吮浓度高的糖水比浓度低的糖水的速度要更快，中间停顿的时间也更短。

新生儿的嗅觉同样也发育得特别好，出生后很快就会认识和区别不同的气味。对刺激性的气味反应强烈，例如，对茴香、醋酸、油漆等怪味分辨本领较好。出生6天的新生儿就能区别母亲乳汁的气味。与此同时，母亲也能区别自己宝宝的气味。如果把母亲的眼蒙上，她借助气味也能找出哪个是她的宝宝。这些是多么令人惊奇的辨别力！可见，嗅觉是母婴相互联系、了解的一种生理上的方式。

新生儿的触觉

新生儿还没有生下来时就有了触觉，出生后一些部位的触觉已经发育得特别好，如嘴唇、眼、手掌、足尖等，其中嘴唇部分最为灵敏。当您用手指轻轻触动宝宝的嘴唇时，他的小嘴相应会作出反应，顺着手指触动的方向寻找，并引发吸吮动作。他对冷暖感觉也很敏感，在温暖的环境中，会平静而安详；在寒冷的环境中，心情就会变坏、手脚乱动、哭闹不安。室温低于15℃时，对新生儿将会产生一定的威胁。

所以，你要随时注意做好新生儿的保暖工作。宝宝的痛觉能力发育得稍慢一些，常常要在出生两个月以后才能对刺激有痛苦的表现。

新生儿的触觉有高度的灵敏性，出生时间不长就能对接触身体的襁褓或被褥的任何不适的刺激表示强烈的反应，尤其是敏感的嘴唇、手掌、脚掌、前额、眼睑等处。例如，当物体接触到新生儿嘴唇的时候，他就会出现口部动作；当物体接触手掌的时候，就马上把物体抓握住等。大腿、前臂、躯干等部位的触觉比较迟钝。

大多数新生儿最早的反射都是由身体各个部位的触觉引起的，所以触觉对新生儿是一种特别重要的刺激方式。有经验的母亲会常常用温暖的手轻轻接触宝宝的后背及全身，用手指轻揉宝宝的小手、小脚或亲吻宝宝的手脚。当宝宝哭时，母亲就会本能地抱起宝宝，轻轻拍宝宝使他停止哭泣，这时的宝宝也喜欢紧贴着母亲的身体，依偎在母亲的怀抱中。据调查发现，新生儿哭闹时，母亲边和他说话，边把手放在他的腹部或把宝宝的两只小手同时按到他自己的腹部，可通过触觉刺激使宝宝停止哭闹。研究结果证明，2/3 左右的新生儿不用抱起，仅通过这个方法即可得到安慰。

总结前面所述，触觉是新生儿开始认识世界、认识自己、与人交流、抚慰自己的主要方式。母亲一定不要轻视宝宝这方面的能力，宝宝出生后就要给予他们充分的触觉刺激，保证宝宝早期感知觉更好地全面发展。

新生儿的呼吸

新生儿的呼吸很浅，有时甚至看不出在喘气。呼吸次数和呼吸频率都较快，有时还会看到呼吸快慢不规律的表现。

这是由于在新生儿时期，新生儿的呼吸肌肉很薄弱，主要是靠膈肌来呼吸。因此，在呼吸时，胸部运动较表浅而腹部运动却很明显。同时，新生儿的呼吸道较狭小，胸腔也比较小，每次吸入和呼出的气量就相对较少。可是新生儿本身代谢所需要的氧气量并不少，只能通过加快呼吸次数来弥补每次吸入氧气量的不足，来满足正常生理的需要，因此，新生儿的呼吸次数相对较快。此外，在新生儿时期，呼吸中枢的调节功能尚未发育完善，有时很容易出现呼吸节律不规则的现象。

鉴于新生儿的这种呼吸方式，在护理时应注意不要将他的腹部包裹过紧，以免影响呼吸运动。在观察新生儿呼吸时，如果只看面部，有时好像看不出在喘气，往往需要解开包被，暴露出胸腹部，就可以明显看到新生儿上腹部的起伏，观察到他的呼吸变化。正常新生儿的呼吸应为 40 次/分，但在不同情况下变化很大，如在哭闹时呼吸次数会明显增快，故应在新生儿安静或睡眠状态下观察。正常情况下，新生儿有时会出现呼吸深浅交替和频率快慢不等的现象，但不应该发生面色难看或青紫的情况。如果新生儿的呼吸次数大于60次/分，并有反应低下、哭声轻、面色苍白、口周青紫、吃奶差、呛奶等症状，表明新生儿患了肺炎，家长应立即将他送往医院诊治，不能延误。

新生儿的皮肤

皮肤包裹在人体的表层，起着一种保护层的作用。皮肤保护着肌体免受损伤，并抵抗各种病菌的侵入，成为人体防御的第一道防线。

健康新生儿的皮肤娇嫩呈粉红色（刚出生时为暗红色或微紫，一旦建立呼吸、保暖后就转为红色），皮下脂肪丰富。初生时，皮肤表面有一层灰白色胎脂覆盖着，这是由皮脂腺的分泌物和脱落的表皮形成的，具有保护皮肤、防止感染及保暖的作用，出生数小时后逐渐被皮肤吸收，不必清洗。但耳后、头皮、腋下及其他皱褶处的胎脂可在出生后6小时左右用消毒的植物油轻轻擦掉。足月胎儿毛不多，仅在肩部或额面、背底部可见。头发可多可少，未成熟儿胎毛较多。

新生儿刚刚出生时，如同一棵嫩嫩的小苗，他的皮肤没有经过风雨，非常娇嫩，主要表现在皮肤角质层很薄嫩，稍遇外力或摩擦就容易损伤。由于皮肤薄，病菌也容易乘虚而入，皮肤容易出现感染、发生脓疱疹等。此外，新生儿真皮下血管丰富，毛细血管密集，这就为皮肤感染后病菌的扩散创造了极好的条件，很容易使原来并不太严重的皮肤感染发展为危及生命的败血症。

因此，做好新生儿皮肤的保护工作很重要，既要保持皮肤的清洁、干燥，又要格外仔细地做好护理工作。

除此之外，新生儿的皮肤还有一个特点，即皮下脂肪薄，再加上新生儿体表面积相对较大，使得新生儿的热量容易散失。因此，在新生儿时期要加强保暖，特别是在严寒的冬季，要注意防止硬肿症的发生。

新生儿的睡眠

新生儿期是人一生中睡眠时间最多的时期，每天要睡 16～17 小时，约占一天时间的 70%，其睡眠周期约 45 分钟。睡眠周期随新生儿成长会逐渐延长，成人为 90～120 分钟。睡眠周期包括浅睡和深睡，在新生儿期浅睡占 1/2，以后浅睡逐渐减少，到成年仅占总睡眠量的 1/5～1/4。深睡时新生儿很少活动，平静、眼球不转动、呼吸规则。浅睡时有吸吮动作，面部有很多表情，有时似乎在做鬼脸，有时微笑，有时撅嘴，眼睛虽然闭合，但眼球在眼皮下转动。四肢有时有舞蹈样的动作，有时伸伸懒腰或突然活动一下。父母要了解宝宝在浅睡时有很多表现，不要把这些表现当作宝宝不适，用过多的喂食或护理去打扰他们。

宝宝出生后，睡眠节律未养成，夜间尽量少打扰，喂奶间隔时间由 2～3 小时逐渐延长至 4～5 小时，使他们晚上多睡白天少睡，尽快和成人生活节律同步。同样，父母精神好了，能更好地抚育自己的宝宝成长。

科学喂养

初乳对新生儿非常珍贵

母亲经过“十月怀胎”的艰苦历程，终于迎来了“一朝分娩”的时刻。当盼望已久的“小天使”降临这个世界时，全家人都为之激动和振奋。在这幸福的时刻，母亲千万不要忘记给刚出生的新生儿喂初乳。

根据宝宝不同月龄的营养需要不同，母亲乳汁的成分也相应地发生着变化。产后 1 周内所分泌的乳汁称为初乳，2 周为过渡乳，以后渐渐转为成熟乳。初乳中含有胡萝卜素、蛋白质及其他有形成分较多，故呈黄色黏稠状。与成熟乳比较，初乳中的脂肪、糖含量比较低，适于新生儿消化吸收，而蛋白质含量则高于成熟乳数倍以上，蛋白质以乳清蛋白为主，易于消化，并适合新生儿快速生长的需要。尽管初乳量不是很多，但每次喂乳都能吸到 2～20 毫升或更多的初乳，即可满足新生儿的需要。吸吮次数越多，可获得越多的初乳。这样可减少新生儿出生后最初几天的体重下降，还可以让生理性体重下降恢复得快些。

初乳中含大量的免疫球蛋白，特别是分泌型球蛋白，不易被胃酸和消化酶损坏，可黏在肠黏膜上，用以结合、中和病毒和细菌毒素，是保护肠黏膜的特殊抗体。所以，用母乳喂养新生儿可大大减少肠道感染的危险。初乳还有治疗新生儿呼吸道和肠道感染的作用。

初乳还有利于胎便的排泄，减少胆红素的肝肠循环，从而使新生儿黄疸发生率下降。所以说，初乳对新生儿的健康特别重要。过去不少父母不了解初乳的特点和好处，反而误认为黄稠的初乳不洁净而丢弃，这实在可惜。

母亲在给宝宝喂初乳时，垂体所产生的催乳素和催产素，还有助于乳汁分泌，为以后哺乳打下基础；同时，也有助于子宫收缩、复原，尽快结束产褥期，早日康复。母乳喂养是养育宝宝的明智之举，特别是给宝宝喂初乳，对宝宝、对母亲都是大有好处的，应尽可能用母乳喂养。

>> 爱心妈妈育儿经

新生儿早开奶的好处：

(1)有利于母亲乳汁分泌，不仅能增加泌乳量，而且还可以促使乳腺管通畅，防止奶胀和乳腺炎的发生。

(2)新生儿也可通过吸吮和吞咽动作促进肠蠕动及胎便的排泄。

(3)新生儿的吸吮动作还可以反射性地刺激母亲的子宫收缩，有利于子宫的尽快复原，减少出血和产后感染的可能，更有利于产妇早日康复。

(4)早喂奶可使新生儿得到初乳中的大量免疫物质，以增强新生儿防御疾病的能力。

(5)早喂奶还有利于建立母子亲密关系，能尽快满足母婴双方的心理需求，使宝宝感受母亲的温暖，减少宝宝来到人间的陌生感。

第一次喂奶的最佳时间

以往人们考虑产妇生下宝宝后因身体过度疲劳和虚弱，要妈妈和宝宝分开一段时间，12 小时后才开始喂母奶。最近，世界卫生组织和联合国儿童基金会对母乳喂养提出了新的倡议：产后 30 分钟喂奶。这是因为新生儿出生后 20 ~ 30 分钟时吸吮反射最强，如果此时没有得到吸吮体验，将会影响以后的吸吮能力。所以喂奶越早越好，同时要实行母婴同室同床，以便于适时喂养宝宝。初乳是最珍贵的。初乳中脂肪和糖的含量较低，蛋白质含量较高，易于新生儿吸收，特别是有免疫能力的 LgA、LgG、LgM 的含量较高，尤其具有抵抗消化道、呼吸道感染的 LgA 含量最高，宝宝因此增强了抗病力。

另外，妈妈与宝宝同室同床，按需哺喂，多次不定时的吸吮可以刺激母亲大脑分泌释放催乳素，从而使乳汁分泌增加，并可预防奶胀和乳汁淤积。

最佳喂奶姿势:

(1)采用坐位或躺着都可以,一般以坐在低凳上比较好。

(2)把宝宝放在腿上,让宝宝头枕着妈妈胳膊的内侧,用手腕托着后背。

(3)妈妈用手托起乳房,先挤去几滴宿乳。

(4)妈妈用乳头刺激宝宝口周皮肤,待宝宝张开嘴时,把乳头和部分乳晕送入宝宝口中。

(5)让宝宝充分含住乳头,用手指按压乳房,既容易吸吮,又不会压迫宝宝的鼻子。

注意:先用消毒棉擦洗乳头及周围皮肤。给宝宝喂完奶后,把宝宝身体直立,头靠在妈妈的肩上,轻拍和抚摩后背,使宝宝排出吞入的空气。

母乳不足怎么办

(1)做好心理调整。首先,要相信自己有能力哺喂自己的宝宝,有这种信心才能坚持母乳喂养。其次,要放松自己,休息好,情绪愉快,这样可促进催乳素的分泌。再次,多与自己的宝宝接触,宝宝的皮肤、动作、表情和气味等都是催乳素分泌的促进剂。

(2)保证营养。对哺乳妈妈来讲,水是一种重要的营养素,首先要保证水的摄入,多喝汤、饮料、开水都是保证水分摄入的有效方法。对经济条件较好、膳食结构合理的家庭来讲,不必刻意去增加产妇的食物摄入量,因为过多的食物摄入往往会增加母亲的体重,而不是增加泌乳量。但对经济状况较差、膳食结构不合理的家庭,就应当注意调整哺乳妈妈的膳食结构。

(3)让宝宝多多吸吮。将宝宝放在母亲身边,一旦需要就给宝宝喂奶,夜间间隔时间可长一些,但不可不喂奶。另外,还应适当延长每侧乳房的喂奶时间。

母乳过多怎么办

有的母亲奶水过多,宝宝吃不了,憋得乳房胀痛,该怎么办呢?

(1)可以用手或吸乳器挤出或吸出多余奶汁,并用湿毛巾热敷乳房,胀痛即可消失。手挤的方式很重要,要沿着乳晕按挤,直到感觉乳房内没有硬块为止。

(2)挤出的乳汁可以给宝宝洗脸或洗澡时擦身用。

(3)可以将挤出的乳汁速冻起来加以保存,保质期可达6个月,但要使用密闭性好的容器。3~5天要食用的母乳可放入冷藏室,若要保存时间长一点儿,则要存放于冰箱的冷冻室内。如果冷冻室内温度维持在-18℃以下,则可在经常开的双门冰箱内冷冻4个月,在单独的冷冻柜内可保存6个月。奶水一定要先冷却了才可放进去冷冻。

另外,母乳不能用微波炉加热,最好是使用温奶器加温。重新加温后的母乳营养损失非常小,母亲不必担心宝宝会营养不良。

>> 专家答疑

满月前这一段时间给宝宝喂奶的次数和时间间隔不要硬性规定,只要小宝宝饿了就要喂,即使夜里也是如此,小宝宝能吃多少就喂多少。一般宝宝饿了的表现为哭声较大,同时有找奶的动作。

满月后,慢慢要让哺乳时间形成规律,通常2.5~3小时喂一次母乳,但必须自然慢慢地形成。比如宝宝不到喂奶时间饿了,妈妈没有必要非坚持到点喂,让宝宝饿着,这样不利于宝宝的情绪和心理发育,可以适量地减少夜间喂奶次数。

怎样知道新生儿饿了

如果细心的母亲注意观察她的新生儿,就能发现新生儿会发出各种信息告诉母亲“肚子饿了,想吃奶了”。最常见的表现就是新生儿天生的本领——觅食。新生儿清醒时,觉得饿了,便常常张着小嘴左右寻觅,或吸吮口边的被角、衣角、衣袖或手指等;而正在熟睡中的新生儿,则将从深睡眠状态转入浅睡眠状态,暂时地睁大闭合的双眼,眼睑时而颤动,还可表现在睡眠中有吸吮和咀嚼动作。如果母亲未能发现和理解新生儿的这些“求食”欲望而不予理睬时,新生儿就会忍耐不住发出“抗议的信号”——大哭。所以做母亲的不能以“哭”当作新生儿饥饿的唯一表现,不然就太怠慢宝宝了!但还要提醒母亲,不要以为新生儿一哭就是饿了,就给喂奶,或怀疑宝宝没吃饱,或自己的奶不足等。哭不仅是新生儿表达自己需求(如饿了想吃奶)的语言,而且还是表示不舒服(如尿布湿了)的一种特殊“语言”。一旦新生儿哭起来,就应查找原因,做适当处理。

怎样知道新生儿吃饱了

不少母亲表示，自己哺喂新生儿，对他是否吃饱心里没底，非亲眼看着新生儿吸完大瓶大瓶的奶粉才感到安心。母亲这种不安的想法对其乳汁分泌有不利影响。为解除母亲的这种担心，下面介绍一下观察和估计新生儿是否吃饱的方法：

（1）从母亲方面。通常母亲产后较妊娠期乳房发育得更丰满和充盈，产后2~3天母亲有明显的奶胀感，偶尔奶水会自然流出，乳房表皮的静脉清晰可见。每当喂奶时母亲有下奶感，新生儿吸吮时，可听到不断的咽奶声，偶尔随着吸吮，奶水可从新生儿口角流出，这些都反映母亲有充裕的奶量以喂饱新生儿。

（2）从新生儿吸吮强度、持续时间以及吸奶后的表现。新生儿开始吸吮时一般慢而有力，估计持续10~15分钟后，吸吮力量变小，20~30分钟后新生儿往往会自动松开乳头或含着乳头香甜地入睡，一般能安稳睡眠2~3小时，醒后还能玩耍一会儿。这些表现反映新生儿吃饱了。

>> 专家答疑

什么情况下禁止母乳喂养

母乳是宝宝最好、最合理的营养食物，可是母亲患有下列疾病时应禁止母乳喂养：

（1）通过乳汁或密切接触后可以把疾病传染给宝宝，如急性肝炎、艾滋病（获得性免疫缺陷综合征）、开放性肺结核等。

（2）劳累后可以加重母亲原有病变的发展程度，如严重心脏病、慢性肾炎、糖尿病等。

（3）假使母亲患有急性上呼吸道感染或乳腺炎时，可暂停喂奶，或用吸奶器将乳汁按时吸出，通过煮沸消毒后再喂给宝宝。

此外，还应注意观察以下客观指标：一是新生儿每天小便次数和颜色。假如只给新生儿喂母乳，不添加其他辅食和饮料，新生儿每24小时有6次以上小便（即昼夜24小时要换6块以上尿布），且尿呈无色或淡黄色，也反映新生儿每天得到足够的奶量。但需提醒父母，如若已给新生儿喂了糖水或其他饮料，这种方法便不恰当了。二是给新生儿按时称体重，如果新生儿出生后7~10天，每周体重能增加125克以上或1个月增加0.5~1千克，表示母乳量完全能满足新生儿的需要。

新生儿如何用奶粉喂养

全脂奶粉是将鲜牛奶经高温加热浓缩、喷雾的方法而制成的。全脂奶粉每100克平均含蛋白质及脂肪各26克，乳糖40克。配制方法：

(1)按容量比例计算是1∶4，即1平汤匙全脂奶粉加入4平汤匙水。

(2)按重量比例计算是1∶8，即1克全脂奶粉加入8克水。一般在家庭里配制奶粉按容量比例计算较适宜。在配制奶粉时要先把奶粉放在牛奶锅里加入少量冷开水，用汤匙搅拌均匀，再用开水冲到所需要的量。如直接用开水冲奶粉，水温太高，奶粉容易凝结成团块，不容易调散。奶粉调制成乳汁后，成分与鲜牛奶相似。100毫升中需要加糖5~8克(1小汤匙)，然后煮沸即可(因为牛奶经加热处理后，易被宝宝消化吸收)。

奶瓶和奶嘴的选择和使用

奶瓶最好选用大口的、带有刻度的玻璃制品。玻璃制品与塑料制品相比，既便于蒸煮消毒，又便于配奶，控制喂奶的量，只是清洗比较困难一点。奶嘴要柔软合适，以乳胶制作的、经得住煮沸消毒的为好。新生儿可选择软些的奶嘴，等月龄稍大时可更换硬些的奶嘴。清洗奶瓶应用特制的瓶刷，清洗时尤其要重视那些容易忽视又比较难洗的地方，螺纹处容易被忽视，不可大意，奶嘴要内外清洗。全部奶具洗净后，都要放在蒸汽或开水中煮沸消毒，时间要达到

>> 爱心妈妈育儿经

选购奶瓶的注意事项：

(1)奶瓶的硬度。硬度高的奶瓶高温消毒时不易变形。

(2)奶瓶的透明度。透明度高才能清晰地查看奶液的体积，把握宝宝的进食量。

(3)奶嘴的质量。奶嘴质地越接近妈妈的乳房越好，宝宝吸吮时就像在吸吮乳头一样。

10 分钟。消毒后放在有盖器皿内备用，喂奶前再用开水刷洗 1 遍。

喂奶时要考虑奶瓶的倾斜度，奶液要完全充满奶嘴，否则喂奶时会使宝宝吸入空气，易引起溢乳和腹胀。如果宝宝吸吮急促，可喂喂停停，事后再将奶嘴换成孔洞小或孔洞少的。如果感到吸吮费劲，宝宝常吸几口后不吸了，或者哭哭吸吸，可能是孔洞太小、太少的原因。宝宝吃饱后瓶内有剩余奶液不能留到下次再喂，由于 3 ~4 小时的间隔，容易使之污染或变质。

新生儿的混合喂养

母乳是宝宝最理想的食品，但母乳也有分泌不足的时候，这时就需要添加牛奶或其他代乳品喂养，称混合喂养。母亲可在每次喂乳后加喂一定量的牛奶，或者在 1 日内完全用牛奶喂养。目前，认为喂母乳后加喂牛奶的方法较好，因为可以防止母乳量迅速减少，也可交替喂牛奶和母乳。

如果母乳量不够宝宝吃，每天可喂 4 次牛奶、3 次母乳，而且最好是夜间喂母乳，否则母乳会很快减少。这种方法实际上已被大多数母亲采用，因为这样减少了母亲深夜起来烧开水配牛奶等麻烦事。但随着宝宝一天天长大，母乳越来越少，如果 1 天只能喂 1 次时，这一次最好安排在深夜里喂。此时与营养相比宝宝更需要母亲的爱抚，深夜喂奶对宝宝来说，是最好的爱抚。宝宝少吃母乳损失的乐趣可以用爱抚去弥补。在喂牛奶时，母亲把宝宝抱起来，让宝宝躺在自己的左手臂上，右手将奶瓶送到宝宝嘴里，同时给宝宝以母爱，可弥补不吃母乳的寂寞。

人工喂养的方法和注意事项

人工喂养的方法和注意事项如下：

(1)食品选择。牛奶、奶粉、羊奶、米糕、米汤等应根据具体情况和经济条件来选择。往往以鲜牛奶最好，其次为奶粉及羊奶，防止单纯使用米糕喂养，因为米糕仅能提供热能，而缺少生长发育所需要的蛋白质和大量元素、微量元素等。

(2)重视消毒。人工喂养的各种操作过程较多，稍一疏忽就可引起肠道感染，因此重视消毒是人工喂养中的关键之一。可以准备清洁的专用锅 1 口，奶瓶及奶嘴各 4 ~6 个，刷子 1 把，清洁纱布或小毛巾 1 块，每天将奶瓶、奶嘴等用清水冲洗干净后，再用水煮沸消毒 10 分钟，捞出备用，上面遮盖消毒纱布或小毛巾，每次需要时拿 1 个。

(3)喂奶时姿势同母乳喂养。可是奶瓶不要倾斜过度，奶嘴内应先充满奶液以防吸吮进空气而导致溢乳。

(4)喂养前可将奶滴于手臂上试一试,其温度以不烫为标准。

怎样给早产儿喂奶

给早产儿喂母乳比足月儿更关键,早产儿发育不成熟,出生后又得迅猛生长才能赶上足月儿,且出生后大脑发育也比足月儿发育快。仅体重的增长,早产儿在出生后6个月就能达到足月儿12个月才能达到的程度(为出生时体重的3倍)。所以,早产儿比正常足月儿需要更多的营养。这些营养从哪儿来呢?就是母亲的乳汁。现代科学研究发现,乳房是个精细而微妙的分泌器官,母乳的营养成分和分泌量不仅随宝宝不同月龄的生理需求而变化,同时对不同胎龄的宝宝其营养成分也有一些不同。早产儿的母亲最了解她过早出世的宝宝的需求,专为其分泌出特殊乳汁来增添其先天不足,并保证早产儿出生后迅速生长发育的需要。

许多研究表明,早产儿母亲的乳汁除具有一般母乳的优点外,还有其独特的方面。第一,乳汁中所含蛋白质比足月儿母亲所含蛋白质高80%;所含不饱和脂肪酸、乳糖以及游离氨基酸、牛磺酸等都比牛奶高,能保证早产儿大脑发育所必需的原料的供给。第二,维生素A、维生素C的含量比牛奶高2倍,维生素E高3倍,而维生素E能减少早产儿硬肿症的发生;早产儿母亲乳汁所含钠、钾等电解质比例较合理,使早产儿体内不易消化、吸收的废物很少,大大减轻了肾功能发育还不完善的早产儿肾脏的负担。由此可见,早产儿母亲的乳汁优于足月儿母亲的乳汁,更优于牛奶。因此,早产儿不仅要吃母乳,而且要提前为其哺乳。

因为不同胎龄早产儿的吸吮能力不同，对不足8个月的吸吮能力还没有成熟的早产儿，可以把乳汁挤出，用鼻管进行鼻饲，同时让母亲把干净的小指放入宝宝口中，以刺激早产儿建立吸吮反射。当早产儿有独立吸吮能力时，在他自己吸吮后，也可再用杯子、小匙哺喂挤出的乳汁，以供给所需的营养。直至早产儿能完全自主吸吮，而母亲的泌乳反射亦已建立并稳定后，便可和正常足月儿一样进行喂奶。

总之，对一个还没有吸吮能力的早产儿，母亲和医务人员千万要注意在保证早产儿每天摄入足够营养的同时，不要忘记及时刺激和帮助早产儿尽快建立吸吮反射，主动吸吮母乳，以获得独立生存的能力。

怎样给双胞胎喂奶

乳房是个特殊供需器官，它是根据实际需要分泌乳汁的。研究证明，差不多所有母亲都有能力同时哺喂1～2个宝宝。往往单胎儿母亲每日分泌乳汁0.8～1升。虽然由于受种族、文化、营养和环境等各方面因素影响，日分泌量有一定的差异，但最低也不少于0.65升，而双胎儿母亲则可分泌2.5升的乳汁，足以满足2个宝宝的需要。只是以往人们不清楚母亲的生理本能，认为母亲只能喂1个宝宝，所以常常只给双胎中的1个宝宝喂奶，另1个宝宝则喂牛奶或奶粉等。

现在我们知道母亲有足够奶水供双胎儿所用，可是怎样进行喂奶呢？

可采用两子同时喂奶的方法。母亲可选取抱球式手法，即母亲坐在床上，在腰的左右两侧各放一枕头或垫上被子，把两婴儿分别放在上面，并让宝宝的头都贴近乳房，身体朝向母体。母亲用双手分别托着宝宝的头、颈部，让宝宝朝向乳房，鼻子对着乳头，用两侧乳头分别触及宝宝上唇，当他们张口向上寻觅时将宝宝的头贴近乳房，以利于含住乳头和大部分乳晕，这样双胎儿就能同时吃到母亲的奶了。

科学护理

护理新生儿的注意事项

父母在看护新生儿时，偶尔会由于一时的粗心大意，给他带来意外伤害。这里我们提醒父母，要在以下几种情况下注意预防新生儿意外事故的出现：

(1)给新生儿喂奶时。如果新生儿吃奶过快，急促地吞咽，容易出现呛奶，奶常常从鼻中喷出，严重时可被误吸入气管，造成窒息。所以，对于吃奶性急的新生儿，母亲在喂奶时要注意让他先吃几口后，将奶头拔出，稍停一会儿再喂。每次喂奶后应抱起宝宝轻轻拍背，最好打个嗝后再放下侧卧，这样既减少吐奶的可能，又可避免万一吐奶吸入气管而出现窒息的可能。

(2)给新生儿穿衣时。初次穿的内衣裤在穿前要认真检查，看有无异物、有无脱落的线头，不要轻视这些必要的检查。一个微不足道的异物，就有可能会伤害新生儿；一个线头，就有可能缠绕新生儿的手指、脚趾影响局部血液循环，导致组织坏死。

(3)给新生儿保暖时。在用热水袋或热水瓶为新生儿保暖时，使用前必须要注意看一看袋(瓶)口是否拧紧，应将热水袋或热水瓶倒过来检查是否漏水。使用时不能将热水袋直接放到新生儿的皮肤上，外面要用毛巾包裹或放在小被子外面较为恰当，以免发生烫伤。

(4)给新生儿洗澡时。洗澡盆内要先放冷水再放热水。洗前父母一定不要忘记先用手背试一下水温，然后再将新生儿放入盆中，同时注意托住头，避免滑坠水中。

(5)当新生儿睡眠时。不要将新生儿面部盖住,口鼻要充分暴露。尤其是有的母亲习惯搂着新生儿睡觉,熟睡翻身时很容易压着新生儿而发生窒息,千万要小心。

(6)给新生儿用药时。不管是口服药还是外用药,用前必须仔细查看核对,以免误服误用。

(7)挑选和悬挂玩具。父母在床栏边为新生儿悬挂玩具时,应注意选择适当的玩具和悬挂的位置。

适合新生儿床栏边悬挂的,应是颜色鲜艳的各式玩具,如各色气球、各种充气的小动物玩具,能帮助刺激新生儿的视觉发育。有条件的家庭,也可挑选有音乐响声或能活动的玩具,玩具的声响与活动能促进新生儿头和眼的运动协调一致及追随物体的能力。

悬挂玩具时应注意安全问题。玩具要捆绑结实,不易掉落,特别是在新生儿头部上方不可以悬挂较重的玩具,以免砸伤新生儿。同时应注意检查玩具有无尖锐毛刺,充气玩具不能吹气太足,避免新生儿触摸时发生意外。

(8)其他。在有新生儿的家庭,最好不要养小动物。因为小动物不仅有携带各种病菌传染新生儿的可能,同时也有抓伤、咬伤新生儿的可能。

>> 爱心妈妈育儿经

抱宝宝的正确方法:

(1)手托法。用左手托住婴儿的背、脖子、头,用右手托住臀部和腰部。

(2)腕抱法。轻轻地将婴儿的头放在左胳膊弯中,左小臂护住婴儿的头,左手腕和左手护住婴儿的背和腰部,右手护住婴儿的臀部和腰部。由于新生儿脖子软,挺不起来,用这种方法抱,可使手和手腕牢牢地支撑住孩子的脑袋,使头不至于前倾后仰。

新生儿手的护理

现在有不少父母非常疼爱自己的新生儿,看到新生儿的小手在胡乱地抓摸,很害怕新生儿会用小手抓脸,划伤面部。尤其是当新生儿长出了指甲,父母不敢为新生儿进行修剪。怎么办呢?他们往往给新生儿戴上一副手套。

如此做表面上是为了更好地保护新生儿,但从新生儿发育的角度来看,却直接束缚了他的双手,使手指活动受到一定的影响,同时也不能直接触摸旁边的物体,极不利于新生儿手指和触觉的发育。此外,如果手套比较粗糙,当手部活动时容易摩擦皮肤，使新生儿感到不舒服。

毛巾手套或其他棉织材料做的手套，如里面的线头掉了，很容易缠绕新生儿的手指，影响手指局部血液循环，如果发现不及时，很可能使手指坏死而导致严重后果。所以，从新生儿手指发育和安全角度考虑，我们不主张给新生儿戴手套。

当新生儿的指甲长了的时候，父母可以选择在新生儿熟睡时，认真仔细地修剪。剪指甲时一定要注意抓住新生儿的手，避免一旦因新生儿晃动手指而被剪刀碰伤的情况发生。同时指甲不要剪得过短，以免出现损伤，最好修剪得适度、光滑，这样既清洁卫生，又不用担心会抓破皮肤，同时也保证了新生儿小手的正常发育。

新生儿鼻腔的护理

新生儿鼻腔发育还未成熟。由于鼻腔比较窄小，鼻黏膜内血管丰富，当遇到外界环境改变的刺激或病原体进入时，很容易发生炎症。这个时候鼻腔内分泌物明显增多，鼻黏膜充血肿胀，使以前狭窄的鼻腔更为狭窄而出现鼻子不通气。

新生儿鼻子不通气较为普遍，常表现为哭闹、烦躁不安、呼吸不畅，严重时张口呼吸，影响新生儿哺乳。当父母看到新生儿痛苦的样子，往往非常着急，却又束手无策，不知如何是好。

当新生儿鼻子不通气时，父母应首先查看新生儿的鼻腔内是否有分泌物，如果有分泌物，可用干净的消毒棉签蘸上少量的水，慢慢插入鼻腔，先使鼻腔内分泌物软化，然后再将分泌物弄出。有时由于棉丝的刺激，引发新生儿打喷嚏，分泌物也随之喷出。在为新生儿清理鼻腔分泌物时，动作必须轻柔，不能用力过猛，以免伤害新生儿柔嫩的鼻黏膜，导致鼻出血，带来不必要的伤害。如果新生儿鼻腔内没有分泌物，可是鼻子仍不通气，这可能是由炎症使鼻黏膜充血肿胀造成的。遇到这种情况时，可使用温热毛巾局部湿敷，对鼻部通气很有帮助。

有的父母也许会问，新生儿鼻子不通气时，能不能滴点儿药？对于新生儿来说，凭借药物来帮助鼻子通气是不可取的。促使鼻子通气的药物一般含有麻黄碱，滴药时由于鼻咽相通，药物通过鼻至咽喉而咽下。如果1日数次点药，过量的麻黄碱被新生儿吸收，对新生儿有一定的不良影响。因此，我们不提倡新生儿使用滴鼻药。只能在实在没有办法的情况下才使用，并要严格控制滴量。

给新生儿洗澡的方法

当一个婴儿呱呱落地时，他就是一个新生命的个体，那么即刻就有了他最基本的需要，那就是舒适。为使宝宝全身皮肤清洁，并借此机会观察全身有无任何异常情形，我们应给予沐浴。所以例行的宝宝沐浴，在照顾宝宝起居上，是很重要的一项内容。

1. 洗浴前的准备

首先，我们要将沐浴中需用的物品准备齐。例如，肛表、消毒脐带用物（如果新生儿脐带未掉落之前，应采取分段沐浴法）、预换的宝宝包布、衣服、尿片，以及小毛巾、大浴巾、脸盆、热水等物。

宝宝是娇嫩的，尤其是新生儿，刚离开最安稳的母亲子宫不久，而来适应外界的环境，所以我们得很小心地尽量为他设置一个理想环境，故除物品上的准备外，沐浴地点可借冷、暖气机或电炉等使室温维持在一般觉得最舒畅的26～28℃，当然门窗上也要避免阵风的正面吹袭，以使新生儿在洗澡时，不至于着凉。

准备就绪后，将肛表头以油霜类润滑后，轻轻地插入宝宝肛门内（插到肛表的刻度开始处，约肛表的1/3处），以手固定肛表2分钟后取出。只要在37.8℃之下，即表示正常，可安心为他洗澡（洗澡前未必一定要量宝宝体温，如果用手感觉宝宝体温是正常的，可以不用量。当怀疑到有不正常时再测量）。

特别要提醒的是，别让热水烫伤了宝宝，所以一定要在备好的澡盆内，先倒些冷水，再徐徐加入热水，以手腕或手肘处来测水温，而不觉太烫，41～43℃，是最适宜的水温。

2. 分段洗浴法

出生后第一周内，新生儿脐带未脱落时，洗澡应采用分段沐浴法。其洗法如下：脱下宝宝衣服，并将此衣服包裹于胸腹上，借以暂时保暖。开始洗头、颈及脸部，注意勿使水流入耳内；再以小毛巾擦洗肚脐以上的胸、腹、背部，拭干后，再将肚脐以下的臀、下肢部分，缓缓置入水中，利用肘关节、手臂及手掌的力气，安稳地抓牢宝宝的大腿部。整个过程中，身体的皱褶及弯曲部位，应特别注意洗净擦干，且动作要轻柔，使宝宝有安全感。

若宝宝肚脐已脱落，可在洗净脸部之后，将宝宝颈部以下置入水盆中，成侧卧的姿势，由上而下洗完后，将宝宝改为伏靠的俯卧姿势，以洗背部及臀部肛门处。

最后，以双手为支托并抓稳宝宝肩部抱离水盆，放置于大浴巾上，擦干身子，放在洁净的衣物上，妈妈先抓住宝宝的小手从衣服袖口穿过，穿时一定要小心宝宝的肢体关节。在给宝宝脱衣服及沐浴时，同时可观察其全身肌肤的情况，如有异样，可即时求医诊治。

如果抱法、洗法得当，这前后约需半个小时的时间，对宝宝来说，是很舒适的，除了脸上有愉快的表情外，手脚也会舞动。反之则会造成宝宝不安或哭叫不停。

清洁物的选择

市面上所出售的宝宝用中性皂及各种润肤油、痱子粉等，如果宝宝皮肤上没有任何疾患时，都可以适量使用；中性皂的使用是洗完头、脸之后再抹到宝宝皮肤上，以免直接刺激宝宝皮肤。至于润肤油脂及痱子粉未必一定要用，如果宝宝的皮肤略干，可抹些油，有痱子时可轻抹些痱子粉油或粉，但均不可直接用于婴孩皮肤上，要洒在我们手上再抹在宝宝身上。若肌肤有疹块、红臀等情形时，应保持干燥，并按医生嘱咐擦药，如果此时对宝宝用这些保养物品只会有害而无利。宝宝的衣物以棉质、轻软、易吸汗、色淡为主，在适宜的室温下，通常以一件内衣、一件外衣再加层包布即可。

新生儿内衣的选择

内衣的选择应该从宝宝的生理特点来考虑。

(1)做工。宝宝皮肤最外层有耐磨性的角质层但很薄，即使不大的刺激也容易使皮肤变红，甚至损伤。内衣质地是否柔软应是妈妈首要考虑的因素。妈妈在选择时，可先用手背抚摸一下是否柔软，然后翻看里边的缝边是否因制作粗糙而发硬，特别要注意腋下和领口处，若能给新生的小宝宝买到缝边朝外的内衣则更好。

(2)质地。宝宝处在生长发育旺盛时期，新陈代谢快，活动量也很大，容易出汗。若选用具有吸汗和排汗功能的棉织品，会减少汗液对宝宝皮肤的刺激，从而避免发生各种皮肤问题。妈妈在选择时必须注意质地标签上是否标有“100%(100%棉)”的标志。

>> 温馨提示

给宝宝买内衣不可像买外套那样买大一尺码的，应选择适合宝宝月龄身长大小的型号，让宝宝穿得舒适。

(3)保暖。宝宝体表面积相对较大，皮肤表层易于散热的血管多，而防止体内热量散发的脂肪层却较薄，因而宝宝体温容易低下。妈妈绝对不能忽视内衣的保暖性，特别是在气温降低时出生的宝宝，需要穿上双层有伸缩性的全棉织品，外面

再套上薄绒衣等。

(4)方便。宝宝头较大而脖颈却较短,新生儿脖子更是软绵绵的,很不方便穿脱衣服。宝宝内衣款式不仅宜简洁,而且要穿脱方便。传统式的前开襟、无领、腰边系带子的和尚婴儿服很适宜宝宝,而且它还能在胸腹处重叠,这种设计会避免宝宝腹部受凉而引起腹泻。

(5)花色。宝宝内衣色泽宜浅淡,无花图案或仅有稀疏小花图案,以便于观察尿色、便色及血迹,从而及早发现异常情况,还可避免有色染料对宝宝皮肤的刺激。但若内衣颜色非常白,其中可能含有荧光增白剂等化学物质,最好不要选购。100% 纯棉内衣的颜色白中透着淡黄,色泽看起来自然而柔和。

新生儿是否需要剃“满月头”

我国民间有给满月宝宝剃头的习惯,认为剃光头有利于以后头发长粗、长黑、长密,有的甚至把新生儿的眉毛也剃掉。这种做法是无科学根据的。

头发生长情况主要是受体内肾上腺皮质激素等的调节,与新生儿剃不剃头发毫无关系。新生儿的头皮很薄很嫩,抵抗力差,给新生儿剃头只要一不小心就会容易割破新生儿的头皮,而且新生儿的头皮上存在大量金黄色葡萄球菌,头皮有破损时细菌侵入体内,并经血液传播到全身,会引起严重的菌血症、败血症,严重时可危及新生儿的生命安全。

另外,宝宝毛发状况与遗传因素及母亲孕期的营养有较大的关系,多次剃毛发并不能改变毛发的稀疏、浓密及颜色深浅。有的宝宝随着年龄的增长头发自然也越长越好,宝宝稍大一些后适当多吃些对毛发有营养作用的食品,如芝麻、核桃等,也能逐步改善毛发的质量。

新生儿晚上睡眠是否需要开灯

有的母亲为了照顾宝宝方便，夜间居室内通宵开着灯，这样会影响新生儿睡眠，给宝宝的健康成长带来不利。

新生儿昼夜不分地生活在明亮光照下，往往会出现睡眠和喂养方面不适的问题。研究显示，将两组新生儿分别放在夜间熄灯和不熄灯的室内进行观察，10 天后，结果发现前者睡眠时间较长，喂奶所需的时间较短，体重增加较快。

新生儿虽然一开始无法分辨昼夜，但是研究表明，新生儿体内有一种自发的昼夜变化节律，当这种节律受到噪声、光线及其他外源性因素影响时，睡眠时间会缩短，会减慢体重的增加，生长发育受到影响。

所以，新生儿应该在昼夜有别的环境下生活，才能对其生长发育有利，故宝宝居室内夜间不可常开灯。

>> 新手妈妈大课堂

我国民间有一个传统习惯，在新生儿睡觉时，用布带把新生儿两腿拉直捆好，认为只有这样才不会长罗圈腿。再把两臂贴在身体两侧固定好，认为这样新生儿才睡得香甜，不受惊吓，于是用带子把孩子上下捆紧。其实，这种做法限制了新生儿在睡觉时的自如动作，固定的姿势使肌肉处于紧张状态。实际上罗圈腿是佝偻病(维生素 D 缺乏症)的症状，不是捆绑可以预防的。因此，新生儿在睡觉时，四肢应处于自然状态。睡眠中四肢活动是自然生理状态，不是受惊吓的结果。新生儿睡觉时，可根据气温情况，选择厚薄合适的被子，用一条带子在被外轻轻拢上即可。

新妈妈要防止新生儿头形不正

新生儿的颅骨和全身其他颅骨骼一样，含胶质多，钙质少，骨质很软，而富有弹性容易变形。颅骨的连接处骨缝较宽，尤其是额骨和顶骨之间、枕骨和顶骨之间，衔接处各有一个大的缝隙，也就是前囟门和后囟门。这使得颅骨的活动度比较大，容易使头部的形状发生改变。新生儿睡眠时间很长，如果总让新生儿朝一个方向，采取一种体位睡，再加上重量的作用，头就更容易发生程度不等的圆形，这就是常说的“睡扁头”。

要想使新生儿的头部长得对称，母亲就必须在新生儿出生后的头一个月里，经常观察他的头部，变换睡觉的体位，在新生儿睡着时，给他勤翻身，及时改变头位，不要让新生儿总是仰睡。

对于“睡扁头”,年龄越小越易矫正。不过,无论母亲怎样注意矫正,也有头形不对称的宝宝。宝宝长大以后,头形不正并不会影响美观,所以不必为此过分耗费精力。

给新生儿穿衣服的方法

以先穿套头汗衫再穿连衣裤为例。把新生儿放在一个平面上,察看尿布是否干净,不干净则需要更换。穿汗衫时先把衣服弄成一圈并用两拇指在衣服颈部撑开。

把汗衫的颈部套过宝宝的头,同时要把宝宝的头稍微抬起。把右衣袖口弄宽并轻轻地把宝宝的手臂穿过去,另一侧同样这样穿。把汗衫往下拉,解开连衣裤的纽扣,同时注意宝宝有什么变化。把连衣裤展开,平放准备穿用。抱起宝宝放在连衣裤上面。把右袖弄成圈形,通过宝宝的拳头,把他的手臂带出来,同时把袖子拉直,另一侧做法相同。然后再把宝宝的右腿引进连衣裤底部,另一条腿做法相同。

给新生儿脱衣服的方法

先把新生儿放在一个平面上,从正面解开连衣裤的套装。

把宝宝的双腿提起,把连衣裤往上推向背部到其双肩部。轻轻地把宝宝的右手拉出来,另一侧做法相同。如果是穿着汗衫,可把它向头部卷起,握着宝宝的肘部,把袖口弄成圈形,然后轻轻地把手臂拉出来。

把汗衫的领口张开,小心地通过他的头,以免擦伤他的脸。

更换尿片的方法

现在市场销售的纸尿片大致有两类:一件式和两件式。

1. 一件式纸尿片的更换方法

把尿片铺开,粘合带朝上。提起宝宝双腿并把尿片推入其臀下,使尿片上部与宝宝腰部平齐。把尿片正面从宝宝两腿之间拿起,并把尿片两边弄平整包着肚子,以便使尿片边在下面包得平滑。把粘合带拉紧盖在前面使尿片稳固,粘合带应拉得紧一点儿。

2. 两件式纸尿片的更换方法

把垫片放到短内裤内,光滑一面朝上。提起宝宝双腿把尿片推入其臀下,以便使短内裤的上缘与宝宝的腰部成一直线。把短内裤的前半部从宝宝两腿之间拿起,若用绑带式,将绑带的前两端环绕宝宝包扎。把绑带末端相互扭几下,以便勒紧,但不要打成结,免得不舒服。把其余两端朝前,在宝宝前方绑好。如是纽扣式短内裤,仅需扣好纽扣即可。

更换棉布尿片的方法:把棉布尿片折成三角形,将尿片推入宝宝臀下,使其腰部与尿布的上缘平齐。在宝宝的两腿间拿起尿布,盖在肚子上,先折叠一边,然后再折叠另一边,覆盖着中间垫层。

怎样洗涤尿布才卫生、干净

尿布应用柔软的白色或浅色棉布来做,最好不要用新布,因为它们既硬,吸水性能也弱。有些家长错误地认为,反正是尿布,湿了放在炉子上或太阳下晾干,即可拿来再用。其实不然,因为硬邦邦的尿布,长期摩擦宝宝娇嫩的皮肤,加之不透风,时间长了之后会使宝宝的皮肤糜烂,甚至引起感染。因此,新生儿的尿布最好选择干净、柔软的旧布,每次用后也应该按照正确的方法清洗干净。

由于新生儿每天大小便次数很多,换下来的尿布相应地也就很多,如果一块一块地洗涤是很麻烦的,集中起来每天洗1~2次就稍微轻松些。

如果是小便,可以先用烧开的水浸泡后清洗干净;如果是大便,则应先在厕所将大便洗刷干净,再用肥皂搓洗干净,最后用开水烫一烫,以达到杀菌的目的。

尿布洗干净后最好在日光下晾干,日光的照射对尿布也是一个消毒的过程。如果是在梅雨季节,无法日晒,可用电熨斗熨干,也能达到消毒的目的,同时也能去掉湿气。

尿布晾干后要按使用时需要的大小叠好,放在干净、不潮湿的地方,以备换尿布时取用方便。

新生儿哭闹不安的原因与护理

新生儿出生后就以"哭声"宣告他的降临。由于有了第一声哭,使肺扩张,开始了呼吸运动,从而自主的生命活动就开始了。对新生儿来说,哭是一种不可缺少的运动,是新生儿的语言,所以,新生儿偶尔哭几声是有益的。

一般新生儿以不同的哭声来表达他的需要和不适。正常的新生儿哭闹不安时，可能是饿了，想吃奶，或是躺时间长了想让妈妈抱一抱。当有些不太舒服时，新生儿也会哭闹一会儿，如房间温度过高，宝宝感觉太热，尿布湿了，衣服穿得不舒服或有异物的碰压。当父母满足了新生儿的要求或调整了新生儿的不适后，新生儿的哭闹很快就会停止，恢复正常。

新生儿生病时，也常以哭闹作为一种征兆向我们表达。所以，当新生儿哭闹不安并精神较差时，要给他量一量体温，看是否发热；当碰到新生儿某一部位而哭闹更加厉害时，要认真查看身体各部位是否异常，如臀部、颈下、腋下皮肤皱褶处最常发生皮肤糜烂，耳朵、脐带处是否流脓等；当新生儿突然哭闹，哭声高而尖，眼神发呆时，常为脑部生病的迹象；如新生儿哭闹不安，并在其安静时呼吸次数明显增加，新生儿可能是患了肺炎。

由此看来，家长认真辨别新生儿哭闹的原因是非常重要的。特别是当新生儿出现与平时明显异常的表现时，要根据新生儿的精神、哺乳情况及一般表现综合分析，若考虑哭闹不安是由疾病引起，应马上送往医院诊治，不能延误。

第二章

1~3个月

宝宝大脑中控制手眼协调和识别物体等功能正在迅速发育。他的听力、语言、嗅觉也变得更具有接受能力，而且更加活跃了。这段时间，当宝宝听到你的声音时，他甚至会直直地看着你，并“咯咯”地发声，或者试着回应你的话。

发育特征

身体发育

宝宝满月后对环境的适应能力已逐渐增强，显得十分活泼，白天有4~5小时是清醒的，但夜晚睡眠时间变长。宝宝的头也能灵活转动了，小手也开始抓东西，似乎要试试自己的力量了，但仍是没有目的，手眼不相协调，什么东西都是一把抓。

2个月的婴儿体重每周增加180~200克，身高1个月内增长3~3.5厘米。俯卧时可抬头片刻，垂直时抬起头来，但不平衡，头转动自如。孩子的视力比较集中，能随着视野内的物体移动，能把头转向有声音的方向。2个半月时，在正常情况下会经常对人微笑，并且能明显地表示高兴和不高兴。看见大人或大人用玩具逗引他时，能欢快地笑，不高兴时会大哭起来，发出咿呀咿呀的喉音，能拿住放在手里的东西。

3个月的婴儿身高全月可增加2.5厘米，体重的增长速度和2个月时相同。新生儿的手常常表现为握拳的形状，偶尔能张开。到了3个月，手便经常呈半张状态了，胸部也可以部分地离开床面，上肢可以支撑部分体重。俯卧位时，小儿的头可以自由抬起，并能用手支起上半身，可由仰卧位转为侧卧位。3个半月到4个月时，手能抓住摸到的东西，视线能从一个物体转到另一个物体，开始能区别一些物体和现象，视线追随活动的人和物，能认识自己的妈妈，听到优美的音乐和成人的谈话声时很高兴，能向有声音的方向寻找，并能注意听。当他吃饱、睡好、身上感到舒服时，会发出啊——啊、咿——咿、呵——呵的声音，逗他玩时能笑出声音。

动作发育

3个月时，宝宝的体重约为出生时的2倍，皮下脂肪发达，身体变得圆圆胖胖，看起来愈加可爱。由于肌肉的生长发达，脖子变得相当稳固，若是让宝宝趴着，宝宝会尝试用手、脚将胸部或肩膀撑离地板，有些宝宝只要你出手帮忙，甚至会自己翻身。

>> 新手妈妈大课堂

能翻身的时间是在脖子能够立住之后，这在4~7个月的婴儿是比较多的。但是，具体实现翻身动作时间却是因人而异的。有的孩子在3个月之前翻过一次之后再也不翻了，有的孩子会跨越翻身或省略掉翻身而直接就开始能坐或是能站了，也有的孩子能站立之后才开始学会翻身。还有的宝宝因为被突然翻过去的状态吓了一跳之后就讨厌翻身了，或是太胖的孩子翻身很困难。

语言发育

2个月大的宝宝，在有人逗他时，会发笑，并能发出“啊”“呀”的语音。一旦发起脾气来，哭声也会比平常大得多。这些特殊的语言是宝宝与大人的情感交流方式，也是宝宝意志的一种表达方式，家长应对宝宝的这种表示及时做出相应的反应。

感觉发育

当听到有人与他讲话或有声响时，宝宝会认真地听，并能发出咕咕的应和声，会用眼睛追随走来走去的人。

如果宝宝满2个月时仍不会哭，目光呆滞，对背后传来的声音也没有反应，那么就应该检查一下宝宝的智力、视觉或听觉是否发育正常。

>> 温馨提示

多和宝宝对话

对话是母子感情交流的重要方式，同时对小婴儿的语言发育也很重要。要利用声音，如铃声、收音机的音乐声、妈妈的歌声、琴声等刺激他的听觉器官，促进他的听觉神经发育，使他能通过各种高低不同的音调来认识音响世界。大人多和婴儿用“噢”“啊”发音，多和他说话、唱歌，尽管他不懂你说的是什么，但是可以引起他“嗯”“啊”等反应，以起到诱导婴儿发音的作用。

智力发育

孩子的智力开发越早越好，最好是从孩子一出生就着手，而不必等到孩子懂事时才开始。家长要善于发现孩子的特长，让他们迅速发展，早日成才。1 个月后的宝宝已经可以分辨妈妈的声音。当他哭泣时，妈妈抱起他，若是对他说："怎么了？宝宝！"此时宝宝会停止哭泣，竖起耳朵倾听妈妈的声音。

咿咿呀呀是语言发展的基础，到了第二个月的后半月，宝宝开始发出"啊、哈、咕噜"之类的声音，有时他会一个人高兴得自言自语，有些宝宝甚至会在妈妈跟他说话时发出回应般的声音。

科学喂养

继续母乳喂养

刚满月的宝宝胃口很大，食欲良好，生长发育也很快。满月后，宝宝会逐渐形成吃奶的规律，会让妈妈的哺乳工作更加得心应手。每天哺喂 5 次就可以了。此时的宝宝更加讨人喜欢了，他喜欢吃完奶后仍躺在妈妈怀里撒娇，但需注意的是，不能让宝宝心不在焉，边吃边玩，这样会养成吃奶无规律的习惯。宝宝开始能分清白天和黑夜，晚上睡前让宝宝吃好，他可能一觉睡到天亮。

对于那些吸吮能力较弱或在喂奶时哭闹的宝宝，在吃奶时往往吃几口就睡了，妈妈应将乳头动几下，刺激宝宝唇部，使之能继续吃奶。一定要注意，让宝宝一次吃饱，否则宝宝等不到下次吃奶的时间就饿了，又会哭闹。等哭累了，吃奶时又会吃几口就睡，形成不良的生活习惯，既影响宝宝的生长发育，又影响妈妈的生活。

添加鱼肝油的学问

新生儿出生后第一个月都是在室内度过的，接触阳光照射少，加上生长发育又特别迅速，虽然胎儿期从母体内能带来一些维生素 D，以及从母乳中获得少量的维生素 D，但仍然不能满足需要，很容易发生维生素 D 缺乏，故要及时添加鱼肝油。足月新生儿在满月后就可以开始添加鱼肝油。如果是早产儿、低出生体重儿、双胎儿、冬季出生儿，在出生后 2 周就要添加鱼肝油了。供给维生素 D 的口服量为每天 12.5～25 微克(500～1000 国际单位)。浓缩的鱼肝油滴剂每克内含有维生素 A 5 万单位、维生素 D 125 微克，每克等于 30 滴，新生儿满月后每天口服 3～6 滴。喂鱼肝油时可用小杯、小匙加温开水喂服，喂的过程中必须防止呛咳，不要误入气管，以防造成类脂性肺炎。

>> 新手妈妈育儿经

不要滥服鱼肝油

有的妈妈觉得鱼肝油是维生素 D，多吃几滴只有好处没有坏处。殊不知维生素 A 或维生素 D 过量会造成中毒。孩子维生素 A、维生素 D 急性中毒，可引起颅内压增高、头痛、恶心、呕吐、烦躁、精神不振、前囟隆起，常被误认为是患了脑膜炎。慢性中毒表现为食欲不好、高烧、腹泻、口角糜烂、头发脱落、皮肤瘙痒、贫血、多尿等。

如发现以上症状，要停止服用鱼肝油，少晒太阳，立即到医院检查。

给宝宝喂水应注意哪些

许多母亲在日常生活中喜欢给婴儿喂点开水、葡萄糖水，是否要喂水必须根据喂养的方式来区别对待。

母乳喂养婴儿，不必喂水，因为母乳内含有正常婴儿所需要的水分，并且婴儿单靠吃水是不会生长发育的。如果婴儿口渴，也应该让婴儿吸吮母乳。这样可以使婴儿从母乳中得到较多的所需要的水分和营养物质，频繁吸吮也会增加母乳的分泌量。

人工喂养婴儿，以牛乳喂养，因牛乳中含有过多的盐，故需要额外增加水分。腹泻的婴儿，需要口服补液，必须喂水。当腹泻停止时，就要停止加水。一般认为，每天在婴儿吃奶的间隙应该喂 1～2 次水，每次喂上 10 毫升。实际上并不需要这样做，婴儿吃的奶水中所含的水分足以满足他的日常需要。在孩子发烧的时候，或者在特别热的天气里，尤其是当孩子的尿颜色很深，而且看上去特别口渴的时候，给孩子补充水倒是很重要的。即使孩子平时不爱喝水，在这些情况下他也会喝的。有些妈妈发现，在水中掺入一点儿果汁，孩子就更爱喝。

事实上，有很多孩子从一两个星期开始到大约1周岁的时候，根本就不需要专门补充水。在这个阶段，他们比较喜欢有营养的东西，所以，给他喝白开水是没有必要的。

如果你的孩子喜欢喝水，那就一定要喂他喝，而且每天要喂几次。应该在他睡醒以后的两次吃奶之间喂水，千万不要在吃奶之前喂，他想喝多少就喂多少。但是一般情况下，他一次喝不了两盎司（约56克）。如果他不想喝水，切不可强迫他喝。

宝宝拒奶怎么办

宝宝常因身体的不适引起拒奶，爸爸妈妈应注意观察，防止发生意外，常见的原因有以下几点：

（1）宝宝用嘴呼吸，吮乳时，乍吮即止。出现这种情况，可能是因宝宝鼻塞引起，应为宝宝清除鼻内异物，并认真观察宝宝的情况，如有异常，要送医院诊治。

（2）宝宝吮乳时，突然啼哭，害怕吮乳。这可能是宝宝口腔受到感染。

（3）宝宝精神不振，有不同程度的厌吮现象。这些现象可能是宝宝已患了疾病，尤其是消化道疾病和面颊硬肿，应送医院诊治。

>> 专家答疑

需要叫醒孩子喂奶吗

一般情况下，母亲胀奶时孩子也会醒来，无须特意去叫醒孩子。但是，孩子的胃每3~4小时会排空一次，此时就需要吃奶。如果孩子睡觉的时间超过4个小时，最好将孩子叫醒喂一次奶，以免孩子因过度饥饿，吃奶时太急而呛奶。

母亲可以通过换尿布、触摸四肢和手脚心、轻揉耳垂等方法温柔地唤醒孩子，也可以把孩子水平抱起来轻轻摇晃，让孩子自然地醒来。还可以把乳头放进孩子嘴里，如果孩子饿了，自然就会开始吮吸，也会随着吮吸而醒来。

如果通过上述方法都唤不醒孩子，说明孩子还没睡够，就不要叫了，让孩子好好睡觉。

糕干粉、米粉等淀粉制品不能代乳

糕干粉是一种以淀粉为主要原料的代乳品，其中含糖7.9%、脂肪5.1%、蛋白质5.6%，蛋白质与脂肪的含量很低，质量也较差，因此满足不了孩子生长发育的需要。但在牛奶中加入少量糕干粉的食用方法对孩子是有益的。牛奶中蛋白质含量较高，酪蛋白约占80%，乳蛋白占20%。酪蛋白食入人体内，遇到胃酸后形成凝块，不易消化。牛奶中加入糕干粉形成了柔软而疏松的酪蛋白凝块，易于消化。

宝宝出现腹泻或便秘

>> 爱心妈妈育儿经

用新鲜纯牛奶喂养1个月以内的宝宝时，应适当加水稀释，一般比例是3份牛奶加1份水，市场上常见的消毒牛奶可以不用稀释。冲调奶粉时，应以奶粉包装上的说明为准，根据宝宝的消化能力、大便情况，判断是否需要加多水的比例。

喝母乳的婴儿如果进入2个月后出现“稀便”，首先应想到是否是因母乳分泌量增加使婴儿喝奶量增多造成的。测一下体重，如果原来每5天增加150克，而现在变为200克，说明这确实是母乳增加引起的。这种情况，喂奶前可让婴儿先喝一些白开水，使婴儿的喝奶量减少，这样大便的次数也会随之减少。

牛奶喂养的婴儿一般不会出现腹泻。只要奶瓶及奶嘴消毒严格，这个月龄的婴儿不会患什么可怕的病。如果婴儿没有发热的迹象，精神又好，也爱喝牛奶，那么只要将牛奶的浓度调稀一些腹泻就会消除。

在夏季，住处附近流行痢疾，且母亲也患上了痢疾，1～2天后婴儿也出现腹泻时，即使大便中没发现血或脓，也应带婴儿去医院检查一下大便。有时婴儿得了无症状痢疾，会传染给家人。托儿所中痢疾的传染，大都是因为患无症状痢疾的婴儿尿布消毒不干净引起的。

当母乳喂养的婴儿2个月后出现便秘时，应考虑是母亲缺乳造成的。量一下体重就会清楚，原来每5天增加150克，现在只增加100克，由此可断定是母乳不足，应添加牛奶。母乳喂养的婴儿出现便秘并不一定都是缺乳造成的，有时母乳很充足，但不知什么原因婴儿开始出现习惯性的便秘，出现这种情况时可试喂一些不同种类的果汁，或适当增加果汁的量。市售的成品果汁不如自己做的，制作果汁时用的纱布不要过细，滤茶用的铁纱网即可。植物细胞膜中含有的纤维可刺激肠蠕动，起到帮助消化的作用。

如果婴儿3天只排便1次，而且排便时非常费劲，憋得直哭，就应每隔1天灌1次肠。大便不很硬，且每两天能排便1次，排便时也较轻松，就不用在意，大便即使达不到每天1次也没关系。牛奶喂养的婴儿一般容易出现便秘。如果从第2个月开始就一直便秘，不必太担心，有的婴儿从3个月开始就能用勺喂了，可以试着喂些酸奶。现成的加糖酸奶过甜，不要给婴儿吃，最好是在普通酸奶里稍加一点儿糖。当然,喂果汁也会有效果。开始喂酸奶时,量可以少一些,然后再慢慢加量,直到婴儿能每天顺利地排1次便,之后照此量喂下去。在不灌肠的情况下,如果1周或10天也不排1次便,就属于病态,特别是腹部有异常,发育也不好时,应及时去医院检查。

>> 爱心妈妈育儿经

用配方奶喂养宝宝时,一定要注意:

(1)忌高温。母亲的体温是37℃,这大体也是配方奶中各种营养存在的适宜温度,宝宝的胃肠也好接受。

(2)忌过浓过稀。浓度高可能会引起腹泻、肠炎,浓度低就会造成营养不良。

(3)忌污染变质。配方奶非常容易滋生细菌,所以,配制过程中一定要注意卫生。如果开罐后放过长时间,就可能被污染。

科学护理

培养婴儿定时排便、排尿

控制大小便是神经系统发育成熟的表现。婴儿满月后,就可以训练他定时排便、排尿了。

在训练前,家长应先摸清婴儿每日排尿、排便的规律,根据具体情况有意识地加以训练。婴儿排尿是有一定规律的,即月龄越小,排尿次数越多。3个月左右,婴儿一般在喝水、吃奶后10分钟左右就有尿了。这时就开始"把尿"训练,用"嘘嘘"声和一定的姿势训练,使婴儿形成排尿反射,逐步养成习惯。一般白天在睡前、醒后及喂奶前后给婴儿"把尿"。

排便习惯的培养也可在宝宝1~3个月开始。当发现婴儿脸红、不动或发出"嗯嗯"声时,就是要排便了。这时马上"把"他,大人也发"嗯嗯"声教他用力排便。最好在清晨、晚上睡前排便,应尽量避免饭后排便。从小养成定时排便的习惯,将使婴儿受益终生。

怎样给宝宝洗脸和手

随着月龄的增加，宝宝的手开始喜欢到处乱抓，加之宝宝新陈代谢旺盛，容易出汗，有时还会把手放到嘴里，因此要注意宝宝脸和手的清洁。

首先，给宝宝洗手时动作要轻柔。因为这个月的宝宝皮下血管丰富，而且皮肤细嫩，所以在给宝宝洗脸、洗手时，动作一定要轻柔，否则容易使宝宝的皮肤受到损伤甚至发炎。

其次，要准备专用洁具。为宝宝洗脸、洗手，一定要准备专用的小毛巾和脸盆，脸盆在使用前一定要用开水烫一下。洗脸、洗手的水温不要太热，只要和宝宝的体温相近就行了。

再次，要注意顺序和方法。给宝宝洗脸、洗手时，一般顺序是先洗脸，再洗手。用左臂把宝宝抱在怀里，或直接让宝宝平卧在床上，右手用洗脸毛巾蘸水轻轻擦洗，也可两人协助，一个人抱住宝宝，另一个人给宝宝洗。洗脸时注意不要把水弄到宝宝的耳朵里，洗完后要用毛巾轻轻蘸去宝宝脸上的水，不能用力擦。由于宝宝喜欢握紧拳头，因此洗手时要先把宝宝的手轻轻扒开，手心手背都要洗到，洗干净后再用毛巾擦干。一般来讲，这个月的宝宝洗脸不用肥皂，洗手时可以适当用一些婴儿香皂。洗脸毛巾最好放到太阳下晒干，可以借太阳光来消毒。

怎样给婴儿洗头

婴儿新陈代谢旺盛，有的婴儿前囟处的头皮有一些黄褐色油腻性鳞屑，是婴儿脂溢性皮炎造成的；有的婴儿因不常洗头，也会结痂。因此，婴儿应常洗头，以保持头部清洁，避免生疮，同时也有利于头发的生长。每天给婴儿洗澡时可先洗头，不能每天洗澡时可根据季节每隔 2 ~ 3 天洗 1 次头。夏天婴儿出汗多，每天洗 1 ~ 2 次澡，可同时洗头。头上结痂，可适当涂些熟的植物油，使之软化后再逐渐洗去，千万不要硬擦。洗头时，大人可坐在小椅子上，用左臂腋下挟着婴儿的身体，手托着婴儿头部，使其面朝上，用右手轻轻给孩子洗头。一般不用肥皂，每周可间隔使用 1 ~ 2 次婴儿洗发液，注意不要让水流到婴儿的眼睛及耳朵里。洗完后可用软的干毛巾轻轻擦干头上的水，用脱脂棉沾干耳朵，及时除去不慎溅入耳朵里的水。

如何给婴儿剪指甲

婴儿的指甲长长了的时候，需要及时修剪。因为婴儿的手每天不停地摸摸这，摸摸那，如果不注意洗手和修剪指甲，很容易在手上、指甲缝里粘满脏东西。当用手拿食物时，手上沾有的病菌就会经口而入。特别是有的婴儿爱吸吮手指，这更为指甲缝里的脏东西大开方便之门，各种病菌、病毒、寄生虫卵就会钻入体内，引起各种疾病。再有，婴儿的长指甲常会划伤自己娇嫩的皮肤，婴儿抵抗力低下，破损的皮肤很容易受到病菌的侵入，轻者引起皮肤感染，重者会造成败血症导致严重的后果。因此，婴儿不适宜留长指甲，而应定期进行修剪，保持手的清洁卫生。

在为婴儿剪指甲的时候，要格外仔细。为安全起见，应选用圆钝头的剪刀，并选择婴儿睡眠时修剪。剪时要握住婴儿的手，以防晃动刺伤婴儿手部。同时应注意不要将指甲剪得过短，以避免皮肤损伤，给婴儿带来痛苦，以及妨碍手指的正常活动。

怎样在婴儿床边悬挂玩具

婴儿绝大多数时间躺在床上，如果在婴儿床的四边悬挂上五颜六色、各式各样的玩具，无疑会给他带来很大的乐趣。适合婴儿床边悬挂的玩具，应是颜色鲜艳的，如各色气球、各种充气的小动物，这有利于刺激婴儿的视觉发育。有条件的家庭，也可选择有音乐响声或能活动的玩具，玩具的声响与活动能促进婴儿头和眼的运动协调及追随物体的能力。

这一时期正是婴儿的头、颈、眼睛生长发育的阶段，如果玩具选择得不错，但悬挂的位置不当，结果会适得其反。如有的家长在床的中间拉上一根绳子，把玩具全部挂在上边，使婴儿目不转睛地总盯着中间看，时间久了，双眼内侧的肌肉持续收缩，容易出现内斜视，也就是俗称的“对眼”；同样，若把玩具只挂在床栏的一侧，婴儿总向一侧偏看，也有可能会发生斜视。此外，也不要总让婴儿看眼前很近的物体，应经常把婴儿抱到户外或隔窗远望，使他视力得到良好的发育。

婴儿要穿袜子吗

回答是肯定的。因为婴儿处于不断生长发育时期，各个器官、系统发育不成熟，体温调节功能也是如此，产热能力小，散热能力大，末梢血液循环不好。如果给婴儿穿上袜子，可以从一定程度上起到保暖作用，避免着凉。此外，随着年龄的增长，婴儿活动范围扩大，尤其是下肢活动增加，蹬踩机会多，损伤皮肤、脚趾的机会也就增多了，穿上袜子就能减少这些损伤。另一方面，活动范围大，婴儿皮肤接触外界环境的机会增多了，一些脏东西，比如尘土、线头、细菌等有害物质，就可通过娇嫩的皮肤侵袭婴儿，增加感染机会。因此穿袜子有许多好处。但是，在为婴儿选择袜子时，最好选择透气性能好，柔软，适合婴儿脚大小的袜子，以免影响脚的正常发育。

婴儿穿裤子的必要性

新生儿期为了保暖，家长往往把他从上到下包裹得很严实。由于婴儿小便次数多，尿布也换得勤，大多数家长只给他穿上衣，裤子则被厚厚的尿布所代替了，这样做是不好的。因为随着年龄的增长，婴儿运动能力也逐渐扩大，1～2 个月的婴儿手脚的活动就较新生儿有力、灵活，小腿三下两下就把被子给蹬开了，如果孩子没穿裤子，很容易着凉。还有些家长虽说注意给婴儿穿裤子了，但是穿的是连衣裤，在一定程度上也限制了婴儿的正常活动。

正确的做法是，应该给婴儿穿上衣和裤子分开的衣服，腰间不要束得太紧。要注意衣裤不能太厚，太厚的衣服会使婴儿活动起来感到吃力，活动受限，因而会变得急躁、吵闹、情绪不好。我们不能小看婴儿穿衣服的问题，这与他身心发育有着密切的关系。

婴儿戴帽子的好处

从初生到成人，人体全身各部位的比例是不断变化的。新生儿期头占全部身长的 1/4，到成人仅为 1/8，可见婴儿头部占身体的比例几乎是成人的 2 倍。而且婴儿头部血管较表浅，没有皮下脂肪保护，散发热量也就较多。因此，注意婴儿头部的保暖，对减少全身热量的散发有很大作用。从这个意义上讲，在春、秋和冬季给婴儿戴帽子对全身的保暖是有好处的；而在炎热的夏天呢，则应避免戴不透气的帽子，相反，戴透气性好的帽子可以避免头部日光照射，使婴儿感到凉爽舒适，可减少痱子、中暑等情况。

怎样帮宝宝养成有规律的睡眠习惯

随着宝宝一天天的长大和睡眠时间的逐渐减少，帮宝宝养成有规律的睡眠习惯十分重要。所谓有规律的睡眠习惯，就是按时睡、按时醒，睡时安稳、醒来情绪饱满，并可以愉快地进食和玩耍。这种有规律的睡眠习惯，不但有利于宝宝的体格发育，而且还有利于宝宝神经系统和心理的发育。

所谓规律并不是千篇一律的，每个宝宝都有不同的睡眠习惯，你应该在护理中找出适合自己宝宝的规律，在验证这个规律确实对宝宝的健康发育有利之后，再按照这个规律实行坚持下去。睡眠习惯不能由着宝宝的性子说变就变，宝宝经过一段时间的适应，良好的睡眠习惯就形成了。在培养宝宝有规律的睡眠习惯中，有一条比较重要，那就是培养宝宝养成上床睡觉的好习惯。有了这个好习惯之后，当他停了母乳以后仍可在床上安然入睡，而不再需要妈妈用乳头哄着入睡。

为宝宝理发应注意什么

给3月大的宝宝理发可不是一件容易的事，因为宝宝的颅骨较软，头皮柔嫩，理发时宝宝也不懂得配合，稍有不慎就可能弄伤宝宝的头皮。对于父母来说，理发弄伤头皮并不是什么严重的事，但对于宝宝来说可就不同了。由于宝宝对细菌或病毒的感染抵抗力低，头皮的自卫能力不强，宝宝的头皮受伤之后，常会导致头皮发炎或形成毛囊炎，甚至影响头发的生长。因此，宝宝最好在3个月以后再理发。

但是，如果夏季宝宝的头发较长，为避免头上长痱子可适当提前理发。理发时，最好在睡眠时进行，以免宝宝乱动。理发工具最好用剪刀，理发前应先把梳子、剪子等理发工具用浓度为75%的酒精溶液消一下毒。

>> 专家答疑

有些父母们认为，要想使宝宝长大以后头发好，就要尽早给宝宝理发。其实，宝宝头发的好坏与以下两方面因素有关。一是受遗传因素影响，头发的生长与身体长高一样，有早有迟，有快有慢。有许多宝宝的头发原来又黄又稀，但随着身体的发育和成长，头发逐渐变得又黑又密，这些都与父母的遗传有一定关系。二是受宝宝后天身体健康状况的影响。当宝宝体质较差、营养不良或病后体质虚弱时，头发就可能变得稀疏而没有光泽。如果宝宝加强了营养、增强了体质或病后恢复很好，头发也就自然会长好。所以，宝宝头发的好坏与理发没有直接的关系，理发的主要目的还是为了清洁卫生。

第三章

4～6个月

你的宝宝用他所有的感官来探索和了解他周围的世界。因此，确保他身边有大量安全的东西，可以让他摸、咬、摆弄。他会喜欢捏软橡皮球、摸滑滑的人造毛、咬凉凉的磨牙环。

发育特征

身体发育

4个月的婴儿体重每月可增加150～180克，这时的宝宝已经强壮多了，动作有了较大的发展：抱着时，宝宝的头能稳稳地直立起来，不需要再特意防护；趴着时，宝宝抬头挺胸，能用胳膊支撑起上半身，把头抬起并和肩成90°角；躺着时，宝宝的手脚不闲着，用力翻身，不过还翻不过来。宝宝的小腿更有力了，扶着腋下，双腿能站着支撑一会儿身体。由成人扶着髋部能坐稳，可在俯卧位时用两手支撑抬起全身，可用双手扶住奶瓶吃奶，能较长时间地玩弄挂在胸前的玩具。

玩自已的手和衣服。喜欢让人抱，会把头转来转去地找人，要没人在身边会不高兴，又哭又闹。宝宝在语言发育和感情交流上进步较快，高兴时会大声笑；看到妈妈时，脸上会露出甜蜜的微笑，嘴里还会不断地发出咿呀的学语声，似乎在向妈妈说着知心话；妈妈和他讲话时，他会发出咯咯咕咕的声音，好像和妈妈一问一答地对话。

4～5个月的宝宝生长发育较为迅速，母乳和牛奶中的铁质含量都比较少，从母体带来的铁质渐渐用完了，如不及时补充铁质，宝宝就会发生贫血。

4个月的宝宝会对异种蛋白产生过敏反应，导致湿疹或荨麻疹疾病。因此，不足半岁的婴儿不能食用鸡蛋清。

从4个月开始，即可为宝宝添加蛋黄。刚开始每日喂1/4个煮熟的蛋黄，压碎后分两次混合在牛奶、米粉或菜汤中，让宝宝食用，以后逐渐增加至1/2～1个。6个月时便可以让宝宝吃蒸鸡蛋羹了，可先用蛋黄蒸成蛋羹，以后逐渐增加蛋白。

5～6个月婴儿的体重为出生时的2倍（约6千克），身高可增加2厘米，开始长出下中切牙。能比较熟练地从仰卧位翻到俯卧位，成人扶其腋下能站直，小儿手的抓握动作进一步发展，能伸手取物，抓握悬挂的玩具，两手可各持一玩具。趴着时，宝宝可以用双臂撑起上身，伸长脖子看周围的世界发生了什么；坐着时，宝宝用手支撑着床面，头和身体还有些前倾；躺着时，宝宝喜欢抓住自己的小脚丫，然后把它放进嘴里。能判断声源，在一定距离和他说话，他能很快找到说话的人。望镜中人会笑。能长时间拉长声发喉音，发单调音节"妈""爸"，可以认识妈妈。

>> 专家答疑

豆奶能不能代替配方奶粉？

由于奶粉不断地出现这样那样的问题，尤其婴幼儿奶粉，问题更严重。很多家长干脆选择豆奶来代替配方奶喂养宝宝，这是不对的。不可否认，豆奶的确是一种很好的营养食品，但是它的营养成分还不足以满足宝宝生长的需要。而配方奶是专门针对宝宝的需要来制作的，其营养成分接近母乳，当然比豆奶更适合宝宝。

当然，如果妈妈奶水充足，并且条件也允许，这个阶段还是应当坚持母乳喂养。

动作发育

4～6个月大的宝宝较先前懂事多了，体重已是出生时的2倍，口水流得更多了，在微笑时垂涎不断。如果让他仰卧在床上，他可以自如地变为俯卧位。坐位时背挺得很直。当大人扶他站立时，能直立了。在床上处于俯卧位时有往前爬的趋势，但由于腹部还不能抬高，所以爬行受到一定限制。

4～6个月的宝宝会用一只手够自己想要的玩具，并能抓住玩具，但准确度还不够，往往一个动作需重复好几次。洗澡时很听话并且还会打水玩。6个月的宝宝还有个特点，就是不厌其烦地重复某一动作，经常故意把手中的东西扔在地上，捡起来又扔，可反复20多次。也常把一件物体拉到身边，推开，再拉回，反复动作。这是宝宝在显示自己的能力。

感觉发育

4~6个月的宝宝各种感觉发育已经基本完备,会用表情表达自己内心的想法,能区别亲人的声音,能识别熟人和陌生人,对陌生人做出躲避的姿态。

智力发育

随着大脑的成长,宝宝对看过的东西多少有点记忆,能够区别妈妈和别人,对妈妈的依恋也越来越强。

5~6个月,智力活动变成了一种愉快的游戏。宝宝喜欢将东西丢掉,叫别人捡起来,或不断地按电器开关。虽然宝宝的各种行动在大人眼中好像恶作剧,但实际上是宝宝出于对知识探索的一种好奇心。只要没有危险,最好让他自由探索,不要太加以限制。

科学喂养

4~6个月宝宝喂养特点

4个月宝宝的体内,铁、钙、叶酸和维生素等营养会相对缺乏,有些代乳品已经不能完全满足其生长需要,因此对辅食提出了更高的要求。此阶段提倡继续纯母乳喂养。但对人工喂养具有辅食添加指征的孩子应适当增加淀粉类和富含铁、钙的食物。对于4个月以上的宝宝,单纯母乳喂养已不能满足其生长发育的需要,即使是人工喂养的宝宝,也不能单纯靠增加牛乳的量来满足其营养需要。

一般来说,当每日摄入的奶量达到1000毫升以上,或每次哺乳量大于200毫升时,就应增加辅助食品,为断奶做准备。

宝宝5~6个月已开始分泌足够的淀粉酶,可以添加一些淀粉类辅食(如奶糕、米粉、饼干等)、动物性食物(如肝、蛋、鱼等)、果蔬类及植物油。可按不同月龄婴儿的需要和消化能力加喂辅食,使其逐渐适应。

>> 新手妈妈大课堂

宝宝4个月时，消化道中淀粉酶分泌明显增多，及时添加淀粉类食物，不仅能够补充乳品能量不足，提高膳食中蛋白质的利用率，还可培养宝宝用勺子进食和咀嚼进食的习惯。谷类食物中含有B族维生素（如维生素B_1、维生素B_2）、铁、钙、蛋白质，有利于婴儿的生长发育，如奶糕、烂粥、面条、饼干等都是宝宝理想的谷类食物。

4~5个月的婴儿，每日可先加喂奶糕或几汤勺烂粥（1~2次），再添加饼干1~2片。饼干可以让宝宝磨牙床，有助于出牙。还可加些菜泥、肉汤等。

如果宝宝是乳糖不耐症的体质，可以用豆制品来代替配方奶。同时注意相比配方奶的进食量需要多吃一些，以达到同量配方奶所含的钙量。

从第6个月起，宝宝身体需要更多的营养物质和微量元素，母乳已经逐渐不能完全满足宝宝生长的需要，所以，依次添加其他食品越来越重要。除了本书前面几章介绍的几种辅食之外，这个阶段的宝宝还可以开始吃些肉泥、鱼泥、肝泥。

6个月左右的婴儿的辅助食物主要是类似母乳或牛奶的液体食物。添加辅助食物需注意循序渐进，并注意观察婴儿的大便。6个月时，婴儿淀粉酶分泌量大量增加，而体内储存铁渐渐耗尽，此时必须进行铁强化，米粉是最理想的添加物。也可添加乳儿糕、糕干粉或家制大米粉、面糊等。开始可冲得较稀，后渐加稠，小心地由少到多添加。最好不要用奶瓶，以培养婴儿用匙、碗进餐的习惯。随月龄增大，可添些稀粥、烂粥等。为补充蛋白质和铁，可添加蛋黄、肝泥、鱼泥、鸡、鸭、猪血等。可单独喂食也可加入米糊、粥、面中同食。因蛋清易引起婴儿过敏，故先不添加。婴儿4个月后可加菜泥（如菠菜、青菜、胡萝卜、马铃薯等制成泥）和果泥（如苹果泥、香蕉泥）以供给维生素和无机盐。研究提示，添加水果之前应先添加蔬菜。婴儿生来就喜爱甜味，先尝到水果甜味的婴儿就会拒绝蔬菜。故认为先添加蔬菜可避免喂养困难，又能促进良好饮食习惯的形成。

给宝宝添加辅食

添加辅食的问题，也是婴儿喂养中的重要问题。在4个月以前，母亲的乳汁基本上能满足婴儿的全部需要。但4个月后，由于婴儿生长发育速度快，虽然母乳量不减少，但也不能满足其需要了。具体添加辅食的时间对于各个个体是不同的，可根据婴儿、母亲的情况而决定，没有一个固定的时间。总的来说，4~5个月时就要添加辅食了。

经证实，在5~6个月时因婴儿需要热能多，容易饿，叫他吃任何东西都比较容易，如果延迟到9~10个月才给婴儿吃其他东西就较难接受，所以在4~5个月时开始添加固体食物较为合适。开始少一点，慢慢地增多，让胃肠能逐渐适应。

>> 专家答疑

哪些辅食不宜给宝宝选择？

（1）避免饮用咖啡、浓茶、可乐等刺激性比较强的饮料，以免影响宝宝神经系统的正常发育。

（2）糯米制品（如元宵、粽子）、水泡饭、花生米、瓜子、炒豆等不易消化和容易误入气管的食品。太甜、太咸、油腻、辛辣刺激的食物，如肥肉、巧克力等。

（3）少吃冷饮，因冷饮含糖高并含食用色素，易降低宝宝食欲，引起消化功能紊乱。

辅食的添加方法

1. 蛋黄的添加方法

宝宝出生3~4个月，体内储存的铁已基本耗尽，仅喂母乳或牛奶已满足不了宝宝生长发育的营养需求。因此需要添加一些含铁丰富的食物。蛋黄是比较理想的食品之一，它不仅含铁多，还含有其他多种适合宝宝生长发育所需的营养素。

蛋黄中富含铁质，且比较容易消化吸收，对预防宝宝缺铁性贫血十分有效。但是不要喂蛋白，因为蛋白不易消化，容易引起腹泻，此时宝宝的消化和免疫功能都较差，且吃蛋白易发生过敏而出现皮疹。

制作方法：

（1）取熟鸡蛋黄1/4个，用小勺碾碎，直接加入煮沸的牛奶中，反复搅拌，牛奶稍凉后喂宝宝。

（2）取1/4个生鸡蛋黄，加入牛奶和清淡鸡汤、菜汤、肉汤各一大勺，混合均匀后，用小火蒸至凝固，晾凉后用小勺喂给宝宝。

刚开始可喂1/4个蛋黄，待宝宝习惯后，如果消化正常，大便正常，无过敏现象时，可加喂到1/2个。

2. 米粉的添加方法

开始时加米粉1～2勺即可，加米粉时要用水调和，不要用牛奶调和，最好拿勺喂，要按说明适当加水，不要过稀、过稠。

3. 菜泥、果泥的添加方法

为宝宝添加的菜泥和果泥可以自制也可购买。市售的瓶装菜泥、果泥都是经高温消毒处理、无菌真空包装，最大限度地保存了食物的营养素，而且口感好，喂养方便。加菜泥、果泥的方法同加蛋黄一样，开始1～2勺，待宝宝适应几天后再加量，并更换品种。

4. 米汤的添加方法

人工喂养和混合喂养的宝宝3～4个月时可加米汤，以促进淀粉酶生成，补充B族维生素。在傍晚前用小勺喂，从半汤匙逐渐增加到1～2汤匙。

添加辅食应注意的问题：

(1)孩子吃惯了奶，对一种新的食物不接受。妈妈费劲儿做的辅食，他不张嘴吃。遇到这种情况不要勉强，不吃下回就换一种食物再喂。

(2)对于孩子的饮食不要死按书本，不要太教条。孩子跟孩子不同，吃多吃少，吃哪种食物还要根据孩子的食欲和爱好灵活掌握。

(3)给孩子添加食物一定要讲究卫生，原料要新鲜，现做现吃，吃剩的不要再吃。

(4)不要把大人吃的剩饭菜煮烂点给孩子当辅食。

(5)孩子吃某种食物腹泻，要停止添加。

(6)孩子吃西红柿、西瓜、胡萝卜后大便可能会有红色，或吃青菜有绿色，这是正常的。在做辅食时可做得再细些。

(7)孩子如果出现湿疹，可能是对某种蛋白质过敏。

(8)孩子的主食仍然是乳。

给婴儿添加淀粉类辅食

一般婴儿到3~6个月时唾液腺才发育完全,这时候唾液中才有足够的唾液淀粉酶来消化淀粉类食物,所以4个月左右可以给婴儿加米粉糊等半流质食物。由少量开始,到5个月后开始长出牙时改吃烂粥或烂面条。给婴儿添加含淀粉类食品时,我们主张加一些豆类及粗粮。因为植物蛋白中以豆类蛋白最好,加些黄豆粉、小米粉也可增加一些蛋白质、微量元素及B族维生素。糙米及糙面比精白米、富强粉含维生素B_1及粗纤维多,对婴儿的消化也有一定好处。

随着婴儿活动量的逐渐增大,消耗的热量也会增多,为了补充热量,逐渐给婴儿增添淀粉类食物是十分必要的。

自制辅食时需注意什么

1. 食物以新鲜、天然为两大原则

能够现买现做并在当天吃完当然是最理想的状况,但对要上班的父母来说似乎是不可能的任务,但至少须掌握食物储存不超过3天,清洗干净,烹煮到全熟(特别是肉类),以避免感染病毒或是发生过敏现象。

2. 避免调味料或刺激物

不要以大人的口味来衡量小宝宝的味觉,避免使用人工调味料,一点点的盐是可以的,但要注意太油、太咸、太甜都不好,刺激物或香料就更不用说了,不可贸然加在辅食中。

>> 温馨提示

辅食最忌不新鲜

辅食除了向宝宝提供成长所必需的营养之外,更重要的是让宝宝品尝新食物,养成新的进食习惯。因此,不应该为了营养而采用市场上销售的粉末状的辅食。爸爸妈妈们最好亲自为宝宝制备辅食,一方面可以增加亲子情感,感受到作为父母的责任;另一方面也更加卫生、健康。

3. 食物温度不宜过高

太烫的食物连大人吃了都可能伤到口腔黏膜或咽喉,何况是脆弱的小宝宝呢。以温度适中的食物为佳,宝宝试着自己用手抓食物来吃时,才不会烫到。

4. 食物应易于消化吸收

除了要注意食物的软硬度外,有些食物宝宝不易消化吸收,如牛肉、墨鱼、章鱼等最好等宝宝较大以后再吃。此外,即使宝宝满周岁后,蔬菜或肉类也应切成小丁状,以免宝宝不易咀嚼吞咽。

5. 切菜板、刀具须消毒或清洁

倒不需要特别为宝宝准备一份专用切菜板或刀具,只要将处理生食与熟食的器具分开，并彻底清洁（最好用热水或用沸水烫过）即可，在做辅食前，双手也应先洗净。

6. 菜色应多变

老是一成不变的菜色，宝宝也会吃腻的。虽然在可用的食材上有所限制，也不能使用调味料，但只要多费点心，或是参考食谱，还是可以在烹调方式或外观上作变化，色泽鲜艳漂亮的蔬菜也能引发宝宝的食欲。

>> 新手妈妈大课堂

如何为断奶做准备

从5个月开始，妈妈应从饮食方面安排宝宝进入断奶过渡期。断奶过渡期的食物不一定要很特别，要从成人食物中选择一些易于宝宝消化与接受的，加工时尽量做到精细、软烂。软烂的稀米粥、烂面条（片），开始可加1～2勺，这类半流质食物能对宝宝的咽部起到刺激作用，是促进宝宝协调吞咽动作不可或缺的食物，为下一步添加固体食物早做准备。

科学护理

宝宝的衣服要宽松

由于这个月龄的宝宝生长发育比较迅速，不仅活动量比以前有了明显增大，而且活动范围和幅度都比以前大大增强。所以妈妈在为宝宝准备衣服时，一定要以宽松为主，如果整体设计太紧，将会影响宝宝正常发育；如果领口或袖口过紧，也会妨碍宝宝的活动和呼吸。同时，衣服的袖子或裤腿也不能过长，否则也会妨碍宝宝的手脚活动。这个月的宝宝由于喂食、流口水等原因，常常弄湿、弄脏衣服，这就需要经常换洗，所以妈妈要多为宝宝准备几套衣服。此外，如果口水太多，要给宝宝戴个吸水性较强的围嘴，既方便又好洗。

>> 爱心妈妈育儿经

围嘴的选择

围嘴可用吸水性强的棉布、薄绒布或毛巾制作，不要用塑料及橡胶制作的围嘴。围嘴要勤洗勤换，换下的围嘴每次清洗后要用开水烫一下，并在太阳下晒干备用。

让婴儿睡凉席应注意的问题

如果天气太热，宝宝可以睡凉席，不过一旦使用不当，会使宝宝着凉感冒或腹

泻,出现这样或那样我们不希望看到的毛病。因此,在给宝宝睡凉席时,一定要注意以下几点:

(1)要选择草席。即麦秸凉席,它的特点是质地松软,吸水性好,又不像竹席那样太凉,选择时注意要光滑无刺。不要选择竹席,竹席太凉了,随着昼夜温差变化,小孩子容易受凉。

(2)宝宝不能直接睡在凉席上。要在席子上铺上棉布床单,以防过凉,也可避免宝宝蹬腿擦破皮肤。

(3)凉席要清洁。使用前一定要用开水擦洗,然后在阳光下暴晒,以防宝宝皮肤过敏。凉席尿湿后要及时清洗,保持干燥。如果宝宝睡后身上出现小红疹,要立即离开凉席,并找医生诊治。

>> 新手妈妈大课堂

宝宝对枕头的要求

从第4个月开始,宝宝的头与身体的比例逐渐趋于协调,所以可以给宝宝睡枕头了。给宝宝专用的枕头可以用棉布做枕套,用谷子、小米或荞麦皮作芯。由于考虑到宝宝的个体差异,枕头的规格尺寸也不宜规定得太死,但一般情况下可以参考以下标准:长30厘米、宽15厘米、高3厘米为宜。宝宝的枕头切忌太高。此外,由于宝宝的头常常偏向妈妈一侧,总一个姿势不利于宝宝头部的自由活动,也容易将头睡偏甚至造成习惯性斜颈。所以在使用枕头时,妈妈还要经常变换宝宝小床的位置或睡的方向。

纠正婴儿吸吮手指的不良习惯

婴儿常用手接触各种物品,吸吮手指会把细菌带入口中,引起胃肠炎或寄生虫病。同时吸吮手指可影响正常牙齿的排列而致牙齿畸形,还可致口唇变形、手指溃疡或变形等。这不仅影响美观,还会影响咀嚼功能。一般情况下,如果不能时时保证宝宝手指的干净和卫生,那么尽量不要让宝宝养成吸吮手指的坏习惯。吸吮手指是一种不良习惯,应防止并及时纠正,其方法有:

(1)多引导孩子对周围事物产生兴趣。

(2)给婴儿用双手抓握的玩具,使其用双手摆弄玩具而不吸吮手指。

(3)和婴儿做一些动手的游戏,如拍手歌、手指歌、滚球歌等。

(4)适当让孩子用手拿一些可吃的食品,如饼干、烤馒头或削皮的水果片等。

(5)带宝宝到公园或者郊外去进行户外活动,让宝宝开阔视野,接触到各种各样新鲜的事物,宝宝兴奋起来往往就忘记吸吮自己的手指了。

怎样做好婴儿卫生

保持婴儿身体的清洁,有利于婴儿皮肤的呼吸及健康。

早晨用温水给婴儿先洗脸,再洗手,用柔软的毛巾擦干。婴儿皮肤娇嫩,不必涂擦香脂,以免刺激皮肤,冬季可擦少量凡士林软膏。如果眼睛有分泌物,可用药棉浸湿后从眼内侧向外侧轻轻擦洗,不要来回擦,一块棉花只擦洗一只眼睛。鼻腔如有鼻痂,可用药棉蘸点熟植物油擦拭鼻腔,使鼻痂软化,随着呼吸会自行排除。

最好每天给婴儿洗澡,如不能每天洗澡,每隔2~3天要洗一次。不洗澡时,需每天用清水给婴儿清洗臀部(女婴包括外阴)及腹股沟部位,每日可清洗1~2次。每天要给婴儿洗脚,要经常给婴儿洗头,修剪手指、脚趾甲。在哺乳或进食后可喂少量温开水清洁口腔,不可用纱布擦抹口腔以免损伤口腔黏膜。

如何换尿布

在3个月以前,宝宝的尿布一般是用长方形的小块尿布垫,从小屁股后面向前拉过来就足够了。但到了3个月以后,无论是宝宝的运动量还是尿量都增加了,所以尿布垫儿的形状也必须改变。

这个月宝宝使用的尿布,通常有长方形的和正方形的,正方形的尿布也能当三角形的使用。三角形尿布再放一块长方形的尿布,也可以搭配使用。如果尿布透气性不好,不易宝宝散热,是造成尿布疹的主要原因。因此,如果你想买现成的尿布,一定要选择品牌产品。在为宝宝裹尿布时,尿布的松紧程度要合适,既要清洁卫生,又要便于宝宝腿部的活动。如果尿布勒得太紧,不仅宝宝感觉不舒服,而

>> 爱心妈妈育儿经

过分逗弄婴儿的害处

婴儿白白胖胖,招人喜爱,有的大人和婴儿玩,逗得孩子"咯咯"笑,有的甚至被逗得笑个不停。有资料表明,过分逗笑孩子会造成孩子暂时缺氧窒息,引起暂时性脑贫血,也会造成孩子口吃或痴笑,严重的也可造成下颌关节脱臼。况且,过分逗弄孩子,时间久了,孩子就不自己玩,而习惯由大人逗弄他。开始逗孩子是为了快乐,以后却成了永无止境的苦差事。所以,逗孩子要适可而止。

且还会影响宝宝的发育。如果尿布太松,不仅容易搞脏宝宝的衣服或被褥,而且容易滑脱。一般来讲,男宝宝的尿布前面要厚一些,女宝宝的尿布后面要厚一些。此外,在给宝宝换尿布时,还可以从宝宝大便的次数和粪便的性状上,发现宝宝的身体有无异常。

宝宝能穿鞋吗

从理论上讲,这个月的宝宝还不会走路,光脚是最好的。但由于此时的宝宝活动能力逐步加强,特别是脚部的活动,如蹬腿、踢腿等动作比以前明显增多,为了避免宝宝脚部皮肤的摩擦,保护娇嫩的脚趾甲,给宝宝准备一双合适的鞋还是很有必要的。

所谓合适的鞋,首先应根据宝宝不会走路的特点出发,选择那些用可透气的真皮或布等材质制成的,鞋要轻便,鞋底要柔软富有弹性,最好是你的手隔着鞋底都摸得到宝宝的脚趾。那些用塑胶材料制成的,或者有坚硬外壳的皮鞋都是不适合的。其次宝宝的鞋也要适当宽松一些。买鞋时父母可以用拇指压压,鞋的长度要以宝宝最长的脚趾和鞋尖保留拇指的宽度为宜。鞋的宽度应以脚部最宽的部分能够稍加挤压为宜,如果尚能挤压,宽度就足够了。为了给宝宝的小脚丫留下发育的空间,父母千万不要给宝宝穿太小、太紧的鞋子。此外,由于宝宝的小脚丫长得很快,一双鞋不等穿坏很快就不能穿了,所以不要买太贵的。

宝宝夜间醒来哭闹有哪些原因

原因一:这个月的宝宝对周围事物的兴趣越来越浓,遇到可使宝宝受惊的机会也相应增多,宝宝夜里睡觉时难免会梦见白天受惊时的情景,这样一来就会突然大叫或哭闹起来。

原因二:常发生在爱静的宝宝身上。对于爱动的宝宝,白天睡眠时间比较短,夜间自然睡得较沉;但对于不爱动的宝宝来说,由于白天运动过少而睡觉较多,而且晚上睡得也早,这样的宝宝夜间肯定睡不安稳。如果你的宝宝每晚哭闹频繁,就需要检查一下宝宝白天是怎样度过的。如果属于上述情况,就应该逐步改变宝宝的睡眠规律。

原因三：白天周围的环境过于嘈杂，或者长时间外出或旅行时，宝宝常在夜间醒来哭闹。同时，每天晚上睡觉以前，宝宝容易兴奋，父母不要与宝宝做比较激烈的游戏。

原因四：可能是由于接种疫苗时引起的。有的宝宝在预防接种时因打针受到了惊吓，不仅白天哭闹得特别厉害，而且夜间也会常常突然大哭起来。如果出现这种情况，多半是因为夜里又梦见自己在打针。这时，就需要父母平时多给宝宝一些爱抚，多做一些快乐的游戏，特别是宝宝接种完疫苗后，更应多多地爱抚，把宝宝的情绪调整好。

>> 专家答疑

可以训练宝宝定时大便吗

宝宝刚出生时，大便次数比较多，而且难以掌握规律。等到了3～4个月时，每天的大便次数基本保持在1～2次，而且时间基本固定。所以，从第4个月开始，就可以按照宝宝自己的排便规律，培养他按时大便的习惯了。

训练宝宝养成定时大便的习惯时，要先摸清宝宝每天经常在什么时间排便，到了这个时间父母就要格外注意了。如果发现宝宝有出现脸红、瞪眼和凝视等神态时，就应把宝宝抱到便盆前，并用“嗯、嗯”的发音使宝宝形成条件反射，久而久之宝宝一到时间就会有便意了。

怎样克服宝宝起得过早

如果宝宝每天总在早晨五六点钟就突然醒来，最好的办法就是不加理睬，在宝宝清晨发出第一声啼哭时不妨让他稍微等待一下。如果不是大哭尖叫，就可以慢慢地加长等待的时间，或许宝宝能翻个身再睡或乖乖地自我娱乐一番。如果以上办法都不见效，可以试试下面的方法。

隔绝噪声，避免晨光直射进来，因为有的宝宝对光线特别敏感，所以天一亮就会醒来。将早餐时间尽量延迟，或者控制白天睡觉时间、晚上晚点睡。时间一长宝宝早起的毛病就可以克服。

给 4 ~6 个月婴儿选择合适的玩具

4 ~6 个月的婴儿，视听感觉已比较灵敏，除了给婴儿一些哗铃棒等带柄的玩具抓握外，还可提供一些音乐娱乐的玩具。一般孩子看到形象生动有趣、能响能动的玩具如小熊打鼓、小鸡吃米、跳蛙时会手舞足蹈，听到音乐以及电子琴等发出的美妙音乐，也会随着音乐节奏摆动手脚。

除了给婴儿看和听这些玩具外，家长还可以教婴儿来玩，比如，如何拿起哗铃棒摇响，如何启动小熊打鼓，如何启动跳蛙的发条让它跳动，如何把音乐盒的声音按出来等。总之，要让婴儿模仿着动起手来，家长可以反复做示范引起婴儿兴趣，鼓励婴儿模仿。

除了选择以上这些玩具外，还可选择用发条、机动、惯性、声和光电等作为动力的形象玩具，如猫滚球、各种交通玩具、帆布兜秋千、摇鼓、手按喇叭、陀螺等娱乐玩具。

第四章

7~9个月

宝宝会用动作来引起你的注意，甚至可能在看到你朝门口走的时候跟你挥手再见。他也开始有了自己的主意，当你想把他放到车座上或婴儿车上时，他可能会表现出不愿意呢。

发育特征

身体发育

7个月婴儿的体重每周增加90~120克，身高可增加1~1.5厘米。宝宝自己可独坐很久，会翻身，能听懂自己的名字，能理解很简单的语言，问他常见的东西在哪儿，他会用眼睛寻找，能做简单回答性的动作，如不要的东西，会用摇头表示，叫他和人再见时会摆手，能自己拿着饼干吃。

这时的宝宝已经能看懂大人的表情，明白大人的喜怒，也逐渐听懂大人的话语了。宝宝能明白爸爸、妈妈、没有、再见等词的含义，经常发出“da-da”“ma-ma”的音节，爸爸听到以后，高兴地说：“宝宝会叫爸爸了，宝宝会叫爸爸了。”实际上，宝宝并不是有意识地叫“爸爸”“妈妈”，只是发出一些连续的音节，但是爸爸的这些积极的反应，能够强化宝宝发音的行为。

8个月婴儿的体重和身高的增加和7个月时差不多，开始长下侧牙。会爬，会自己坐起来。会拍着小手玩，能自己用手抓东西，能扶着栏杆站起来。会挑选自己喜欢的玩具，自己观赏，用两手传递玩具，玩具被人拿走时会哭闹。能用眼睛找所要的东西。会模仿成人发音，重复大人所发的简单音节，能分辨成人说话的声调，并能做出不同的反应。对和蔼的声调表示高兴，严厉的声音可使他大哭。会吃由成人用勺喂的食物，见到亲人让抱。

9个月婴儿的体重每周可增加90~120克，身高增加1厘米。能用拇指和食指捏起比较小的东西，而且不论拿起什么东西都愿意往嘴里放。小儿试着独站，抓住栏杆能站起来，并能站立。

动作发育

可以一只手拿着东西爬，爬行时开始懂得转方向，有些宝宝可能会爬楼梯。能双手握着玩具独自坐稳，不摔倒，坐椅子也坐得很好，自己坐得很稳，可以坐着转向90°，而且能独自从坐姿稳稳当当地趴下。能手扶着物体站一会儿，站起来后会自己蹲下，少数宝宝可能还会扶着墙或家具侧走。

会在胸前拍手或拿着两样东西相互击打。能自己拿着奶瓶喝奶，奶瓶掉了会自己捡起来。会用食指指东西和方向。会用食指挖洞或够东西。能将积木放入盒子里，还能再从盒子里取出积木。开始玩积木，能将两块积木叠起来。

语言发育

9个月的宝宝是喜欢接受表扬的，因为一方面他已能听懂你常说的赞扬话，另一方面他的言语动作和情绪也发展了，开始有明显的高低音调出现，会用声音加强情绪的激动。能模仿大人咳嗽，用舌头发出嗒嗒声或发出嘶嘶声。

当大人在宝宝面前边说“欢迎”“再见”边用手势表示时，宝宝也会模仿，并逐渐会用手势表示“欢迎”和“再见”。会注意听别人讲话或唱歌，对自己名字以外的一两个字有反应，如“不行”等。能听懂简单的指示，如去拿玩具。能发简单的音，但发音不一定准确。如边哭闹边发“不”的同时摆手表示不同意；想让大人帮他拿某个东西时，会指着东西看着大人的脸发“啊啊”的音。

感觉发育

这段时期宝宝对人、事、物或场所有很大的兴趣，开始会区别看惯的东西和陌生的东西，这就是怕生。有时这种感情会从6个月持续到1岁左右。相同的道理，在陌生的环境里，妈妈如果将宝宝放离膝盖，有些宝宝会因为对场所认生而忽然哭出来。这些都是宝宝感情的发展，对自己不认识的地方或人产生不安及恐惧感所造成的。

反过来说，这段时期宝宝对亲人的感情也逐渐加深，比以前的任何时期都要依恋妈妈，随时都要跟着妈妈，他已经了解妈妈的笑脸和生气的表情，当妈妈露出生气的表情说“不行”“危险”时，他会露出可怜、委屈的表情。

到了8个月时，宝宝的感情变化更加明显，遇到不如意的事甚至会哭泣或发怒。

智力发育

这个时期，宝宝的智力有了显著的增长，对人、事、物及场所逐渐在意、关心，也同时出现了喜怒哀乐等感情。成熟的运动能力与发展的智力结合在一起，扩大了宝宝的意欲范围，此时他会运用智慧，采取积极的行动。到了7个月左右，宝宝会认真地观察大人的举止，如果和他一齐做些简单的动作，例如敲鼓等，他会跟着模仿。

>> 新手妈妈大课堂

宝宝不宜长时间看电视的害处：

(1)宝宝长时间看电视不利于视力发育。婴儿眼睛还在发育中，视力还未完善，不断闪烁的电视光点会造成屈光异常、斜视、内斜视，尤其是近距离电视大屏幕造成的损害更大。

(2)看电视时电视机放射的电磁波对宝宝健康也是有害的。

(3)看电视是一种被动性经历，会导致宝宝形成一种“缺乏活力”的大脑活动模式，而这与智力活动的迟钝有直接关系。

科学喂养

7~9个月宝宝的喂养特点

7个月的婴儿对各种营养的需求继续增长。鉴于大部分宝宝已经开始出牙，在喂食的类别上可以开始以谷物类为主食，配上蛋黄、鱼肉或肉泥，以及碎菜或胡萝卜泥等做成的辅食。以此为原则，在做法上要经常变换花样，并搭配些碎水果。

具体喂法仍然坚持母乳或配方奶为主，但哺喂顺序与以前相反，先喂辅食，再哺乳，而且推荐采用主辅混合的方式进行。第8个月时，妈妈乳汁的质和量都已经开始下降，难以完全满足婴儿生长发育的需要。所以添加辅食显得更为重要。从这个阶段起，可以让孩子尝尝配方奶的味道，为断掉母乳后添加乳类食品做好准备。

辅食方面，可以让宝宝尝试更多种类的食品。由于此阶段大多数婴儿都在学习爬行。体力消耗也较多，所以应该供给更多的碳水化合物、脂肪和蛋白质类食品。

人工喂养的宝宝，在7个月时还应该保证每天500~750毫升牛奶的供给。

9个月，喂奶次数应逐渐从3次减到2次，每天哺乳600~800毫升就足够了，而辅食要逐渐增加，为断奶做好准备。

从现在起可以增加一些粗纤维的食物如茎秆类蔬菜，但要把粗老的部分去掉。9个月的宝宝已经长牙，有咀嚼能力了，可以让其啃食硬一点的东西，这样有利于乳牙的萌出。

给宝宝喂牛奶的重要性

这时，可以用牛奶来代替母乳喂宝宝了。要特别提醒年轻父母们的是，一定要将牛奶作为母乳一样的主食来喂宝宝，其他添加的食物只能作为辅食，以保证宝宝全面、均衡地摄入各种营养。所以,7 个月之后的宝宝,一定要保证每天的牛奶摄入量,直至 1 周岁。母乳分泌良好,白天至少也要喂宝宝 200 ~ 300 毫升牛奶,如果母乳不足,最基本也要喂 400 毫升牛奶。

宝宝吃鸡蛋应适量

由于鸡蛋内含有优良的蛋白质,大多数人都错误地认为吃鸡蛋越多越好,其实不然,吃过多的鸡蛋会对身体有害。其原因是:过多的食用鸡蛋增加了消化道的负担,体内蛋白质含量过高,蛋白质在肠道积存造成异常分解,产生大量的氨,使血氨增高。未完全消化的蛋白质可能会在肠道中腐败,产生有毒物质,造成腹部胀闷、头晕目眩、四肢无力等蛋白质中毒综合征。此外鸡蛋的蛋白质抗生素蛋白,在肠道中可以直接与生物素结合,从而阻止了生物素的吸收,导致宝宝患生物素缺乏症以及消化不良、腹泻、皮疹等病症。

因此,必须观察婴儿的粪便,了解营养素的吸收情况,如果大便正常,可保持每天吃一个鸡蛋。

宝宝吃盐不能太多

适量的食盐对维护人体健康起着重要的生理作用,但宝宝机体功能尚未健全,肾脏功能发育不够完善,没有能力充分排出血液中过多的钠,而过多的钠能吸收体内水分,促使血量增加,使血管处于高压状态。

对一些学龄儿童进行调查发现,吃含盐量过高食物的儿童有 11% ~13% 患了高血压。此外,食入盐分太多,还会导致体内的钾从尿中丧失,而钾对于人体活动时肌肉的收缩、放松是必需的,钾丧失过多,能引起心脏衰弱。

开始时,如何喂宝宝固体食物

我们以麦片粥为例。开始时可用你的手指头作为宝宝的第一只汤匙。洗净你的手,蘸一些调好的麦片粥。当宝宝开口吃时,先滴几滴在他的嘴唇上,让宝宝吸你的手指头。然后,放一些麦片粥在舌尖上,当宝宝吞下这一点麦片粥时,再放一些在他的舌中央。假如宝宝吐舌头扮鬼脸的话,不要担心,那只是他尝试新食物的一种反应。

>>新手妈妈大课堂

如果你喂母乳,或许可以用香蕉泥作为宝宝的第一次固体食物。香蕉味甜,有点像母乳,而且不易引起食物过敏。如果你喂婴儿奶粉,宝宝已习惯口味温和的奶水,则可用奶粉来调和干燕麦。

从流食到半固体食品

这个时期,宝宝的辅食可以从最开始接近母乳和牛奶的液态食品过渡到稀软有形的食物了。有形食物最好是那些入口后稍加咀嚼即可吞咽的一类食物。

另外,这时候可以让小宝宝多尝试并适应各种口味的食物。这就需要妈妈在厨房里多多劳动了。

在喂宝宝半固体食物的时候不要急于求成,最重要的是依据宝宝的具体情况来逐步变换食物。宝宝吃新食物时,一次不要喂两种以上的新食物,以防止出现过敏情况却难以找到过敏原。所以一次只宜喂宝宝一种新食物。

提供有营养价值的食物

假如宝宝非常挑食,妈妈肯定要担心宝宝无法从一餐中获得该有的营养。这时,妈妈可以记住一些能让宝宝获得较多营养的食物。

大多数的宝宝都喜欢酸奶。酸奶富含钙质、蛋白质、维生素 B_2。

还有蛋黄。蛋黄的营养丰富,含有蛋白质、核黄素、维生素 A、维生素 B_2 和维生素 K 等。

谷类食物宝宝也很少排斥。谷类食物富含维生素、锌、铁、镁和叶酸。

豆类食物同样受大多数宝宝的欢迎。大豆和扁豆是铁质和叶酸的高蛋白来源。

番茄富含维生素 C,也深受许多宝宝的喜爱。

不宜给宝宝吃补品,一般而言,宝宝没有必要服用补品,母乳和辅食的营养足够了。而且补品中的激素类物质可令宝宝的骨骼提前闭合,导致个子矮小、性早熟的情况。

如果宝宝需要吃补品,一定要有专业医生的指导,否则无论服用何种补品,家长们都不能仅凭着自己的“经验”给宝宝食用,以免造成不可挽回的后果。

巧妙的“食物代换”法

宝宝这不吃、那不吃,真的急坏了新手妈妈。然而,妈妈却不知道,宝宝不吃某种食物并不代表宝宝挑食,可能只是暂时性的不喜欢。这时,妈妈可以先不喂宝宝吃这种食物,隔段时间后再喂。在此期间,可以喂给宝宝营养成分相似的其他辅食。比如宝宝不爱吃土豆泥,妈妈可以给宝宝喂一些南瓜泥,过段时间再喂土豆泥也许宝宝就会吃了。不要因为宝宝不爱吃某样食物而强迫他,更不要呵斥或吓唬他。

要让宝宝吃某样食物，妈妈们还可以试试变换不同的做法。同一种食物或许换一种做法，宝宝就爱吃了呢。

>> 温馨提示

不宜把麦乳精作为主食喂养宝宝

在20世纪70年代，麦乳精非常受欢迎。有些家长受此影响，会买麦乳精来喂养宝宝。实际上，麦乳精所含的营养成分难以满足宝宝的需要，不能将其作为主食来喂养宝宝。

麦乳精以砂糖、麦精、甜炼乳等为主要原料，奶粉的含量极少，蛋白质和脂肪的含量也比较低，碳水化合物的含量最多，麦乳精提供的热量80%来自碳水化合物。所以麦乳精只能当作一般的饮料饮用。

科学护理

衣着的选用要注意什么

7～9个月的婴儿已能独坐，逐渐会爬，甚至已经可以扶着栏杆站起来。

随着活动能力一步步的发展，活动范围和活动量也逐渐加大，这时的小儿虽然在衣着材料和款式上与以前相比没有多大变化，但是衣服要注意大小得体宽松，一定要方便小儿的活动，如袖子不要太长，以免妨碍手的活动。衣服不要穿得很多，随季节变化增减衣服时，比大人穿得相对要少一些，只要手、脚温暖即可。如果身上有汗（安静时），说明穿得过多，就应该再适当减一些；如果手、脚发凉，说明穿得不够，就应该再适当加些衣服。晚上盖被也不要太厚，由于小儿常常爱踢被，为防腹部着凉，可以用浴巾或小毛巾被折几层，盖在婴儿腹部，这样当小儿翻身时就不会踢掉。夜间被子太厚时，小儿出汗多，反而更易踢掉被子而着凉感冒。

俗话说："要得小孩安，三分饥和寒。"也就是说，要想让小儿平安不生病，只需要吃七分饱，穿七分暖就行了。若吃得过饱，穿得过暖，反而容易生病。

婴儿为什么爱玩纸

半岁前的婴儿总是喜欢卖傻力气，做一些摇晃、拍打、抡动手臂等粗线条的动作。而7～9个月的婴儿，手指的功能逐渐有了可喜的发展，手和手指的动作已不再是漫无目的了，会根据物体的不同形状来改变抓握的方式。

玩纸是这个年龄婴儿的一种游戏和嗜好，也是发展婴儿手指精神动作的一项活动。婴儿拿到纸，会比拿到玩具还高兴，他会立刻捡起纸，又抓又揉，一会儿使劲儿捏成一个团，一会儿又用两手把纸撕破、弄烂，一片一片，再捡起来揉，真是忙得不亦乐乎。婴儿正是通过有目的地捏一捏、揉一揉、扯一扯来探讨有趣的物体变化，为今后进一步理解物体的性质和用途打下基础。

家长们不必为这个月龄的婴儿挑选更多的玩具去操心了，只要把包装纸或其他物品的纸交给他就行了。也可给婴儿一张玻璃纸，看他是否会认真观察这种纸与其他包装纸的不同之处。

>> 专家答疑

婴儿爱抓大人头发和衣服的原因

8~9个月的婴儿已学会用手指抓捏物体，但因伸肌发育不完善，所以一旦抓住物体后还不会随意放开。当妈妈抱住婴儿时，他的手刚好够到妈妈的头发、衣领，这些细的物体正好适合他的手抓捏的需求。因此他抓住了，越让他松手，他越抓得紧，并且摇来拽去。

请年轻的母亲们不要再冤枉小宝宝了。多给婴儿一些各种形状和软硬度的玩具，多给他抓握和捏的机会，让他的探索活动顺利发展吧。

预防婴儿吸入异物

7~9个月龄的婴儿由于乳牙刚刚萌出，咀嚼功能差，喉头保护性反射功能也欠佳。有些家长认为孩子出牙了，什么都可以吃，因而不注意孩子自身的特点，像瓜子、花生等物也用来哺喂，加之进食时婴儿哭闹、嬉笑，使得食物、异物（如钮扣、玩具等）被误吸入气管，或者因为喂药时强迫婴儿服下，使婴儿呛咳而将药物吸入气管，导致窒息、呼吸困难，后果很严重的。如果家长注意以下几方面，吸入异物的事故是完全可以避免的。

首先，注意选择富有营养而又适合婴儿年龄特点的食物，不要给整粒的瓜子、花生、豆子及带核的食物。玩具应符合安全卫生的要求，不给婴儿玩体积小、锐利、易误吸、误吞的物品，如珠子、扣子、棋子、硬币、图钉等。要注意掌握正确的喂药方法，注意培养婴儿良好的饮食及卫生习惯，纠正口含异物吸吮的坏习惯，进餐时要细嚼，勿狼吞虎咽。特别注意进餐时切勿惊吓、逗乐、责骂，哭闹时也不应该用食品哄他，以免婴儿在大哭、大笑时将食物吸入气管。

宝宝喜欢扔东西的原因

许多孩子到了七八个月的时候特别喜欢扔东西，并且特别喜欢和父母做对，孩子往往把东西扔了，大人去捡了回来交给他，他又立刻再用力扔掉。

这是怎么回事呢？这是由于宝宝爱玩的天性。孩子把东西扔了一次，也许是因为发脾气而扔，但是如果大人把宝宝扔掉的东西捡回来，宝宝立刻意识到这是一种可以两个人玩的游戏，他会从中感受到大人的关注和照顾的乐趣，因而以再次扔的方式表示对大人的应答，那么第 2 次、第 3 次就是故意扔的了，并且扔的兴致会更高，扔得更起劲。久而久之，宝宝就会养成随手扔东西的习惯。

父母如何正确对待婴儿扔东西呢？当孩子把东西扔掉了，大人最好不要把宝宝扔掉的玩具马上捡起来交给宝宝，你可以装着没看见，显得漠不关心，如果宝宝通过哭闹要你把东西捡起来的话，最好逗引孩子自己去把东西捡起来。

养成宝宝按时入睡的习惯

8 个月的宝宝白天一般要睡两三次，每次两三小时，晚上要睡 10 小时，宝宝一天大部分时间都处在睡眠状态。因此帮助宝宝养成良好的睡眠习惯特别重要，尤其是让宝宝养成按时入睡的习惯对于宝宝的身体发育和精神状态都很有好处。

有许多时候宝宝睡觉还是很自觉的，只要困了，就自然而然地入睡，这是因为睡眠本身就是人体的一项正常生理活动，当宝宝身体内的能量消耗到一定程度时就会有睡眠的要求。如果暂时没有睡着，让他睁着眼睛躺在床上，不要逗他，保持室内安静，等不了多久，宝宝也会自然入睡。而有的父母常常抱着宝宝睡觉，手拍着宝宝，嘴里哼着儿歌，脚不停地来回走动，或者让宝宝吸吮空奶头，引诱宝宝入睡，这些坏毛病导致宝宝睡觉时必定闹，不拍不抱睡不着。时间长了，婴儿必须依赖大人，不能自然定时入睡。

8 ~9 个月的宝宝，因为智力的发育，活动内容的增多，玩得太累，受环境刺激多，睡觉时会做梦，有时则入睡就哭，一哭就醒。此时，只要父母在他的床边，他看见父母便会入睡。这时，千万不要把宝宝抱起来或拍睡，否则他就会养成一定要父母陪着睡觉的坏习惯。

>> 新手妈妈大课堂

怎样防止婴儿坠床

婴儿的床不宜离地面过高，床外侧要加护栏（栏杆的高度以婴儿不致跌下为宜）。婴儿睡觉后一定要检查栏杆是否用插销固定好。婴儿与大人同床时，则让其睡在里面，大人有事离开时，一定要在婴儿旁边靠床的外侧用被子等物挡好，以避免坠床事故的发生。

要预防宝宝睡偏头

孩子出生后，头颅都是正常对称的，但由于婴幼儿时期骨质密度低，骨骼发育又快，所以在发育过程中极易受外界条件的影响。1 岁之内的婴儿，每天的睡眠占了一大半甚至 2/3 的时间。如果睡觉时总把孩子的头侧向一边，受压一侧的枕骨就变得扁平，出现头颅不对称的现象。因此，要注意预防婴儿睡偏头。

这和宝宝的睡眠姿势有关，现在我们很少让婴儿采取俯睡的睡眠姿势，除此之外仰睡和侧睡可以根据个人的不同情况和喜好选择。通常仰睡不会引起睡偏头。

如果宝宝是侧睡的话，首先，要注意孩子睡眠时的头部位置，保持枕部两侧受力均匀。另外，孩子睡觉时容易习惯于面向母亲，吃奶时也把头转向母亲一侧。为不影响孩子颅骨发育，母亲应该经常和孩子调换睡觉的位置，这样，孩子就不会把头转向固定的一侧。如果孩子已经睡偏了头，家长应用上述方法进行纠正。若孩子超过了 1 岁半，骨骼发育的自我调整便很困难，偏头不易纠正，影响孩子的外观美。

宝宝喜欢含着乳头入睡有什么坏处

如果宝宝已经养成必须含着妈妈的乳头才能入睡的习惯，妈妈一旦将乳头从宝宝嘴里拽出来，宝宝就可能被惊醒。即使现在不醒，如果夜间要撒尿或因其他什

么原因醒来后，要想让宝宝重新入睡，必然要满足同样的条件，如果不让宝宝含着妈妈的乳头，他就会哭闹不止。

总之，无论是怕宝宝睡不着而抱着宝宝入睡，还是让宝宝含着乳头入睡，长此以往都会使宝宝养成依赖父母的习惯，对培养宝宝的自立精神制造了障碍。为了让宝宝养成良好的睡眠习惯，也要有正确的方法。如果宝宝暂时没有睡意，父母也不要强求。一般情况下，只要宝宝在睡前玩 2 小时左右，就会感到疲倦而自然入睡。如果你的宝宝不是这样，可以让他自己躺在床上，不要抱起来，更不要和他进行剧烈活动或玩太兴奋的游戏，要保持室内安静，过不了一会儿，宝宝就会自己入睡。如果宝宝还不能很快入睡，父母可以静静地坐在宝宝身边，或轻轻地哼首催眠曲使宝宝进入甜蜜的梦乡。

怎样培养宝宝早睡早起的习惯

对于不同的宝宝，睡眠的时间和深度也是有一定差别的，而且表现的形式也各不相同。但就一般规律来讲，这个月的宝宝每天上午和下午还需要各睡一次，每次 2 小时左右，一天总的睡眠时间保证 14 ~ 16 小时。如果宝宝白天的睡眠时间比较短，每次不到 1 小时，只要晚上睡得好、睡得足，白天玩的时候也很精神，妈妈就不用太过担心。但是，为使宝宝的睡眠节奏有规律，而且能做到早睡早起，白天最好在固定的时间让宝宝睡 1 ~ 2 次，每次 1 ~ 2 小时，晚上再睡 10 小时以上就不会有什么问题了。

这个时期的宝宝好奇心很强，由于白天贪玩，不少宝宝到了晚上也不太想睡觉。如果你的宝宝到了睡觉时间还没睡意，就应想方设法减少临睡前的玩耍时间，并安安静静地陪在宝宝身旁，轻轻地哼唱一首摇篮曲，直到宝宝睡着为止。经过多次这样的训练之后，宝宝晚上不睡的问题就可以解决了。另外，有的宝宝到了晚上该睡觉时不睡的原因，还可能是早上起得太晚了。对于这种情况就应给宝宝安排一个起床的固定时间，时间一到就把窗帘打开，让阳光照射进来，叫宝宝起床，当然这需要一个循序渐进的过程。

>> 爱心妈妈育儿经

宝宝睡前哭个不停怎么办

由于这个时期的宝宝对妈妈十分依恋，甚至在睡觉时也不愿让妈妈离开。当宝宝在睡觉时，一看见妈妈要离开就哭时，最好的办法可能就是任宝宝哭上一会儿了，再去哄宝宝入睡。因为妈妈的完全远离，远比过分迁就的效果要好得多。经过几次后，宝宝就会学会自己重新躺下，自己好好睡觉。

适当让宝宝进行日光浴

锻炼小婴儿适当地进行日光浴，对于提高机体对外界环境变化的抵抗力，增强体质，提高各脏器的生理功能有着重要意义。

1 个月以后的婴儿就可以到室外进行日光浴，随着婴儿逐渐长大，进行日光浴的时间要逐渐增加。要根据不同季节和婴儿的作息习惯进行灵活安排。春秋两季，一般从上午 9 点至下午 3 点，阳光中的紫外线最多，是进行日光浴最理想的时间。夏季，气温很高，阳光强烈，这时最好在上午 7 ~ 9 点，下午 5 ~ 7 点，让宝宝在树荫下晒太阳，接受散射或反射的阳光。冬季天气寒冷，气温较低，但中午有 2 小时左右太阳光中紫外线还是很高的，因此只要天晴无风，可以每天 11 点钟以后抱着宝宝到户外晒太阳。

7 ~ 9 个月的婴儿每次可进行日光浴 30 分钟或时间更长一些。

注意：如果宝宝发热、患病、遇有刮风天等均应暂停晒太阳，以免适得其反。

训练孩子坐便盆的方法

8 个月的婴儿肢体活动能力已经有了一定的发展，这时宝宝已能坐便盆，即使大人放开手，也能坐得稳稳当当了，这时我们就可以训练宝宝坐便盆排便了。

训练孩子坐便盆的方法：

(1) 培养孩子养成定时排便的习惯，在孩子四五个月大的时候就应该排大便，一般孩子便前表现为脸红、瞪眼等，如发现这样的表情立即“把”他，并嘴里发出

“嗯嗯”的声音。最好每天固定时间，这样逐渐形成条件反射，孩子到时就大便。良好的排便习惯是训练宝宝形成良好坐便盆习惯的前提。

(2)训练孩子坐便盆要定时定量，最好是在孩子饭后10分钟左右，或者孩子睡醒后立即训练孩子坐便盆，尽管每天都要训练，但是每天训练的次数不宜过多，每次坐盆的时间也最好不要超过5分钟。如果坐盆时间过长，会形成脱肛。

(3)训练孩子坐盆时父母一定要有耐心，若孩子哭闹表示拒绝就不要勉强，如果坐盆后大小便顺利要给予表扬。如果坐几分钟便盆也无大小便时，也不要训斥惩罚，可以反复训练。

(4)在训练孩子坐便盆初时，因为许多婴儿坐在盆上还是不稳，易摔倒，易疲劳，所以最好有大人在旁边托着或扶着。此外，使用便盆时要注意：便盆不能过凉，否则易抑制孩子的排便意念。便盆要经常保持清洁，放在固定明显的地方。

养成良好的排便习惯，不但利于卫生，而且能使消化系统活动有规律，有利于小儿生长发育。做父母的一定要耐心，不要几次不成功就放弃，一定要持之以恒，使孩子逐渐养成良好的习惯。

在给宝宝训练坐便盆，培养宝宝良好的坐便盆习惯的同时，家长还要做好婴儿排便前后的清洁卫生工作。

(1)要让宝宝“专心”坐便盆，不能让孩子坐便盆的同时吃零食和玩玩具，父母更不能在这个时候给宝宝喂食。

(2)孩子便后，父母在给孩子(尤其是女孩子)擦屁股时要坚持从前向后的原则，因为从后向前会造成尿道口的污染，而引发尿道炎、膀胱炎。

(3)注意孩子屁股的清洁卫生。每天晚上都要给孩子洗屁股，因为大便后总会有少量粪便污染肛门周围。况且，女婴儿的阴道分泌物、汗液、皮脂是细菌繁殖的良好环境。男婴残余的尿液在包皮内沉淀，形成有特殊臭味的白色奶酪样的包皮垢，它可刺激包皮发炎。

(4)孩子每次排便后，一定将便盆洗刷干净，并给孩子专用。

如何选择学步鞋

这个时期的宝宝，不仅喜欢站在父母腿上又蹦又跳，而且已经能够扶着栏杆站起来了，因此选择一双合适的鞋子显得十分重要，这将有助于宝宝更好地学站、学走路。

宝宝的鞋子最好选择鞋底稍硬的软底布鞋或粗毛线编织的鞋。鞋底应柔软，防水性强，鞋帮要稍稍硬一些，以保护宝宝的踝关节。最好要选带鞋带的鞋，以便及时调整鞋子的大小。

宝宝刚刚学步，选鞋时一定要注意尺寸合适。如果尺寸太小或刚刚合适，就可能挤压宝宝的脚，影响脚部的血液循环，甚至使脚形产生异常变化，同时也影响形成正确的走路姿势。如果尺寸太大宝宝一活动就掉下来，还容易摔倒。所以，大小适宜的鞋应该是宝宝穿上鞋站起来时，脚尖前有半个拇指大小的空间。

此外，由于宝宝的脚长得特别快，通常2个月左右就需要换鞋了。所以妈妈一定要经常量一量宝宝脚的大小，以便及时为宝宝换上舒适合脚的鞋。

第五章

10个月~1岁

现在,宝宝玩的游戏多半开始从掌握精细动作技能(他已经能熟练地用大拇指和食指去抓)转变到锻炼更大的肌肉了。这个月龄的一些孩子在做安静的活动时,注意力能够保持2~5分钟,不过,宝宝喜欢的游戏可能未必都能这么安静。

发育特征

身体发育

10个月婴儿的体重每周可增加60~90克,并开始长第一颗乳磨牙。能扶着栏杆走来走去,牵着手下地能走几步。能自己抱着奶瓶吃奶,从成人拿着的杯子里喝水。会开关房门和柜门,见到妈妈会叫喊,模仿成人的声音叫爸爸、妈妈。不仅认识常见的人和物,还理解常用的词语。对自己感兴趣的东西能做较长时间的观察,并会用手势和声音对观察到的事物表示不同的反应。会模仿观察到的某些动作和声音。还学会了一些表示词义的动作,开始会用面部表情、手势等和成人交流。

11个月婴儿的体重增长和10个月时相同,每周增加60~90克。小儿被牵着手能走,能推着小推车向前走或转弯走,不用扶能站起来。手能较灵活地摆弄玩具,把一块小积木放在另一块积木上。能按要求指出身体的某些部位。知道一些物品的名称。会用动作回答成人问话,开始用单词,一个单词可表示很多意义。能表示“同意”或“不同意”,对夸奖表示高兴,对批评表示不愉快。

满1岁的婴儿体重可达9千克,身高增加为出生时的50%。前囟缩小,乳牙已有6~8颗萌出。小儿开始学会独立行走,会弯腰拾东西,自己坐下,会将圆圈套在木棍上。会用杯子喝水,穿衣时能与家长合作。能执行简单任务,如让他把玩具拿来,他会拿来。对人和物有爱憎的表示。会用个别单词表达要求,如想出去时说外,要东西时会说拿,会明确地说出妈妈、爸爸等常用的词10个左右。

动作发育

这段时期的运动能力因人而异,有的宝宝10个月左右就会开始走路,有的宝宝才刚开始学会爬行。温顺、不喜欢活动的宝宝或体重较重的宝宝通常比较慢。

这段时期,充分地让他爬行比学习站立走路要好。

宝宝有了力量后,会从腹部爬行进展到匍匐爬行,由匍匐爬行进展到抓住高一点的东西爬行,一步一步慢慢地增加速度及爬行方式。利用爬行锻炼了腕力、肩力、腹肌、背肌后再开始走路的宝宝,通常不会跌倒,就算跌倒也会用手撑住身体。

另外,爬行也能促进手指的发育。爬行时五根指头为了要支撑身体重量需要张开,手指接触地面时,指头的小动作会刺激脑部,促进智能发展。让宝宝自然地学会站立、走路,绝对不可操之过急。

1岁左右的宝宝,体格发展已经很稳健了,体重约为出生时的3倍,身高约为1.5倍。在运动能力方面,他能自己抓着东西走路,而且走得很好,握着他的手领他前进,他的脚会向前移动,大步放开时,也可以自己站立两三秒钟。

宝宝从爬行及坐着的姿势中,慢慢学习站立、半蹲及走路时该如何平衡身体,最终学会用两脚走路。

>> 爱心妈妈育儿经

不要给宝宝盖厚穿多

如果宝宝在夜间睡着了之后总是踢被,父母应该注意不要给宝宝盖得太多、太厚。特别是在宝宝刚入睡时,更要少盖一点儿,等到夜里冷了再加盖。稍微盖薄一些,宝宝不会冻坏,盖得太厚,宝宝感觉燥热,踢掉了被子,反而容易着凉感冒。

宝宝穿的衣服薄厚也应适宜,穿得太少,宝宝的手、脚都发凉,容易生病,穿得太多,活动起来不方便,一动就会出汗。出汗之后,再一受风更容易着凉。

语言发育

此时宝宝对说话的注意力日益增加,能够对简单的语言要求做出反应,对“不”有反应。利用简单的姿势,例如摇头代替“不”。利用惊叹词,例如“oh-oh”,尝试模仿词汇。

这时虽然孩子说话较少,但能用单词表达自己的愿望和要求,并开始用语言与人交流。已能模仿和说出一些词语,所发出的“音”开始有一定的具体意义,这是这个阶段孩子语言发音的特点。

孩子常常用一个单词表达自己的意思，如“外外”，根据情况，可能是表达“我要出去”或“妈妈出去了”；“饭饭”可能是指“我要吃东西或吃饭”。

感觉发育

此时他仍然非常爱动，在孩子周岁时，他将逐渐知道所有的东西不仅有名字，而且也有不同的功能。你会观察到他将这种新的认知行为与游戏融合，产生一种新的迷恋。例如，不再将一个玩具电话作为一个用来咀嚼、敲打的有趣玩具，当看见你打电话时，将模仿你的动作。

此时他也许已经会随儿歌做表演动作。能完成大人提出的简单要求。不做成人不喜欢或禁止的事。隐约知道物品的位置，当物体不在原来的位置时，他会到处寻找。已经具备了看书的能力，他们可以认识图画、颜色，指出图中所要找的动物、人物。当然，这需要妈妈的指导和协助。

智力发育

这段时期的宝宝，什么事都想做做看，当知道自己的力量做不到，便会想力法要求妈妈帮他做。他用“啊！啊！”的声音来表示，妈妈不在身边时会设法呼唤。这种行动是建立在信赖的关系上，他知道妈妈会满足自己的要求。这段时期，咿咿呀呀是传达意思的一种手段，当咿呀之语有了很大的进步时，就是开始说话的前兆。

宝宝这段时期的自语已经很接近我们所说的语言了。他们往往反复说如“嗯嗯”的同音话，语言和实际生活逐渐结合起来。

宝宝过了 11 个月后，语言的理解能力开始增加，对周围经常使用的东西即使不会说，也能理解大人的意思。当妈妈说“给我”时，他会将东西递过来，问他“爸爸在哪里”，就算没有要他指出他也会看向爸爸所在的方向。

拿图书给他看，只要是知道的东西他会“啊——啊——”地发出音，或用手指并一直盯着看。有些宝宝已经会模仿大人的口气，一些容易发音的话，如将“汪、汪”说成“汪”，“好吃”说成“吃”等。

大人对他们说话，也逐渐有了某种程度的了解，叫他的名字他会回头，爸爸或妈妈挥手说“拜拜”时，他会做出模仿的动作。

这时他们也有了记忆力、预测力和期待力，玩躲猫猫游戏时妈妈还没说“哇”之前，他们也会先说“哇”了。他们会记得好玩的游戏，有时会拿着玩具等东西到妈妈跟前，要求妈妈跟他玩。

这段时期，玩一来一往的语言游戏，可以促进宝宝社会方面的参与能力。越是能和妈妈快乐地玩在一起的宝宝，社会方面的参与能力越强，也越容易建立语言的学习基础。

科学喂养

10 个月 ~1 岁宝宝的喂养特点

这个阶段原则上继续沿用第 9 个月时的哺喂方式。但可以把哺乳次数进一步降低为不多于 2 次，让婴儿进食更丰富的食品，以利于各种营养元素的摄入。可以让宝宝尝试全蛋、软饭和各种绿叶菜，既增加营养又锻炼咀嚼，同时仍要注意微量元素的添加。11 个月的宝宝普遍已长出了上中切牙和下中切牙，能咬动较硬的食物。相应地，这个阶段的哺喂也要逐步向幼儿方式过渡，餐数适当减少，每餐量增加。婴儿期最后两个月是宝宝身体生长较迅速的时期，需要更多的碳水化合物、脂肪和蛋白质。

10 ~ 12 个月的宝宝具备一定的咀嚼能力，可从稠粥或半固体食物逐渐过渡到松软的固体食物或大块食物。

宝宝满 10 个月后，妈妈要在宝宝食谱上多下功夫，充分利用牛肉、猪肉、鸡肉、鸡蛋、鱼等营养丰富的食品，让宝宝既可以品尝到不同的美味，又可以摄取丰富均衡的营养。此时饭菜不必做成烂泥状，食物的种类可以增多。

婴儿 10 ~ 12 个月时，每天要供给丰富的蛋白质食物，如乳类、鱼、肉、蛋、豆制品等，以满足生长发育的需要。要适当供应粥、面条、小饼干等，以提供足够的热能。经常给孩子吃些蔬菜和瓜果，能提供维生素和无机盐，促进消化，增加食欲。经常吃一些肝脏、动物血，以保证铁的供应。烹饪方法要多样化，注意色、香、味、形,且要软、细、碎、烂,以利于消化。可添加各种软食,如烂饭、馒头等,采取多样化的食谱。添加的辅食大多为固体形的碎块,吃饭的时间和次数也渐渐与成人接近。此外,要注意饮食卫生,每次进食后再喂少量白开水,可清洁口腔,防止龋齿。

有些12个月的宝宝已经或即将断母乳了,食品结构会有较大的变化,乳品虽然仍是主要食品,但添加的食品已演变为一日三餐加两顿点心——成为宝宝的主要食物。这时食物的营养应该更全面、充分,除了瘦肉、蛋、鱼、豆浆外,还有蔬菜和水果。食品要经常变换花样,巧妙搭配。

>> 爱心妈妈育儿经

辅食添加多元化

宝宝出生后4~6个月,爸爸妈妈就开始为宝宝添加母乳以外的食物了,也就是辅食。当宝宝长到11~12个月时,各种非乳类食物的每日摄入量已经比过去增加了很多:谷类50~100克,蔬菜25~50克,水果25~50克,蛋黄15克或鸡蛋50克,鱼、禽、畜肉25~50克,油脂5~10克。

不要骤然给宝宝断奶

宝宝从生下来就一直习惯于吃奶,要改变这一习惯,不能操之过急。要在断奶的前一段时间,让宝宝逐步形成以其他食品为主食的饮食习惯,并在食物中加一些面包片等较硬的食品,让宝宝磨磨牙。

许多老人认为断奶是非常艰难的事情,所以总是督促妈妈们在给宝宝断奶时尽量避开宝宝几天,有的甚至是彻底隔离。这对宝宝来说是一个非常痛苦的过程;对妈妈而言,这个过程也同样难熬。

让妈妈与宝宝完全隔离很容易让宝宝缺乏安全感,甚至会因此受到一定的身心伤害;对于妈妈而言,一下子断奶造成的胀奶会十分痛苦,即使吃一些回奶药物也不一定见效。所以,最好避免此类方式,应循序渐进地让妈妈的回奶过程与宝宝的断奶同时进行。

另外,“断奶”这个词容易被误解为从此不给宝宝吃奶,要提醒大家的是,宝宝断奶以后还是应该继续吃配方奶。因为配方奶中含有宝宝需要的营养,而且比较容易消化吸收。

最佳断奶时间

判断宝宝是不是到了断奶期,有两个基本条件:一是宝宝一天是否吃了3次断奶食品,二是宝宝是否会用杯子喝饮料。以月龄来判断,差不多是宝宝9~18个月的阶段。

从妈妈方面来讲,9个月以前母乳的成分基本上稳定,9个月以后稳定性就下降了;11 个月以后,母乳的质和量都大不如从前。所以为了宝宝的健康,断奶的最佳时间应选在这个时期。从宝宝方面来讲,这个阶段的宝宝,辅食提供的热量已能达到其所需热量的 60% 以上,已具备给宝宝断奶的条件。

>> 温馨提示

婴儿如有以下情况不宜断奶:

(1)婴儿从未添加过辅食。消化道对断奶后食品没有适应能力,如果突然断奶会给婴儿带来不利,引起消化紊乱、营养不良,影响小儿生长发育。

(2)患病期间。断奶时母婴的身体都发生变化。小儿患病时断奶,将使病情加重或造成营养不良。

(3)夏天天气炎热时。此时小儿消化能力差,稍有不慎,就可以引起消化道疾病。

或许有些妈妈觉得,这时候就让宝宝断奶,未免太早了一点。可是,断奶越早,施行起来就越顺利。等到宝宝的意志力形成,有了自己的主张之后,再断奶就比较困难了。

有一些专家认为,宝宝吃奶是为了求取安心,妈妈不应该剥夺宝宝的这项权利,如果宝宝吃断奶食品吃得很好,不妨在 1 岁到 1 岁半断奶。这不无道理。所以断奶时,妈妈当根据宝宝的具体情况来进行。如果宝宝非常依恋母乳,不妨适当推迟断奶时间。但宝宝的辅食还是应当逐步增加,否则容易导致宝宝营养不良。

从季节来看,春秋两季是宝宝断奶的最佳时节。严冬季节天气寒冷,而断奶时宝宝夜间往往要喝 1 ~2 次奶,此时断奶大人小孩都不方便。夏季气温高,细菌容易繁殖,卫生状况稍有问题就会导致宝宝腹泻。春秋季节气候温暖,室内外活动方便,宝宝睡眠也比较好,故而断奶应安排在春秋季节最适宜。如果宝宝患病或恰逢严冬酷暑,应当把断奶时间延至病愈后或春秋季节。

另外,要提醒妈妈们的是,断奶是一个逐步的过程,需要有一个过渡阶段。一下子断掉会使宝宝适应不了,可能会增加宝宝喂养的困难,甚至对宝宝的心理造成伤害。

怎样给宝宝顺利断奶

随着医学知识的普及,大多数年轻母亲都知道母乳哺育宝宝的好处,既经济、方便,宝宝又少患病,也较少发生营养不良等。事实上,母乳是宝宝半岁内最好的天然食品,但随着宝宝月龄的增加,就应给宝宝断奶了。给宝宝断奶应是一个循序渐进的过程。若按时为宝宝添加辅食,在宝宝半岁左右,就应该能吃相当数量的食品了，此时母亲应把喂奶次数减到只在早晚各一次。

首先，要根据天气变化和宝宝身体状况选择合适的断奶时机。断奶最好在秋凉时节，而不要在最炎热的夏季。因为夏天天气炎热，小儿的消化能力差，稍有不慎就会引起消化道疾病。

其次，断奶期间一定要注意营养的均衡。小儿生长发育很快，对营养需求量也大，如果不注意喂养方法而突然断奶，小儿就会不习惯。这样孩子需要的蛋白质也得不到足量供应，长此下去，往往会造成婴幼儿的蛋白质缺乏，出现小孩反应迟钝、表情淡漠，头发由黑变棕、由棕变红，兴奋性增加，容易哭闹，哭声不响亮且细弱无力，腹泻等症状。这种孩子脂肪并不少，看上去营养还可以，并不消瘦，但皮肤常有浮肿，肌肉萎缩，有时还可见到皮肤色素沉着和脱屑，有的孩子因为皮肤干燥而形成特殊的裂纹鳞状皮肤，检查可发现肝脏肿大。这些都是由于断奶不当引起的不良现象，医学上称为“断奶综合征”。

>> 专家答疑

早产儿如何断奶

一般来讲，出生时体重不到2.5千克的婴儿，从母体获得的“资源”绝对量比较少，特别是造血材料铁的储备量很少。在出生后4个月内，由于婴儿吸收铁的能力差，即使补充铁剂，身体中铁的供给仍不能满足身体生长所需的造血用的铁量。因此，早产儿看起来发育很好，并且已经快赶上一般的婴儿，但实际来讲身体是缺铁的。

过了6个月后，婴儿身体对铁的吸收能力增强，这时就应注重选择那些含铁量高的代乳食品。母乳及牛奶含铁量较低(1000毫升中仅有0.3~0.5毫克)。100克中含30毫克以上铁的食物有：虾米、小干白鱼、鲣鱼松、干紫菜等(蛋黄中含6毫克，牛肝中含10毫克)。可以将虾米或者小干白鱼放在米粥里煮熟后喂给婴儿，也可以给婴儿喂用调料煮的紫菜或者鱼松等。这些食物可以让婴儿一直吃到1周岁左右。

为了顺利给宝宝断奶，断奶前的准备工作必不可少。断奶的准备也就是让婴儿逐渐适应乳类以外各种食品的过程。婴儿到4～6个月时就需补充其他食物及饮料。在添加种种辅食时，随着年龄增长，给婴儿哺喂母乳的次数就可以逐渐减少了，这样到了2岁断奶也就成了自然的结局，而不要采取给妈妈乳头上涂颜料或带苦味的东西来吓孩子硬性断奶的做法。

总之，断奶期对婴儿来说是一个比较危险的时期。若是不能合理地处理断奶问题，将会给孩子的健康带来不良后果。不重视断奶期的膳食调配，致使蛋白质、脂肪、维生素C、钙、铁的缺乏，将影响小儿的生长发育和身心健康。断奶期合理、科学的膳食能满足婴儿的生理要求，是保证幼儿生长发育和健康成长的必要条件。

断奶期宝宝的辅食及喂养

10个月以后，宝宝的饮食已逐渐固定为每日早、中、晚三餐，主要营养的摄取已由奶制品为主转为以辅食为主。宝宝可以接受大部分易消化、刺激性不强的食物，生长发育所需的蛋白质还是要靠牛奶供应。因而，1周岁前的宝宝平均每天仍需500～600毫升的牛奶摄入量。

在喂养过程中应注意改变食物的形态，以适应宝宝机体的变化。此时稀粥可由稠粥、软饭代替；烂面条可过渡到挂面、面包和馒头；肉末、菜末可变为碎肉、碎菜。

每日三餐应变换花样，使宝宝有食欲。要给宝宝增加一些土豆、白薯等含糖较多的根茎类食物。增加一些粗纤维奶给宝宝，即在100毫升煮沸消毒过的冷牛奶中，加乳酸0.5～0.8毫升，或橘子汁6毫升，用滴管将乳酸慢慢加入，一边滴一边搅，这样易于宝宝吸收。

除每日三餐外，还应该给宝宝吃两次点心。点心的种类可以是虾条、蛋糕、香蕉、苹果、橘子、草莓、饼干、白薯、西红柿、鲜果汁。

>> 新手妈妈大课堂

用勺子喂固体食物

进入添加辅食期之后，妈妈应该制定符合宝宝月龄的食谱，每天用新鲜的材料做成食物喂宝宝，而且一定要用勺子喂。因为，出生以来第一次体会的触感、味道和嘴的动作都会对宝宝产生良性的刺激。

给宝宝断奶时，宝宝的食物构成就要发生变化，要注意科学喂养。选择食物要得当，食物应不断变换花样，巧妙搭配。烹调食物要尽量做到色、香、味俱全，适应宝宝的消化能力，并能引起宝宝的食欲。饮食要定时定量，刚断母乳的宝宝，每天要保证三餐。

早、中、晚餐的时间可与大人统一，但在两餐之间应加牛奶、点心、水果。辅食添加要由少而多，由稀而稠。断奶有适应期，有的宝宝断奶过程中可能很不适应，因而喂食时要有耐心，让宝宝慢慢咀嚼。

宝宝停不了母乳怎么办

现在，母乳就要逐渐停止，即使母乳还很充足，除午睡前可喂宝宝 1 次外，其他时间就不要再喂宝宝了。但有时尽管妈妈也做了努力，但宝宝还是停不了母乳，一天中宝宝总有一两次吃了母乳才睡觉。在这种情况下，是否要采取强制性措施停止喂母乳，这就要看喂母乳是否影响宝宝吃辅食。

宝宝虽然停不了母乳，但并不少吃辅食，对这样的宝宝喂母乳也是可以的。但对那些只想着吃母乳而排斥辅食的宝宝，则必须要想办法将食物烹制得色、香、味更佳，吸引宝宝的饮食兴趣。

怎样给宝宝喂稠粥

一般来说，米、面经加工后成粥或软饭会使容积增加 2.5 ~ 3 倍，但 1 岁内婴儿的胃容量每餐只能容 200 ~ 300 毫升的食物，所以供给幼儿的食物既要保证营养素的供给，还要考虑小儿胃容量的大小，是否能接受。如果量过大，小儿会吃不下，影响营养素的供给。随着小儿的长大，所需营养素的量也在不断地增加，又由于辅食的添加过程使胃肠道已适应，按辅食添加的原则，从稀到稠，所以 10 ~ 12 个月的婴儿适应了吃稀粥后，就可以食用稠粥了。稠粥是婴儿断奶期膳食配方中的主要成分。稠粥的配制，用粳米较好，每餐可达 40 ~ 50 克。

给宝宝适当吃点硬食，宝宝的咀嚼能力都是在不断的运动中获得发展强健的。父母总是担心宝宝不能这样不能那样，喜欢给宝宝易咀嚼的食物，其实这是对宝宝能力的低估，宝宝此时已有6颗左右的乳牙，已经有了一定的咀嚼能力。适当给宝宝一定硬度的食物如烤薯片、干面包等，就给了宝宝锻炼牙齿的机会，在不断的练习中宝宝的咀嚼能力将会变得越来越强。应注意的是此处的硬食是不包括铁蚕豆、核桃等过硬的东西，这样的东西容易损伤宝宝的牙齿。

>> 温馨提示

给宝宝辅食应注意：

(1)不要一下子就给宝宝吃过硬的食物，如铁蚕豆、核桃等，这样的食物容易损伤宝宝的牙齿。

(2)家长们要根据宝宝的月龄及牙齿发育状况的不同，适当地为宝宝选择合适的硬质食品，不要不顾宝宝的发育情况随便给宝宝添加。

宝宝不吃蔬菜怎么办

蔬菜含有丰富的维生素和矿物质，是人类不可缺少的食物种类，但是我们常常看到有的宝宝不爱吃蔬菜，或者不爱吃某些种类的蔬菜。宝宝不爱吃蔬菜有的是不喜欢某种蔬菜的特殊味道，有的是由于蔬菜中含有较多的粗纤维，宝宝的咀嚼能力差，不容易嚼烂，难以下咽，还有的是由于宝宝有挑食的习惯。

在宝宝小的时候早一点给宝宝吃蔬菜可以避免其日后厌食蔬菜。从婴儿期开始，就应该适时地给宝宝添加一些有蔬菜的辅助食物，刚开始可以给宝宝喂一些用蔬菜挤出的汁或用蔬菜煮的水，如西红柿汁、黄瓜汁、胡萝卜汁、绿叶青菜水等，然后可以给宝宝喂些蔬菜泥。到了宝宝快1岁的时候就可以给他们吃碎菜了，可以把各种各样的蔬菜剁碎后放入粥、面条中喂宝宝吃。饺子、包子等有馅食品大多以菜、肉、蛋等做馅，这些带馅食品便于宝宝咀嚼吞咽和消化吸收，且味道鲜美，营养也比较全面。对于那些不爱吃蔬菜的宝宝，不妨经常给他们吃些带馅的食品。有的宝宝不喜欢吃炒菜、炖菜等做熟的蔬菜，而喜欢吃一些生的蔬菜，如西红柿、水萝卜、黄瓜等，它们有的可以生吃，有的可以做成凉拌菜吃。如果宝宝不喜欢吃熟菜，可以让他适当吃一些生蔬菜。一些有辣味、苦味的蔬菜不必强求宝宝去吃。一些味道有点怪的蔬菜，如茴香、胡萝卜、韭菜等，有的宝宝不爱吃，可以尽量变些花样，比如做带馅食品时加入一些，使宝宝慢慢适应。

3岁以前的宝宝，大多数不太爱吃青菜，可能是因为菜的纤维太长，不利于小宝宝吞咽，以至于宝宝看到青菜就大叫不吃，不管大人怎样苦口婆心地讲解这菜里有多少种维生素。既然小宝宝已形成了不吃菜的习惯，就不应该再逼他吃菜来让他倒胃口，而是应该将菜巧做。比如芹菜、韭菜、洋葱可切碎了加入猪肉泥、虾肉泥做馅，包成饺子、包子，或用鸡蛋糊摊成鸡蛋皮，包成类似春卷的食品。还有胡萝卜、白萝卜、菠菜等，可剁碎了加入肉泥做成丸子，放在骨头汤里煮熟。小宝宝一看到汤锅里红、绿、白等彩色丸子就会食欲大增，高兴地大吃起来，全然不知里面有菜。等宝宝爱吃了再告诉他，这些美味都是青菜做成的，慢慢地，宝宝就会爱吃青菜了。

什么样的点心好

吃很多粥、米饭的过胖婴儿也非常喜欢吃烤饼、蛋糕等点心，给多少就吃多少。这时候如果也想给婴儿吃点心的话，可先给水果，待婴儿米饭吃得少了些的时候再给点心。如果不是特别胖的婴儿，应在正餐之间尽量给孩子吃点儿点心。常见的做法是在早餐和午餐之间给 1 次，在午餐和晚餐之间再给 1 次。

豆沙包如果是卫生的、新做的，给 10 个月的婴儿吃也没有关系，羊羹也一样。但在商店摆着的不知道是几天前做的东西，则不能给婴儿吃。果酱面包、奶油面包、带馅的面包，如果不是特别新鲜的，也不宜食用。

吃糖块这样的食物，对于 10 个月左右的婴儿来说，还有卡嗓子的危险。春节的年糕，如果不是 1 厘米以内的小块的话，也有危险，这些都应注意。另外，婴儿吃完点心后，要让他喝点茶水或凉开水漱一下口，这样可以预防龋齿。

忌营养过剩

良好的营养能促进宝宝生长发育，但并不是营养越多越好，过度营养可能引发多种疾病。例如，高热量食物吃得过多，身体消耗不了的热能就会转变为脂肪储存在体内，容易引起过度肥胖甚至心血管疾病，动物脂肪（油）食用过多则更为不利。某些营养摄取过多还可能导致中毒，例如，脂溶性维生素 A 和维生素 D 如果摄入过多，身体无法完全代谢，会引起维生素 A 和维生素 D 中毒。正如我们在前面强调过的，小儿服用鱼肝油时要注意适量。

维生素 C 即使是水溶性的，如果摄入太多，亦无好处；钙片、铁剂也要注意适量。而蛋白质如果摄取太多，会增加肝脏和肾脏的负担，肝、肾功能不好的宝宝尤其要注意这一点。另外，贪食还会造成宝宝消化不良。

总之，各种营养素的摄入既要足量，又不能太多，而且要注意合理搭配、相互平衡。

科学护理

婴儿居室要注意安全

这是因为10个月的婴儿已学会爬、坐、扶站，一旦能自己扶着走，其活动范围更广，加上好奇心强烈，父母很难预测到孩子会干出什么事情来。婴儿爬的本领大了，开始会攀高，虽能扶着走，但动作不稳，跌跌撞撞，常会摔倒，他开始感到这个世界是属于他的，他会尽全力去搜索和寻找，他既不懂什么东西有危险，更不懂怎样保护自己，因而容易发生一些意外的事故。此时做好居室的安全工作十分重要。

婴儿的脚步不稳，头重脚轻，易摔倒，且头容易碰撞桌椅的棱角，所以这些地方要贴上海绵或橡胶皮，以防止危险。如果条件许可，最好让婴儿在空旷的房间玩，组合式柜子或桌子等，应将其固定好；任何柜子都应该没有可供婴儿踩、抓的地方，使其无法攀爬；室内楼梯应加护栏，桌、椅、床均应远离窗子，防止婴儿攀爬到窗边；婴儿的用品，如坐的椅子应平稳且坚固。

不宜给宝宝睡软床

这个时期的宝宝生长发育迅速，骨骼开始定型，特别是脊柱正在逐渐形成。但是，这个时期的宝宝，由于骨骼中的有机质含量多，无机质含量相对较少，因此非常有弹性，也很柔软。如果经常让宝宝睡在比较软的床上，就会影响正常生理弯曲的形成，导致驼背或漏斗胸，甚至还会影响腹腔里脏器的发育。所以，平时要让宝宝睡铺有棕垫的床，不要睡铺有海绵垫的床。此外，也不要让宝宝总是侧卧睡眠，否则还会造成脊柱侧弯。

宝宝睡前可以吃东西吗

入睡前，不仅宝宝的大脑神经处于疲劳状态，而且胃肠消化液分泌减少，使胃肠道的负担加重，不利于食物的消化和吸收，同时还影响宝宝的睡眠质量，宝宝会因撑得难受而睡不安稳。

但是，仍有部分妈妈怕宝宝睡觉时肚子饿而睡得不踏实，就在睡前给宝宝再吃一些食物。还有的妈妈是担心宝宝营养不够，怕影响宝宝的生长发育，千方百计地想让宝宝多吃一点，长胖一点。这种做法不仅会对宝宝造成上述影响，而且还会因宝宝没等食物全咽下去就睡着了，嘴里存留的食物特别容易损坏宝宝的牙齿。所以，为了给宝宝充足的睡眠，为了宝宝的健康，父母在宝宝睡前不要给他吃东西。

>> 爱心妈妈育儿经

宝宝夜里醒来后，只有喝牛奶才能再次入睡。对这样的宝宝可以给他喝牛奶，只要宝宝没有肥胖倾向，夜里喝点奶对健康是没有坏处的。总之，那些一心想让宝宝自己睡，或者认为夜里喝牛奶不好的妈妈，看到宝宝夜里醒来就连忙抱起宝宝，在房间里来回走着哄宝宝入睡，这是最不好的方法。

怎样培养宝宝自己入睡

对于1岁的宝宝来说，能够自己入睡是最理想的。以下方法或许可以帮助你的宝宝达到这个目的。

首先，要为宝宝营造出有助于入眠的氛围，比如将卧室的光线弄暗，如果宝宝偏爱小夜灯的话，可以安上一盏。室内的温度要适中，不要太冷或太热。同时，家里要保持相对安静，声响以不影响宝宝睡眠为度。此外，还要让宝宝知道，父母就在宝宝附近，以使宝宝安心入睡。

其次，在宝宝每晚上床以前，要遵循同样的规律去做每一件事，比如妈妈要在宝宝清醒时换上新的尿布，盖好被子，或者可以在睡前和宝宝来一些拥抱，放一段摇篮曲之类，但这些都要在宝宝入睡前进行。

怎样教婴儿学走路

教婴儿学走路，首先要教他学习变换身体的重心。人的行走是用两条腿交替向前迈步，每迈一步都需要变换重心。

婴儿从卧位到立位，已有一些移动重心的尝试。比如8个月的婴儿能在床上自如地转动身体；10个月的婴儿会从坐位顺利地改为俯卧位。但这些尚属于最基本的能力。进一步的训练可让婴儿两腿跪着，不扶任何物体，向前蹭着走；还可拉住婴儿的双手或单手，让他向前迈步。时机成熟时，设置一个诱导婴儿独立迈步的环境。如让婴儿靠墙站好，妈妈退后两步，伸开双手鼓励他："走过来，走到妈妈这边来。"当他第一次迈步时，需向前迎一下，避免在第一次尝试时就摔倒。以后再进行第二次、第三次，逐渐加大距离，并对婴儿每次的成功都给予鼓励。

通过以上训练，婴儿很快就能掌握两腿交替向前迈步时的重心移动，用不了多长时间就能学会走路了。

怎样预防"八字脚"

"八字脚"是一种下肢的骨骼畸形，分为"外八字脚"（即"X"形腿）和"内八字脚"（即"O"形腿）两种。一般"外八字脚"多见于学走路的宝宝，而"内八字脚"则多见于已经会走路的宝宝。造成小儿"八字脚"的主要原因是缺钙（即维生素D缺乏性佝偻病），此时小儿骨骼因钙质沉积减少、软骨质增生过度而变软，加之小儿已开始站立学走路，变软的下肢骨就像嫩树枝一样无法承受身体的压力，于是逐渐弯曲变形而形成"八字脚"。另外，不适当的养育方式也可能导致"八字脚"的发生，如打"蜡烛包"、过早或过长时间地强迫婴儿站立和行走等。

如何预防"八字脚"呢？

（1）首先要防止宝宝缺钙，可通过多晒太阳和适当服用浓缩鱼肝油等维生素D制剂来预防。如缺钙严重，则要到正规的医疗保健机构接受检查和治疗。

（2）不要给宝宝打"蜡烛包"，可让宝宝睡睡袋，既可让宝宝四肢自由活动，又可保暖，有利于小儿生长。

（3）不要让婴儿过早学习站立和走路，这是导致"八字脚"的原因之一。

（4）"外八字脚"可以通过按摩大腿内侧肌群进行矫正，"内八字脚"可以通过按摩大腿外侧肌群进行矫正。

穿衣服要舒适得体

这个月龄的婴儿已不愿意整天待在家里、躺在床上，已经会坐、会爬，开始学扶站、学走路了，活动量比以前增加，衣服也应随着婴儿月龄的增加、生理和季节的变化进行选择。首先，要使孩子穿着舒适，因此宽松、柔软、清洁仍是必要的。一般色彩艳丽而明快、易洗而不褪色的衣服，孩子穿上就显得更加可爱。婴儿活动量大，容易出汗，皮肤仍很娇嫩，因此内衣内裤仍需用棉纺织品制作比较适宜。棉纺织品吸水性、透气性较好，对婴儿皮肤无刺激性，孩子穿着比较舒适。不要穿腈纶毛织品，因它会刺激婴儿皮肤发痒，甚至引起婴儿湿疹。为婴儿活动方便，服装不应过小过紧，衣领不要过高过紧，袖口也应宽松，以免束缚婴儿活动，妨碍婴儿呼吸、血液循环和消化，但衣服也不能过于宽大，这样也不利于婴儿活动。特别是衣袖、裤腿长短要合适，裤子仍需制成背带式样，上衣应制成开襟式样，套头衫穿脱不方便。

这个时期婴儿已经开始学走路，鞋要大小合适、柔软、轻便，鞋底要吸水性好，并且有弹性的鞋子最为适宜，鞋底表面应有凹凸，可以增加阻力，防止小儿滑跌。鞋子前方要宽大，鞋帮应稍高稍硬些，这对于保护婴儿的脚踝有好处。

这个月龄的婴儿活动量较大，衣服不要穿得太多，和大人穿得差不多就行。如活动量很大，可比大人少穿一些，只要婴儿手脚温暖即可。

>> 温馨提示

在春秋季节，可给宝宝穿毛衣、毛裤或绒衣、绒裤。在夏季，男宝宝可穿背心短裤，女宝宝可穿无袖连衣裙，但不要有多余装饰，以免影响洗涤和熨烫。在冬季，除了室内服装外，还应有外衣，外出时还要戴上帽子和手套，以免冻伤宝宝的手和耳朵。

如何面对婴儿自己拿勺吃饭

许多母亲都发现，给快 1 岁的婴儿喂饭往往会出现一些麻烦。婴儿总是毫无顾忌地抓勺子、抓碗，总想自己拿勺吃饭，可是又不会送到嘴里，以致弄得桌上地上都是饭粒。对这样的孩子应该怎么办呢？

婴儿在这个时期还不会用勺吃饭，他往往是用手直接抓饭吃。而抓勺的目的是想得到这个长柄“玩具”，并模仿妈妈的动作在碗里搅饭。如果限制他，则会影响他的模仿欲望和独立性，使他以后依赖成人，不愿自己拿勺吃饭。

因此，专家主张当婴儿有拿勺吃饭的欲望时，给他一个小勺，无论他是否能送到嘴里，都让他模仿成人搅饭，来培养他的独立性。

宝宝打嗝不必担心

小儿常常打嗝，特别是在饭后，家长不必担心，一般情况宝宝打嗝多由三方面原因引起的。

一是由于护理不当，外感风寒，寒热之气逆而不顺，俗话说是“吃了冷风”而诱发打嗝；二是由于饮食不当，如饮食不节制、食积不化或过食生冷奶水、过服寒凉药物，引起气滞不行，脾胃功能减弱，气机升降失常而使胃气上逆而诱发打嗝；三是由于进食过急或惊哭之后进食，一时哽噎也会诱发打嗝。

宝宝若无其他疾病而突然打嗝，嗝声高亢有力而连续，一般是受寒凉所致，可

给婴儿喝点热水，同时在胸腹部覆盖棉暖衣被，冬季还可在衣被外置一热水袋保温，有时即可不治而愈。若发作时间较长或发作频繁亦可在开水中泡少量橘皮（橘皮有疏畅气机、化胃浊、理脾气的作用），待水温适宜时饮用，寒凉适宜则嗝自止。

若由于乳食停滞不化或不思乳食，打嗝时可闻到不消化的酸腐异味，可用消食导滞的方法，如在胸腹部轻柔按摩以引气下行或饮服山楂水通气通便，食消气顺则嗝自止。

几乎所有的打嗝均对身体无害，家长们无须担心，只有经过长时间仍然打嗝不止者才需要注意。

怎样给宝宝吃水果最合理

水果既是宝宝喜欢吃的，又是不可缺少的食品。宝宝没长牙时，父母是用小勺刮水果泥喂，满1周岁时，水果只要削了皮就能给宝宝吃了。也有细心的妈妈把水果弄碎后再给宝宝吃，但宝宝却不领这份情，因为宝宝尝到了嚼食果肉的快感后，就不喜欢吃这种弄碎的水果了。

>> 爱心妈妈育儿经

此月龄的宝宝，已经能将水果拿在手里吃了。但要注意将宝宝的手洗干净，将水果洗净削皮并切成小块后，再让宝宝拿在手里吃。严防在宝宝嬉闹时喂食，以免宝宝直接将水果块吞下卡住喉咙而出现危险。

对宝宝来说，妈妈没有必要考虑哪种是特别好的水果。每种应季节自然成熟的水果，既新鲜又好吃，价格也便宜的就是好的。草莓、西红柿洗干净了都可以给宝宝吃。不过，西瓜、葡萄的子要去掉后，才能给宝宝吃。苹果的果肉太硬，要切成薄片给宝宝吃。香蕉、梨和桃等都可以给宝宝吃。无花果、菠萝和香蕉等水果，对发生便秘的宝宝，很有好处。

对既不喜欢吃蔬菜，也不喜欢吃水果的宝宝，父母要每天给宝宝30克维生素C；对爱吃鸡蛋和牛奶的宝宝，不必服用复合维生素，只把维生素C磨碎或者放在酸奶中给宝宝喝就可以了。

婴幼儿要多进行户外活动

10~12个月的婴儿，活动量越来越强，也有了主动要求，早上一醒来就要父母抱到外面去玩耍。父母应满足婴儿的要求,多带孩子到户外去活动,可以用小车推着到外面去玩,也可以抱出去散步、晒太阳,使婴儿呼吸到新鲜空气,同时可以使婴儿开阔眼界,心情愉快,学会与人交往,有利于孩子的身心健康发展。

在户外晒太阳对婴儿的健康很有好处,婴儿生长迅速,特别容易因维生素 D 缺乏而导致佝偻病。晒太阳可使婴儿皮肤产生足够的维生素 D,促进食物中钙、磷的吸收,这比服用含维生素 D 的药物预防佝偻病安全有效得多。

婴儿每天户外活动的时间不应少于 2 小时,但具体安排要根据气温和个体反应而定,体弱儿活动时间相对应短于健康婴儿。冬季气温低,可选择在太阳下玩耍。夏季可选择在早晚进行户外活动。春秋季上午、下午都可以进行户外玩耍。每天户外活动可分几次进行,每次时间不必太长。

外出时的必备物品有哪些

这个月的宝宝外出活动的时间比前几个月大大增多了,特别是天冷的时候,外出时给宝宝戴顶帽子尤其重要,因为身体中大部分的热量都是从头部散发的,戴顶帽子有助于给宝宝保暖。如果宝宝不习惯戴帽子,或者在给宝宝戴帽子时遭到反抗,甚至把帽子摘掉,也绝不要迁就宝宝,可以等宝宝的注意力分散时再给他戴上。

这个月宝宝还不能自己稳当地走路,外出时可以穿一双保暖的袜子或一双柔软的鞋子。由于此时宝宝脚上的骨头还没定型,所以袜子或鞋子不仅要柔软,而且还要稍大一些。

此外,在寒冷的天气里外出时,不仅要给宝宝准备一顶保暖的帽子,而且还要给宝宝穿上一件厚实的外套。活动完之后,在回到家的时候,应及时给宝宝脱掉厚厚的外衣。

>> 温馨提示

宝宝不愿待在家里怎么办?

(1)要合理安排宝宝的生活,注意动静交替,合理安排好时间。

(2)可以为宝宝买一些他喜爱的玩具、色彩鲜艳的图书以及爱听爱唱的歌曲磁带等在家里就能玩的物品。

(3)在家要多和宝宝交流,给宝宝背儿歌、讲故事,和宝宝一起看图书、听音乐,一起唱歌和跳舞等。

(4)还可以请邻居的宝宝到家里和宝宝一起玩。

宝宝"左撇子"不要强行纠正

有些进入断奶期的宝宝开始表现出左撇子的倾向:他喜欢用左手拿匙子,喜欢用左手去拍打玩具,喜欢用左手去抚摸妈妈等,父母这时千万不要大惊小怪,认为自己的宝宝不正常,对宝宝的左手习惯强加纠正。

那么,强迫纠正宝宝的左撇子,使他们改用右手,这种做法究竟好不好呢?

从大脑功能说起,人类的左脑负责理性思维,右脑负责形象思维。宝宝由于形象思维占主导地位,因此右脑功能偏强,而右脑控制左半身,所以幼儿时期左撇子偏多。随着宝宝年龄的增长,左脑的理性思维日益健全,有一部左撇子逐渐改成右手习惯,但也有不少左撇子已成习惯,比较难改过来了。

我们说无论是左脑占优越还是右脑占优越,都是正常现象,只是功能有所偏重而已,不足为奇。父母不必强迫左撇子的宝宝改用右手,因为不能改变其优势半球,治标不治本,反而会造成弊病。如若对其所长(左手—右脑)不加利用,必将代之以不足(右手—左脑)。这些宝宝改用右手后将来可能出现书写或阅读等方面的障碍,如写字时将左右结构颠倒。读书时跳行跳字,严重的还会产生心理方面的障碍。所以,父母千万不要强行纠正宝宝的左撇子,婴儿时期是在生活中发挥手的重要作用的时候,是用手开始接触这个世界的时候,也是创造性地使用手的时候,过分地限制婴儿使用左手就会束缚婴儿用手进行探索、进行创造。

强迫宝宝把左手习惯改成右手习惯,往往会给宝宝造成发展上的某些障碍,如有些宝宝口吃就是由于父母强迫将其左手习惯改成右手习惯造成的。还有一种特殊儿童叫学习障碍儿童,其中一部分也是因为父母强行将其左手习惯改为右手习惯造成的。

因此,不管婴儿用哪只手,听任他怎么方便就怎么使用,在这个月龄,最好不要考虑"矫正"。理想的方法是同时发展婴儿左右手的活动功能,从而促进大脑两半球的充分发展,让宝宝顺其自然地健康成长是最好的。

给这个月龄婴儿选用玩具

这时期的婴儿已经学会独坐和爬行,并开始学会走路,大人可选择小推车、小皮球等。这个月龄的婴儿的各种能力有了进一步发展,可选择婴儿喜欢的色彩鲜艳、能发出响声、形象生动逼真的玩具,进一步发展婴儿的听视、认知能力等。如各种形象的小动物、布娃娃、各种交通工具(如玩具飞机)、带响的不倒翁等。选择色彩鲜艳、形象逼真的图片和照片,尤其是交通工具图片、动作图片、识图识字卡片,以训练婴儿对事物的认识等。还可以选择积木、故事书等。

让宝宝养成刷牙的好习惯

维护牙齿健康关系着宝宝的一生，养成自己刷牙的习惯是最基本的一条。这个时期的宝宝，模仿能力最强，父母无论干什么，宝宝都会模仿。所以，每当父母刷牙的时候，要自然地让宝宝看到父母刷牙的样子，并且告诉宝宝刷牙的好处。尽管宝宝还不可能完全听懂，但起码可以知道这是在刷牙，而且是一件天天都要做的事。这样一来，经过长时间的观察和模仿，就会主动想着要自己刷牙了。开始的时候，父母要给予一定的帮助，宝宝在自己刷牙时，父母要在旁边照看宝宝，以防宝宝动作不熟练，牙刷刺着宝宝的上腭或嗓子。

宝宝要尽量少穿开裆裤

传统习惯中，父母总是让宝宝穿着开裆裤，即使是寒冷的冬季，宝宝身上虽裹得严严实实，但小屁股依然露在外面冻得通红。这样容易使宝宝受凉感冒，所以在冬季要给宝宝穿满裆的罩裤和满裆的棉裤，或穿带松紧带的毛裤。

另外，穿开裆裤还很不卫生。宝宝穿开裆裤坐在地上，地表上的灰尘垃圾都可能粘在屁股上。此外，地上的小蚂蚁等昆虫或小的蠕虫也可能钻到外生殖器或肛门里，引起瘙痒，可能因此而造成感染。穿开裆裤还会使宝宝在活动时不便，如玩滑梯时不容易滑下来，并且宝宝穿开裆裤摔、跌倒后容易受外伤。

穿开裆裤的另一大弊处是交叉感染蛲虫。蛲虫是生活在结肠内的一种寄生虫，在遇到温度变化时便会爬到肛门附近产卵，引起肛门瘙痒，宝宝因穿开裆裤便会情不自禁地用手直接抓抠。这样，手指甲里便会有虫卵，宝宝吸吮手指时通过手又吃进体内，交叉感染。而且还会通过玩玩具、坐滑梯使其他小朋友受蛲虫感染。

第三篇

1~2岁宝宝的喂养与护理

第一章

1 岁零 1 ~ 3 个月

宝宝这些天进步很快,他会走路,说点儿话,甚至还可能会用勺子或叉子吃东西了。不管是让他指不同的身体部位,还是把东西放进盒子再倒出来,他玩的每一个游戏都有助于他了解周围的世界。

发育特征

身体发育

体重:男童平均为 10.2 千克　女童平均为 9.5 千克
身长:男童身长 77.3 厘米　女童身长 75.9 厘米
头围:男童头围 46.7 厘米　女童头围 45.4 厘米
胸围:男童胸围 46.5 厘米　女童胸围 45.8 厘米
乳牙:逐渐萌出

动作发育

1 ~ 1 岁零 3 个月的宝宝大部分都可以不需要抓任何东西,靠自己的力量站好,一步、二步,摇摇晃晃地开始走路。刚开始时,他们会两脚张开降低重心,以保持身体平衡,弯着手,将力量集中在肩膀,不用多久,他们就能走得很快。他们喜欢爬楼梯,看到楼梯就会一层一层地往上爬。刚开始,有些宝宝会上楼不会下楼,这时候就哭着叫妈妈,只要教他手扶着楼梯,身体重心向后,用脚一边摸索一边下来,他很快就可以学会。

这个时候,他们的指头已经很灵巧了,喜欢翻书本、抓东西、把篮子内的东西拿出来又放进去。

语言发育

当宝宝智力方面逐渐进步时，妈妈在高兴之余当然想教他学习各种新的东西。宝宝对有趣的事、快乐的事会热心学习，进一步增加自己的能力，对不喜欢的事就显得缺乏兴趣了。

宝宝在这个阶段自主性正逐渐拓展，越来越不想照妈妈的心思行动，当他被强迫做自己不喜欢的事情时会说“不要”，这绝对不表示他任性，因为宝宝的知识在一步步进展，已经进展到有自己的主张了。如果一直勉强他，难免会破坏其自主性，养成他强烈的依赖心。

随着体格、智能方面的发展，婴儿时期的举止渐渐减少，行动越来越有宝宝的味道。虽然他的词汇还停留在单字阶段，但是数量已经增多。他所说的语言已能和实物一致，“车车”就是车子，“咪咪”就是猫咪。而且，他会用一个句子来表达各种不同的情绪，这是因为这个时期的宝宝感情方面非常发达，他除了可以用语言外，还会用动作、表情、声音的抑扬顿挫等来表现情绪。

当妈妈了解宝宝想要表达什么时，可以重复地告诉他“汪汪”在那边，自然可以促进宝宝的语言能力。同时，妈妈可以将宝宝眼睛看到的东西，耳朵听到的声音，肌肤感觉到的冷、热感等都说给他听。

这个时期，宝宝对颜色和形状的认识也增多了，能做简单分类。在形状方面，可以分辨圆形和非圆形、四角形或三角形；在辨色方面，可以将两种不同的颜色，如“红色”和“蓝色”分开。在这之前，他已经可以将“圆形、三角形、四角形”等全部分类，也可以分出 3 种类别的颜色。

感觉发育

宝宝到了 1 岁之后，个人的体形差异会逐渐明显，有的宝宝较高、有的较矮、有的较胖、有的较瘦，无论是体形或个性都会出现差异。

运动方面也一样，有的宝宝已经走得很好，有的却还要抓着东西才能站立。由于外出机会增加，家长很容易拿自己的宝宝和别的宝宝比较，觉得自己的宝宝某些方面不及别的宝宝。但是只要宝宝的成长过程顺利，就没有什么好担心的。放长眼光来看，这个时期的宝宝即使有两三个月的差异，以后不见得会有什么差别，不必太多地在意。

智力发育

过了 1 岁后，他们已经可以理解“这个”“那个”之类的代词，对语言的理解能力正在逐渐增加中，如妈妈说“把那个拿来”，他会照妈妈的指示拿东西。

有的宝宝虽然理解能力有了进步，能听懂大人的话，但需经过一段时间才会说话。有些宝宝能立刻学着妈妈说话，有些宝宝却完全不出声。语言发音需具备高度的技巧，比较晚说话是因为宝宝还不知道舌头的使用方法和吐气方法，或是舌头的运动能力比较差。晚说话的宝宝也能够清楚地了解语言的意思，只要时机一到就会说话了，这时候，妈妈可以让宝宝看清楚嘴巴的动作，慢慢地和他说话。

科学喂养

1 岁零 1 ~ 3 个月宝宝的喂养特点

随着孩子乳牙的陆续萌出，咀嚼消化的功能较从前成熟，在喂养上略有变化，每日进食次数为 5 次，三餐中间上下各加一次点心。有条件的还可以继续每日加 1 个鸡蛋和 250 毫升牛奶。孩子的膳食安排尽量做到花色品种多样化，荤素搭配，粗细粮交替，保证每日能食入足量的蛋白质、脂肪、糖类、维生素、矿物质等。培养孩子良好的饮食习惯能使孩子保持较好的食欲，避免孩子挑食、偏食和吃过多的零食。为了保证维生素 C、胡萝卜素、钙、铁等营养素的摄入，孩子应多食用黄、绿色新鲜蔬菜，每日还要吃一些水果。除此之外，每日吃鱼肝油 2 次，每次仍为 3 滴，钙片每日 2 次，每次 1 克。

>> 温馨提示

婴儿出牙,大多数是在不知不觉中自然萌出的。部分婴儿在这个过程中伴有局部发红、发痒、流口水等现象,一般不必处理。在婴儿4个月左右时可以给他一些饼干、小馒头片之类的食物,让他去咬,即常说的磨磨牙,以促进牙齿萌出。在萌芽时期要注意婴儿的营养,长牙需要与骨骼发育有关的钙、磷质。这时期要注意在饮食中不断补充钙质,在补充钙的同时一定要添加维生素D,因为只在有维生素D时钙才能被吸收利用。因此,在新生儿期就要给他加喂维生素D和钙片,以备长牙时的需要。饮食中注意加蛋清、菜泥(各种绿叶菜、胡萝卜、土豆等制成)、果泥,也可加些芝麻酱、鱼泥、肉泥、排骨汤、烂粥、烂面、面包干、饼干、馒头片等。

宝宝断奶后的食谱特点

从每天保证600毫升奶,逐渐过渡到以粮食、奶、蔬菜、鱼、肉、蛋为主的混合食品,这些食品是满足孩子生长发育必不可少的。

适当喂些面条、米粥、馒头、小饼干等,以提高热量。

经常给宝宝吃各种蔬菜、水果、海产品,提供足够的维生素和无机盐,以供新陈代谢的需要,达到营养平衡的目的。

常食用些动物血、肝类,以保证铁的供应。

烹制方法多样化,注意色、香、味、形,且要细、软、碎。不宜煎、炒、爆,以利于消化。

安排婴儿食品要注意各种营养的合理搭配,以保证孩子身体生长发育的需要。

脂肪对人体的作用

胖人不怕冷,这是因为我们能用手捏起的皮下脂肪具有保温作用。从生理角度来讲脂肪还具有以下作用:

为机体产热、释放能量。脂肪是营养素的主要来源,产热量要比蛋白质和糖都高,约达1.52倍。一般我们食用的脂肪,一部分被消耗利用;一部分用于体内储存起来。当人体饥饿

>> 专家答疑

怎样摄入蛋白质

蛋白质一般来自植物和动物类食品。植物类食品主要是豆类,动物类食品多指鱼、肉、蛋、奶等。在植物类食品中,含有优质蛋白的有大豆、芝麻、葵花籽等,其他如米、面虽含有蛋白质,但不高。在肉类食品中,虽然含蛋白质较丰富,但不可以食用过量,过量的食用会给机体代谢带来负担,产生过量的代谢产物,对身体不利。

时脂肪就会释放能量，为身体产生热量。

脂肪是构成人体细胞的成分（主要是磷脂和胆固醇等），也是构成脑和神经组织的主要成分。组织细胞的各种膜叫细胞膜，都离不开脂类与蛋白质的成分。

脂肪促进脂溶性维生素的吸收。维生素可分为脂溶性与水溶性两种，脂溶性维生素包括、维生素 A、维生素 D、维生素 E、维生素 K 等。此类维生素溶于脂肪中才能被吸收利用。

>> 新手妈妈大课堂

给宝宝食用豆浆要注意以下禁忌：

(1)不要加鸡蛋：鸡蛋中的蛋白容易与豆浆中的胰蛋白结合，使豆浆失去营养价值。

(2)不要加红糖：红糖中的有机酸会和豆浆中的蛋白质结合，产生变性的沉淀物，这种沉淀物对人体有害。

(3)不要喝太多：容易引起过食性蛋白质消化不良，出现腹胀腹泻的症状。

碳水化合物对人体的作用

碳水化合物最基本的作用就是供给机体能量。按照中国人的饮食习惯，以谷类为主，占每天膳食中所供给身体热量的 60% ~70%。因此，吃好每顿饭是孩子身体所需热量的重要保证。

另外患有肝炎的人常多吃些糖，因为糖在肝内可以协助肝解毒，提高抵抗细菌的能力。人体组织细胞的代谢合成都离不开糖的协助，脂肪转为能量也需要糖起作用，如果没有糖的参与，脂肪利用不完全，就可能产生一种不利于人体的酸性物质，蓄积过多就可能引起酸中毒，后患无穷。

>> 爱心妈妈育儿经

多喝牛奶

鲜牛奶中含有丰富的蛋白质、矿物质、钙质等，在宝宝骨骼发育旺盛的幼儿期里，是不可缺少的营养。在这个时期最好每天喝 200 ~400 毫升牛奶，即 1 ~2 瓶。可以在吃点心时喝，也可以当饮料给宝宝喝，还可以用来煮菜。

准备适合的点心

点心只是在宝宝三餐吃饱，但仍有食欲时才喂。有的妈妈见宝宝三餐饭菜没好好吃，就想喂点心补补。其实，没有食欲时用不着喂。再说，点心也应该每天定时，不能随时都喂，让宝宝吃吃停停。可以用牛奶、水果、饼干及妈妈亲手做的食物作为点心。

(1)1岁宝宝吃点心的量每天1小瓶鲜牛奶,相当于2940焦的热能。10:00时喂50毫升果汁,15:00时喂1瓶鲜牛奶和相当于210焦热能的点心。

(2)简单易做的点心:

①牛奶蛋羹。蛋黄1/3个,牛奶40毫升(1/5瓶),白糖6克(2小匙)。

②橘子冻。罐头橘子20克(4片),白糖10克(1大匙),水60毫升(4大匙),洋粉0.8克(1/10把)。

③酸乳酪糊。苹果10克(1/16个),香蕉20克(1/4根),酸乳酪糊30克(1/3瓶)。

④蛋糕。面粉8克(1大匙),白糖1克,奶粉15克(1大匙),蛋粉5克,油一点点。

幼儿健脑食品

(1)豆类。对于大脑发育来说豆类是不可缺少的植物蛋白质,黄豆、花生、豌豆等都有很高的营养价值。

(2)糙米杂粮。糙米的营养成分比精白米高,黑面粉比白面粉的营养价值高。这是因为在细加工的过程中,很大一部分营养成分损失掉了。要给孩子多吃杂粮,包括糯米、玉米、小米、红小豆、绿豆等,这些杂粮的营养成分适合宝宝身体发育的需要,搭配食用能使孩子得到全面的营养,有利于大脑的发育。

(3)动物内脏。动物肝、肾、脑、肚等,既补血又健脑,是孩子很好的营养品。

(4)鱼虾类及其他。鱼、虾、蛋黄等食品中含有一种胆碱物质,这种物质进入人体后,能被大脑从血液中直接吸收,在脑中转化成乙酰胆碱,提高脑细胞的功能。尤其是蛋黄,含卵磷脂较多,被分解后能释放出较多的胆碱,所以小儿最好每天吃点蛋黄和鱼肉等食品。

>> 爱心妈妈育儿经

注意宝宝的饮食卫生

(1)宝宝的餐具和奶瓶、小勺、小碗、饮水杯等要独自使用,清洗时要用清水冲洗,使用前最好用开水烫一下。要定期煮沸消毒,放在干净卫生的地方。

(2)给宝宝喂食时,先要把手洗净。喂食时,千万不能把小勺放在自己口中试温度后喂宝宝,这样容易将大人的病菌带给宝宝。

(3)大人感冒时要戴上口罩照顾宝宝,以免通过空气传染给宝宝。家长如患有肠道疾病,一定要用肥皂洗干净手再接触宝宝,最好暂时不要动宝宝入口的东西,以免不慎传染给宝宝。

科学护理

12~14个月宝宝的健身操

12~14个月的宝宝处在学走路的阶段,锻炼的内容更为丰富,不仅是晒太阳做操,还可以到室外学习蹦蹦跳跳,练习向前走,向后退的平衡行走能力和遇到障碍可扶着东西走过去的主动性。对于走得较稳的宝宝,可以练习慢跑、攀登和跳跃等动作。在天气好的情况下,这么大的宝宝可以在室外活动1~2小时,白天到外面活动2~3次。在室外活动,不仅可让宝宝有更多的时间来接触外界,认识大自然,不断接受阳光的哺育、空气和风的刺激,来增强宝宝自身体质调节功能和对外界环境的冷热变化的适应性,还能预防佝偻病的发生。

>> 专家答疑

为什么有的宝宝心脏有杂音

有一半以上的宝宝心前区可以听到一种性质柔和的轻微的心脏杂音,这种杂音是生理性的,属于宝宝发育中出现的正常情况。既不影响宝宝的健康,也不会使宝宝产生不适的感觉,到青春期以后就可以完全消失。

宝宝口吃的原因

在宝宝刚开始学说话的时候,家长就要注意预防宝宝发生口吃。口吃俗称结巴，是一种常见的语言障碍。口吃的男孩多于女孩，男孩约占4%，女孩约占2%，发生的年龄常在2~5岁，这个阶段是语言发育最为迅速的时期。口吃有没有遗传性呢？回答是没有的，不过有资料报道，双亲都有口吃的，其子女约有67%也患有口吃，双亲中1人患有口吃，其子女患有口吃的约占40%。所以父母患有口吃的，宝宝发生率要高些。口吃的发生与环境变化有关，像发生火灾、地震、失去亲人等引起宝宝精神紧张的因素都可引起口吃。但最常见的原因，是在宝宝开始学说话时，家长操之过急，做过多的矫正或恐吓，强迫宝宝说话，使宝宝心理上感到压抑，说话时心急发慌，而发生口吃。还有的是由于宝宝模仿性较强，模仿他人口吃而自己也养成了口吃的习惯。

宝宝在学说话时，家长应注意正确指导宝宝说话，即使有的宝宝说话慢一点也没关系，因为宝宝在语言发展时期可存在4~6个月的正常差异。

宝宝不肯洗脸怎么办

(1)应该把洗脸用具放在宝宝够得着的地方。如果洗脸池太高，宝宝自己够不到，他就会失去洗脸的兴趣。可以准备一个结实的双架小梯子，到了洗手洗脸的时间就架好，把毛巾、牙刷等洗漱用具准备好，然后教宝宝怎样洗。最好和宝宝一起洗脸，并用洗脸水做游戏，以此提高洗脸时的趣味，吸引宝宝下一次愿意再洗。

(2)从宝宝很小就开始。开始训练宝宝坐便盆大便时，就要教宝宝养成便后洗手的习惯。

(3)让宝宝选择用具。让宝宝自己挑选洗盥用品，宝宝用起来会更有兴趣。如一两岁的宝宝喜欢印有动物、小人头的毛巾。给宝宝使用无刺激性的香皂，以免刺激眼睛，从而觉得洗脸很愉快。把用剩下的小皂头切成小片缝在小口袋里，制成一个“自动”香皂器，让宝宝用手指蘸着皂液把手和脸洗干净，宝宝会觉得很好玩。

>> 新手妈妈大课堂

调教宝宝吃饭

1岁以后，宝宝就想自己拿着勺子吃饭，刚开始时吃起来很不顺利。即使自己用勺子盛饭，但一送到嘴边就全撒了。这时妈妈就应该帮忙喂，喂了一会儿，宝宝也许又想自己动手吃，则可以将勺子给宝宝拿着让他自己吃。

要调教好宝宝自己吃饭，需要花很多时间，更需要耐心。这是使宝宝走向独立的一个过程，只要一直坚持下去，到1岁半宝宝就能自己熟练用勺子吃饭了。

(4)奖励宝宝。在洗澡间贴一张图表，宝宝每次饭前便后都洗手，就在上面画个红色的勾；当宝宝把脸和手洗得干干净净坐在饭桌前时，就可赢得一张笑脸贴在图上；另外，当分数攒够一定数目后，奖励宝宝一个他喜欢的玩具或者他爱吃的点心。

(5)妈妈监督。妈妈扮成一位检察官或巡警，宝宝盥洗完毕后就仔细检查，只要妈妈演得很滑稽，宝宝就会对此乐不可支，觉得这件事很好玩。如果宝宝洗得很干净，应该马上表扬他。

(6)进行惩罚。如果宝宝能够独立盥洗却不肯这样做，就该让宝宝尝点苦头了。如帮宝宝洗脸，给他洗过两三次后，他就宁愿自己洗了。也可以用过度纠正的方法，比如宝宝有一次不肯洗脸，就监督他洗一遍、两遍或三遍。

怎样对付宝宝打妈妈

1. 分析宝宝的发展时期

2 岁前的宝宝，其认知发展阶段处于感知运动时期，宝宝的语言能力刚刚萌芽，正在牙牙学语，掌握的那几个有限的词汇不足以帮助他很好地表达自己的感受和要求，与外界交流主要是通过宝宝的感觉和动作方式，表达自己的喜怒哀乐和要求也是通过动作，不像成年人或大一些的宝宝可以通过语言。你的宝宝生气时打自己的头、用头撞墙撞门、揪你的衣服或打别人等，都是在用动作来表达自己的愤怒，这正是这个年龄阶段宝宝的特点。宝宝个性很强，表现得就更加充分一些。只是这些动作不太恰当，不是伤害自己，就是伤害别人，任其发展下去，会给宝宝的身体造成危害，也会影响宝宝和别人的交往。

选择这些动作作为表达愤怒的方式并不是宝宝的过错，1 岁多的宝宝没有能力去鉴别哪些动作是有害的，哪些又是无害的，更不会知道这样的动作可能给自己带来什么样的危险。这些是非对错的判别需要成年人去教给宝宝，只是教的方式要符合宝宝的年龄特点，也就是说，是宝宝有能力接受的。宝宝也是人，也有喜怒哀乐，生气时也要有发泄的渠道和方式。既然不允许宝宝打自己，也不能打别人，那我们就应该教给宝宝合适的方式。在教育宝宝的过程中，家长往往忽略了一点，就是在不许宝宝这样或那样时，不告诉宝宝可以怎样，弄得宝宝很是茫然，以后什么也不敢做了，缩手缩脚的，唯恐又招致大人的一顿责骂。宝宝探索世界的愿望和精神就这样被扼杀了，给宝宝的个性发展造成不利的影响。

2. 好好想想对策

既然不能不让宝宝生气，又不能让宝宝生气时打自己或打别人，那就应该在限制宝宝不好的行为的同时教给宝宝怎样做才是好的。可以尝试以下方法：

（1）替代物。可以让宝宝打枕头、沙袋之类的软东西，或是买一些小的气球让宝宝去踩等一些无害的方式。

（2）讲道理。待宝宝气消后一定要对宝宝说：以后生气时不能打自己的头，打多了小脑瓜会变得不聪明的；也不能往墙上和门上撞，那样头会破，会流血，小脑瓜会受伤，人就会变傻了；也不能打妈妈或是别人，别人也会疼的，会不高兴的，以后就不爱和宝宝一起玩了。说的时候可以做出很疼的样子，给宝宝一个直接的经验，加深宝宝对别人疼痛的理解。

（3）训练语言能力。随着宝宝年龄的增大，语言功能的逐步完善，训练宝宝通过言语来表达他的感受和需要，告诉宝宝有什么要求和不快就说出来，妈妈和你共同解决。

（4）家长要注意自己的行为。在训练和改变宝宝不好的行为过程中，需要提醒的是，宝宝周围的成年人，要注意自己生气时的表达方式，不能动手打宝宝或是打别人，1岁多的宝宝已经有很强的模仿能力，许多行为很可能就是从周围成人那里学来的。对宝宝从别的渠道，如电视或同伴处看到的不好的行为，要予以否定，告诉宝宝这样做是不对的，妈妈不喜欢这种行为。

家里有个“夜哭郎”怎么办

1. 减少宝宝白天睡眠的时间

减少宝宝白天睡眠的时间，减少白天的哺乳量，一次不让宝宝吃得过饱，妈妈给宝宝喂完奶要多逗宝宝玩，待宝宝玩累了再睡。宝宝白天睡觉时间不宜过长，以1~2个小时为好，超过两小时，就应叫醒宝宝，喂奶、玩耍。

2. 夜里为宝宝营造最好的睡眠环境

(1)夜幕降临，先给宝宝洗一个温水澡，再为宝宝进行按摩，能帮助宝宝安静下来。

(2)睡前让宝宝喝一些奶，有助于宝宝心满意足地入睡，但要注意千万不能让宝宝含着奶头入睡。

(3)睡前将宝宝用被单裹紧，会使宝宝有安全的感觉，有利于宝宝入睡。

(4)妈妈可以轻轻地抚摸宝宝的头部，从头顶向前额方向，同时可小声哼唱催眠曲。为宝宝营造一个宁静、美好、和谐的入睡环境。

如果宝宝夜哭，先要找出原因，才能针对情况来解决问题。切勿每当宝宝哭就以为是肚子饿了，就用吃奶的办法来解决。这样极易造成消化不良，久之，不是大便秘结，就是腹泻不止。结果导致宝宝胃肠功能紊乱，引起腹部不适，更会使宝宝哭吵得厉害。

第二章

1岁零4～6个月

随着宝宝越来越爱说“不”，你应该也越来越想知道该如何管他。你可以规定界限，清楚明白地告诉他什么能做，什么不能做。他并不是总能记得住你说过的话，但如果你不停地重复，他会开始明白的。

发育特征

身体发育

体重：男童约10.7千克　女童约10.1千克
身长：男童约80.3厘米　女童约78.9厘米
头围：男童约47.1厘米　女童约46.0厘米
胸围：男童约47.2厘米　女童约46.1厘米
乳牙：10颗左右

动作发育

孩子经过前一阶段的努力，小步独自走得稳当了，不但在平地上走得很好，而且很喜欢爬台阶，下台阶时知道用一只手扶着下。此时，家长不要阻止孩子，要鼓励他，同时注意在旁边保护他。这样的活动既锻炼了身体，又促进了智力发育，使手、脚更协调地运动。这么大的孩子会用杯子喝水了，但自己还拿不稳，常常把杯子里的水洒得到处都是。吃饭的时候，孩子常喜欢自己握匙取菜吃，但是还拿不稳。这么大的孩子平衡能力还比较差。

语言发育

这一阶段的宝宝喜欢与成人讲话，家长应该把握时机，通过画片、实物等耐心、反复地教孩子认识事物，增加词汇，使宝宝的知识面加宽，增加语言的内容。但宝宝记忆力有限，所以，也不能教得太多。

对于口齿不清的孩子，家长要用标准语音给孩子纠正，反复教他念。

心理发育

孩子的知识在增长，脾气也在增大，当不如意时，他会扔东西、发脾气，表示不服从。当孩子发脾气时，不要呵斥他，小孩子的注意力很容易分散，用别的事情吸引他，就会很快忘掉不愉快的事情。

宝宝的路越走越稳，话也多了，与外人交往也多了，这正是鼓励他与别的小朋友交往的好时机。开始孩子不知道怎样与别的小朋友交往，但通过与新面孔的接触、交往、交换玩具等简单活动，宝宝能得到很多乐趣。每星期最好有2~3次机会与其他的同龄小朋友一起玩耍，让宝宝用自己的独特方式接触别人，大人要多鼓励，千万不要加以干涉，宝宝经过尝试，会找到更适合自己的方法。

不要对孩子过度保护，小朋友之间发生小冲突，这是正常现象，大人不必多加指点，让孩子学会自己处理冲突。如果两个孩子抢玩具，家长也不要以成人的礼貌心理，强迫自己的孩子放弃自己心爱的玩具，那样会让孩子迷惑不解，且非常伤心。要让孩子有机会保卫自己的权利，这也是社会交往的基本规则，同时为孩子今后的性格发展打下良好的基础。

> >> 爱心妈妈育儿经
>
> 满足幼儿的心理发展需求
>
> 让自己的宝宝快乐是天下所有妈妈的心愿，当宝宝的需求得到满足时，宝宝自然是快乐的。只是有些妈妈以为让宝宝吃好的、穿好的就可以了。吃穿只是宝宝成长和发展的基本需要，除此以外，宝宝还有许多心理发展需求。

智力发育

这个时期宝宝的特点：

(1)走得很稳，能蹲下捡东西，接着站起来再走，很少摔跤，可抬脚踢球，扶栏杆上几步楼梯，开始学跑，会抛球。

(2)能模仿画出线条，可将小物放入小瓶并从小瓶取出，会翻书看书。

(3)会说出许多成人能听懂的单音或词,能执行简单的命令,说出自己的名字、某些要求和一些实物。认识常见的实物和图片,认识五官。

(4)会脱去简单的衣物,白天不尿裤子,喜欢和小伙伴玩。

(5)在镜中真正认识自己的存在,开始产生对黑暗和动物的恐惧感。

科学喂养

1岁零4~6个月宝宝的喂养特点

随着幼儿消化功能的不断完善,食物的种类和烹调方法将逐步过渡到与成人相同。1岁半的孩子还应注意选择营养丰富、容易消化的食品,以保证足够营养,满足生长发育的需要。1岁半的小儿已经断奶,每天主餐吃饭,再加1~2顿点心。若晚餐吃得早,睡前最好再给孩子吃些东西,如牛奶等。给孩子做饭,饭要软些,菜要切碎煮烂;油煎的食品不易消化,小儿不宜多吃;吃鱼时要去骨除刺,给孩子吃的东西一定要新鲜,瓜果要洗干净。孩子的碗、勺最好专用,用后洗净,每日消毒。孩子吃饭前要洗手,大人给孩子喂饭前也要洗手。

为何孩子容易缺锌

人体是一个复杂的机器,许多微量元素发挥着各自的作用。锌元素就是其中之一。锌参与人体的基础代谢,主宰味觉,还可调节防病免疫功能。

锌在动物类食品中含量较高,在植物类食品中含量较低。如长期摄入植物类食品会影响对锌的吸收。这是因为植物中的粗纤维、植酸、草酸等物质会干扰人体对锌的吸收与利用。如果过多食精制食品,会造成锌的摄入量不足。还有人在生病吃药时也会造成锌的丢失。要想不缺锌,除了不偏食外,还可以多吃些干果、硬壳食物,这些食物含锌量都较高。

缺钙的因素有哪些

除了孩子摄入钙不足引起的缺钙外,主要还有一些妨碍钙吸收的因素。

维生素 D 摄入不足,引起钙吸收转入障碍;脂肪食入过多,可形成钙不易溶解,随大便排出;摄入的钙、磷比例不当也会影响钙的吸收。钙、磷的最佳比例应为 1.3∶1.5。如含磷高可形成磷酸盐排出体外,钙在碱性环境中不容易溶解。

>> 新手妈妈大课堂

含钙多的食品

对于幼儿来说,奶类是其补充钙的最好来源,500 毫升母乳中含钙 170 毫克,500 毫升牛奶含钙 600 毫克,500 毫升羊奶含钙 700 毫克,奶中的钙容易被消化吸收。蔬菜中含钙质高的是绿叶菜。如大家熟悉的油菜、雪里红、空心菜、大白菜等,食后吸收的也比较好。给幼儿食用绿叶菜,最好洗净后用开水烫一下,这样可以去掉大部分的草酸,有利于钙的吸收。豆类含钙也比较丰富,每 100 克黄豆中含 360 毫克的钙质,每 100 克豆皮中含钙 284 毫克。含钙特别高的食品还有海带、虾皮、紫菜、麻酱、骨髓酱等。

人体需要哪些维生素

对正处于生长发育期的宝宝,每天摄入量的推荐量为年龄加上 5～10 克。对小胖墩、经常便秘的宝宝,可适当增加膳食纤维摄入量。有的宝宝吃粗粮后,可能会出现一过性腹胀和过多排气等现象。这是一种正常的生理反应,逐渐适应后,胃肠会恢复正常。如宝宝患有胃肠道疾病时,要吃易消化的低膳食纤维饭菜,以防止发生消化不良、腹泻或腹部疼痛等症状。人体需要的维生素有十几种,根据其特点归为两大类:

>> 温馨提示

维生素 A 和维生素 D 属于脂溶性维生素,可以在体内储存,但达到一定浓度后会出现中毒症状,进而造成肾脏功能的损害及身体软组织的钙化。所以,补充此类维生素一定要遵守医生确定的量。

一类叫水溶性维生素,它的特点是可以在水中溶解。包括 B 族维生素和维生素 C(也叫抗坏血酸)。B 族维生素的成员有维生素 B_1(硫胺素)、维生素 B_2(核黄素)、维生素 B_6(吡醇素)、维生素 B_{12}(氰结素)、尼克酸、泛酸、叶酸和生物素。

另一类叫脂溶性维生素,特点是在油脂中容易溶解。包括维生素 A(视黄醇)、维生素E(生育酚)、维生素D(胆钙化醇)和维生素K,它们可以在体内储存,但不能过量,否则会引起中毒。现在科学认为维生素不但是维持正常机体的需要,还有防病、抗病的作用。

宝宝不宜多吃巧克力

巧克力是一种以可可豆为主要原料制成的糖食品,它的味道香甜,食后回味无穷,很受小儿的喜爱。

但过量吃巧克力对小儿有许多不利的因素,如糖分过高,通过体内的新陈代谢会转变成脂肪被储藏,加上巧克力的脂肪成分过多,均会使小儿发胖;巧克力中含脂肪较多,这些脂肪在胃中停留的时间较长,不易被小儿的胃肠消化、吸收,就会有饱腹感而影响食欲,再好的饭菜他也吃不下去,打乱了良好的进餐习惯,直接影响了小儿的营养摄入和身体健康;巧克力是不含纤维素的精制食品,吃多了可致便秘;巧克力中的草酸,会影响钙的吸收;巧克力中的可可碱具有强心和兴奋大脑的作用,小儿多吃后会哭、吵、多动和不肯睡觉。此外,它还会诱发口臭和蛀牙。由此可见小儿不宜多吃巧克力。

>> 爱心妈妈育儿经

不适合宝宝喝的饮料有:茶叶水、酒精饮料、汽水、兴奋剂饮料等。

科学护理

及早预防蛔虫

15~17个月的宝宝,自己能够吃东西、喝水,但还没有养成讲卫生的好习惯,很容易感染蛔虫症。为了预防蛔虫,要教育宝宝在饭前便后一定要把手洗干净;常剪指甲;不要随地大小便;不吸吮手指;生吃瓜果要洗净去皮;不要喝生水;家长要给宝宝勤晒被褥。做到以上这些,不但可以预防蛔虫,也可以预防许多其他传染病。

宝宝不爱喝牛奶怎么办

有的宝宝到了1岁多,尝到了比牛奶更美味的食物,便不爱喝牛奶了,对不爱喝牛奶的宝宝,妈妈不要勉强。

对1岁以上不爱喝牛奶，或对牛奶过敏的宝宝来说，豆奶是一种不错的替代品。豆奶有各种不同的口味，妈妈也可以加入自己喜欢的口味给宝宝喝。如果仅用豆奶替代牛奶，妈妈应确保是强化维生素A、维生素D和钙的豆奶。妈妈也可以用蛋羹、豆浆、豆奶等交替喂宝宝，并注意加强饮食中钙的摄入，富含钙或强化钙的食物包括虾皮、西兰花、酸奶、奶酪、强化钙的果汁、麦片等，以让宝宝获取充足的营养。

>> 专家答疑

怎样让宝宝喜欢喝牛奶

如果宝宝仅仅是不喜欢喝牛奶，妈妈还可同时采用心理的方法，诱导宝宝喝。可以循序渐进地喝，开始少喝一点，慢慢再增加。随着宝宝口味的改变，说不定在某个时刻他会重新爱上喝牛奶。

宝宝过多食糖有坏处

糖，几乎人人爱吃，特别是儿童。而有些家长疼爱孩子，怕孩子热量不够，常把糖当零食给孩子吃，一会儿给孩子一块糖果，一会儿给孩子一块巧克力或甜点心。有的家长发现孩子爱吃甜食，就顿顿甜粥、糖包，还喂孩子喝糖水，给孩子做菜也喜欢多放些糖，以为这样就可以增加营养。其实吃糖过多对孩子是有害的，其主要表现在如下几个方面：

(1)摄入过多的糖之后，过多的糖在体内可以转化为脂肪，导致小儿肥胖，成为心血管疾病的潜在诱因。

(2)糖只能供给热量，而无其他营养素价值。每天吃糖多时，其他营养素的摄入势必减少，导致体内蛋白质、维生素、矿物质均缺乏，极易造成营养不良。

(3)多吃糖之后，会给口腔内的乳酸杆菌提供有利的活动条件。糖滞留在口腔内，容易被乳酸杆菌分解而产生酸，使牙齿脱钙，诱发龋齿的形成。

(4)糖吃多了，小儿就不想吃饭了。患了龋齿之后，孩子咀嚼时会疼痛，咀嚼无力，也会影响食欲，日子长了，就会因进食量减少而发生营养缺乏。

(5)糖吃多了，易使胃酸产生过多，使胃受刺激而患胃炎。

(6)吃惯甜食的小儿，往往不喜欢无甜味的食品，长期下去，也会导致食欲缺乏。

怎样预防宝宝患龋齿

龋齿就是人们俗称的“虫牙”。龋齿对宝宝的危害很大，首先是牙痛。俗话说“牙痛不是病，痛起来要人命。”牙痛对宝宝带来的伤害很大。其次患了龋齿如果不及时治疗，龋洞就会越来越大，最后导致牙齿丧失，后果更为严重。

为什么1岁多一点的宝宝,乳牙尚未长齐,就患了龋齿呢?原因大多是宝宝在睡前吃了饼干、糖果之类的甜食。

很多宝宝喜欢在睡前吃些糖果、饼干之类的零食,父母不给就不肯入睡;也有一些父母认为宝宝夜间睡觉时间长,怕宝宝夜间肚子饿,而喂其他食物又不方便,所以主动给宝宝喂些糖和饼干之类的零食。

由于宝宝在睡前都不刷牙,睡前吃的食物的残渣都堆积在牙面和牙缝里,而且宝宝吃的食物一般都含有较多的糖,这就为细菌的繁殖提供了有利的条件。此外,宝宝睡眠时间较长,睡眠期间口腔处于静止状态,唾液分泌减少,不利于清洁牙面,而有利于细菌的繁殖。细菌滋长并能分解其中的糖类,使其发酵产酸,引起牙齿釉质脱钙,日子久了牙齿就会软化,逐渐形成小洞。这就是临睡前吃糖果、饼干易生"虫牙"的道理。

>> 新手妈妈育儿经

幼儿应多吃水果

水果的营养价值和蔬菜差不多,但水果可以生吃,营养素免受加工烹调的破坏。水果中的有机酸可以帮助消化,促进其他营养成分的吸收。桃、杏等水果含有较多的铁,山楂、鲜枣含大量的维生素C。食用水果前应很好地清洗。撒过农药的水果,除彻底清洗外,最好削去外皮后再食用。

为了预防宝宝患龋齿,宝宝睡前父母就不应给他吃零食,更为重要的是要让宝宝养成漱口、刷牙的好习惯。年龄小的宝宝在睡前总要喝些牛奶或果汁,那么父母就应在宝宝喝完这些后再让宝宝喝一口白开水清洁一下口腔。发现宝宝生了龋齿后应立即治疗,不应拖延,否则小龋洞不补,就会越来越大,越来越深。

宝宝为什么会腹泻

引起宝宝腹泻的原因有很多,不过大致可分为非感染性因素和感染性因素两类。

非感染性因素如喂养不当或天气变化均可引起腹泻。饮食方面引起腹泻包括进食过多或过少;食物成分改变,加糖过多;添加食物引起不适;天气变化如宝宝受凉可使肠道功能紊乱;天气炎热可使胃酸和参与消化的酶减少,导致宝宝消化不良,从而引起腹泻。

感染性因素如宝宝进食的器皿或食物不洁,使细菌进入体内造成腹泻;长期服用广谱抗生素引起肠道菌群失调导致腹泻;宝宝患急性上呼吸道感染、肺炎、中耳炎、泌尿系统感染、咽炎等病时,由于发热及病原体毒素的影响,均可造成腹泻。

预防腹泻只要针对发病原因消除感染与非感染方面的因素就可以了。

怎样给宝宝按摩

(1)把宝宝放在小床上,也可让宝宝躺在妈妈的大腿上,然后以轻柔的声音对宝宝说话,令宝宝放松下来。握住宝宝的小脚,使妈妈的大拇指可以自如地在宝宝脚底来回揉搓,用轻柔的力道,按摩几分钟。随后可以握住宝宝的小腿和大腿,让膝盖来回伸展几次,再用手掌在大腿和小脚丫之间抚摸。

(2)按摩宝宝的上肢。先握住宝宝的小手,用大拇指按摩掌心,其他指头按摩手背。然后分别握住宝宝的上臂和前臂,按摩几个来回,再在肩膀和指尖之间轻柔地按摩。这种按摩会促进宝宝的血液循环,如果一边按摩一边和宝宝说话,更能增加母子间的亲密感。

(3)抚摸宝宝的脸。妈妈用柔软的食指和中指,由中心向两侧抚摸宝宝的前额。然后顺着鼻梁向鼻尖滑行,从鼻尖滑向鼻子的两侧。

(4)摸摸宝宝的小肚子。从宝宝的肩膀开始,由上至下按摩宝宝的胸部和肚子,然后用手掌以画圆圈的方式按摩,这种按摩方法可以促进宝宝呼吸系统的发育,增大肺活量。随后让手掌以宝宝的肚脐为圆心按摩至少40次,对于常常肚子疼或是常常便秘的宝宝,这种按摩非常有效。

(5)按摩宝宝的侧身。当宝宝转身的时候,不要错过按摩体侧的好时机。妈妈可以用虎口穴按着宝宝的侧面,从肩胛部开始,经胯骨再按摩至锁骨。

(6)按摩宝宝的背部。如果宝宝趴在床上,如果轻轻抚摸宝宝,宝宝会觉得非常舒服。给宝宝按摩背部的话,记得让宝宝抬起头来。

(7)给宝宝做个全身按摩。全身按摩就是给宝宝热身。妈妈坐在地板上,伸直双腿,为了安全起见可在腿上铺一块毛巾,让宝宝脸朝上躺在妈妈的腿上,头朝妈妈双脚的方向。在胸前打开再合拢宝宝的胳膊,这样做能使宝宝放松背部,并使肺部得到更好的呼吸。然后上下移动宝宝的双腿,模拟走路的样子,这个动作能使宝宝的大脑得到刺激。

>> 爱心妈妈育儿经

大人先用一点爽身粉在自己手上搓一下，使自己的手变得光滑，然后再用手按摩婴儿全身皮肤，接着用柔软干净的纱布或毛巾摩擦婴儿皮肤，由脚面向脚心方向搓，腹部按顺时针方向搓，背部则按由上至下的方向搓。经常这样摩擦，婴儿皮肤会变得光洁美观。

怎样防止宝宝长痱子

生痱子主要是因为汗液中含有氯化钠等无机盐，夏季由于温度过高出汗较多，当汗水蒸发后留下的盐会刺激皮肤，导致周围组织发炎而起痱子。

宝宝皮肤娇嫩，往往很容易生痱子，家长一定要特别注意。痱子初起时是一个针尖大小的红色丘疹，突出于皮肤，圆形或尖形。月份较大的宝宝会用手去抓痒，皮肤常常被抓破，发生继发皮肤感染，最终形成疖肿或疮。痱子的防治方法主要有：

经常用温水洗澡，浴后擦干，扑撒痱子粉。痱子粉要扑撒均匀，不要过厚。不能用肥皂和热水烫洗痱子，出汗时不能用冷水擦浴。如出现痱疖时，不可再用痱子粉，可改用0.1%升汞酒精溶液。此病痛痒时应防止搔抓，可将宝宝的指甲剪短，也可采用止痒敛汗消炎的药物，以防继发感染引起痱疖。宝宝应避免吃、喝过热的食品，以免出汗太多。如果宝宝因缺钙而引起多汗，应在医生的指导下服用维生素D制剂、钙剂。在暑伏季节，宝宝的活动场所及居室要通风，并要采取适当的方法降温。不要让宝宝在日光直晒处活动时间过久。宝宝衣着应宽大通风，保持皮肤干燥，对肥胖儿、高热的宝宝，以及体质虚弱多汗的宝宝，要多洗温水澡，加强护理。

第三章

1岁零7~9个月

1岁零9个月大的宝宝很可能喜欢给家具挪位、帮你做家务、使用自己的玩具架和桌椅等。他也许还能自己穿衣服、洗手、擦手或在你的帮助下刷牙。

发育特征

身体发育

体重:男童约11.16千克　女童约10.83千克
身长:男童约82.31厘米　女童约81.62厘米
头围:男童约47.54厘米　女童约46.52厘米
胸围:男童约49.08厘米　女童约47.32厘米
坐高:男童约50.96厘米　女童约50.79厘米
牙齿:此时大约萌出12颗乳牙,已萌出上下尖牙

动作发育

这一阶段的宝宝已经能够独立行走了,还会牵拉玩具行走、倒退走,会跑,但有时还会摔倒。有意思的是,他能扶着栏杆一级一级地上台阶,却常常喜欢四肢并用往楼梯上爬。让他下台阶时,他就向后爬或用臀部着地坐着下。宝宝还会用力地扔球,会用杯子喝水,并洒得很少。能够比较好地用小勺,开始自己吃饭。给他玩积木,他会把3~4块积木叠在一起。

语言发育

宝宝开始认真地学习语言，翻动书页，选看图画，能够叫出一些简单物品的名称；能够指出方向；能够说 4 ~5 个词连在一起的句子，如“在桌子上”，会有目的地说“再见”；能够按要求指出眼睛、鼻子、头发等。

这时期宝宝注意力集中的时间仍很短，他不会坐下来静静地听你讲 5 分钟故事。

这时幼儿的活动范围、活动花样又较以前丰富了许多，喜欢爬上爬下，喜欢模仿大人做事，如擦桌子、扫地等，喜欢模仿着做广播操等活动。如果家长耐心教他数数、念儿歌，宝宝会很有兴趣地学，他会跟着大人的节奏说出每句儿歌的最后一个押韵的音。这个时期是教孩子说话的好机会，家长不要错失良机。

宝宝的语言能力在天天进步，在与大人日常生活、游戏、交流的同时，学会了不少词句，从 1 岁左右只会说一个词，到 18 个月时，宝宝会用 20 ~30 个词语。这时他在自己玩玩具时，也开始自言自语地说话了。

>> 温馨提示

用普通话与幼儿对话

与宝宝对话时切忌用儿语，因为这样可能会耽误幼儿学话的进程。家长要习惯用规范的发音与幼儿对话，要善于抓住一切机会鼓励幼儿大胆说话。

智力发育

宝宝会对陌生人表示新奇，很喜欢看小朋友们的集体游戏活动，但并不一定想去参与，爱单独玩。喜欢自己玩喜爱的玩具，女孩子常会像大人一样抱着布娃娃，开始模仿大人做家务如铺床、扫地等。

因不用奶瓶吃奶，宝宝更喜欢吸吮手指了，特别在睡觉之前，躺在床上，一边吸吮手指，一边东张西望。

很难坐下来安静地吃饭，总是走来走去。当有什么事情做不好、不顺心时，他还会发脾气、哭闹。

宝宝喜欢规律的生活，他们对所有突然的变化都会表示反对，比如，从奶奶家搬到姥姥家居住，他会不适应，会哭闹；或者去幼儿园、托儿所，他们也需要很多天来适应。

>> 温馨提示

好的音乐能促进智力发展

音乐能促进宝宝智力的发展，提高宝宝对情感的感受和体验能力。在宝宝学会说话之前，优美健康的音乐能不失时机地为宝宝的右脑发育增加特殊的营养。

科学喂养

1岁零7~9个月宝宝的喂养特点

有的孩子快2岁了，仍然只爱吃流质食物，不爱吃固体食物。这主要是咀嚼习惯没有养成，2岁的孩子，牙齿快出齐了，咀嚼已经不成问题。所以，对于快2岁还没养成咀嚼习惯的孩子只能加强锻炼而不能任其吃流食。有的家长图省事，让孩子继续用奶瓶，这对幼儿心理发育是不利的。

孩子对甜味特别敏感，喝惯了糖水的孩子，就不愿喝白开水。但是甜水喝多了，既会损坏牙齿，又会影响食欲。家长不要给孩子养成只喝糖水的习惯，已经形成习惯的，可以逐渐地减低糖水的浓度。吃糖也要限定时间和次数，一般每天不超过2块糖，慢慢纠正这种习惯，你会发现，糖吃得少了，糖水喝得少了，孩子的食欲却增加了。这个阶段的孩子每天吃多少合适呢？每个孩子的情况不同。一般来说，每天应保证主食100~150克，蔬菜150~250克，牛奶250毫升，豆类及豆制品10~20克，肉类25克左右，鸡蛋1个，水果40克左右，糖20克左右，油10毫升左右。另外，要注意给孩子吃点粗粮，粗粮含有大量的蛋白质、脂肪、铁、磷、钙、维生素、纤维素等，都是小儿生长发育所必需的营养物质。将近2岁的孩子可以吃些玉米面粥、馍片等。

一日三餐的配餐原则：

(1)每日要把主要的营养搭配到三餐之中，做到营养均衡。

(2)每天吃的食物品种尽量多。

(3)每天的蔬菜黄绿色占一半以上。

(4)给幼儿的饭菜要花样翻新。

(5)食物尽量软烂，肉和菜要切细，饭要软些。

(6)可以用豆浆代替一部分牛奶。

(7)粗细搭配，适当吃些粗粮。

(8)水果不能代替蔬菜。

(9)不宜多吃油炸食物。

营养与智力发育

把粗粮磨成面粉、压成泥、熬成粥或与其他食物混合加工成花样翻新的美味食品，使粗粮变得可口，增进食欲，能提高人体对粗粮营养的吸收率，满足宝宝身体发育的需求。许多科学家对不同国家的儿童的智力发育与营养关系进行了研究，发现营养不足的孩子反应性、想象力、智力都不如营养良好的儿童。日本的科学家曾对6对1~3岁的双胞胎进行对比研究，给每对中的一个改善蛋白质的质与量(补充了几种必需的氨基酸)，经过两三年后，补充氨基酸的与没补充的相比其智力要高出10倍以上。营养差的孩子认识事物反应性慢，思维的能力偏低，记忆力和语言表达能力均差，自然影响孩子的学习成绩。如果发现孩子营养不良，家长应及时采取措施，在医生的指导下给孩子制定合理的食谱，改善营养状况。

夏季宝宝饮食的注意事项

夏季由于天热，宝宝都不愿意吃饭，如若调养不慎，宝宝容易发生肠胃炎、中暑、苦夏等病症。夏季宝宝的饮食应该注意以下两点：

1. 荤素搭配，保持营养平衡。

2. 饮食注意三宜与三忌。

(1)三宜

①食物适当咸些。宝宝出汗过多，排出的盐分往往超过摄入量，易出现头晕、乏力、中暑等症。在菜肴中适当多放些盐，可补充宝宝体内盐分的丢失。但不宜吃盐过多，否则有害无益。

②菜肴适宜用醋。夏季人体需要大量维生素C，在烹调时放点醋，不仅味鲜可口，增加食欲，还有保护维生素C的功效。醋有收敛止汗、助消化的功效，对夏季宝宝肠道传染病有一定预防作用。

③用膳必有汤。汤的种类很多，易于消化吸收，且营养丰富，并有解热祛暑等作用。夏季小儿进食，更应该有菜有汤、干稀搭配。

(2)三忌

①忌狂饮。宝宝大量喝水，能冲淡胃液而影响消化功能，还会引起反射性排汗亢进等。

②忌多吃冷食。宝宝偏嗜冷食如雪糕、冰制品等，会损伤脾脏，引起食欲缺乏、腹痛腹泻、消化不良等症。

③忌喝汽水过量、过急。宝宝过多饮用汽水，会降低消化与杀菌能力，使脏腑功能降低，影响食欲。

>> 爱心妈妈育儿经

不适于婴幼儿食用的食物

一般生硬、带壳、粗糙、过于油腻及带刺激性的食物对幼儿都不相宜。有的食物需要加工后才能给孩子食用。

>> 新手妈妈大课堂

健脑食品

(1)豆类：对于大脑发育来说，豆类是不可缺少的植物蛋白质，黄豆、花生米、豌豆等都有很高的营养价值。

(2)糙米杂粮：要给孩子多吃杂粮，包括糯米、玉米、小米、红小豆、绿豆等。

(3)动物内脏：动物肝、肾、脑、肚等，补血又健脑，是孩子很好的营养品。

(4)鱼虾类及其他：鱼虾、蛋黄等食品中含有一种胆碱物质，这种物质进入人体后，能被大脑从血液中直接吸收，在脑中转化成乙酰胆碱，可提高脑细胞的功能。尤其是蛋黄，含卵磷脂较多，被分解后能放出较多的胆碱，所以小儿最好每日吃点蛋黄和鱼肉等食品。

宝宝吃冷食要适量

父母如果让宝宝在夏季吃优质、适量的冷食，可以使宝宝健康愉快地度过酷暑。夏天的高温会使宝宝的唾液和胃液分泌减少，引起食欲缺乏。而食用冷食可使宝宝感到凉爽，并能调节消化系统的功能。

冷食虽能防暑降温，但宝宝吃冷食过多会使胃肠骤然受凉，引起胃肠不规则收缩，导致腹痛。冷刺激也会使胃肠蠕动加快，血流减少，使食物未能很好地吸收便被排出体外，容易引起宝宝消化不良。冷食中的牛奶、糖、淀粉等营养成分进入消化道以后，需占用一定量的消化液去进行消化，从而影响宝宝正常饮食的消化吸收。冷食中的营养成分与正餐食物相比，实在少得可怜，根本不能满足宝宝的营养需要。

值得注意的是，1 岁以内的宝宝吃冷食过多，容易引起肠套叠。肠套叠的早期症状为阵发性腹痛，可引起宝宝阵发性哭闹，并伴呕吐，在腹部能摸到肿块，发现这些情况后应该去医院就诊，以免引起肠坏死。炎热的夏天，父母要为想吃冷食的宝宝选择优质的冷食，如冰激凌、雪糕等，或其他专为儿童制成的冷饮。父母特别要注意不要让宝宝多吃，以免影响宝宝的健康。如果宝宝因为口渴要吃冷食，父母应设法让宝宝少量多次地喝点温开水，冷食并不能解渴。父母应该避免让宝宝在刚吃完饭或刚喝完热水之后立即食用冷食，防止宝宝腹痛。

>> 新手妈妈大课堂

汤泡饭不利于消化

有的幼儿不爱吃菜，却喜欢用汤或水泡饭吃。这样，很多饭粒还没有嚼烂就咽下去了，自然加重了胃的负担。而水又冲淡了胃液，影响胃的消化功能，因此经常吃汤泡饭容易得胃病。幼儿活动量大，消耗的水分多，往往因贪玩顾不上喝水，吃饭时感到干渴。家长应在饭前 0.5 ~1 小时让孩子喝些水，吃饭的时候不要让他用汤或水泡饭。

不可缺少的物质——无机盐

人体内含有许多种无机盐，虽然需要的数量不多，每天只有几克、几毫克甚至几微克，但这些盐类在身体中可以分解出来的各种离子都有着各自的特殊功能。它们虽然不能为人体供给热量，但是对维持人体正常生理功能却是不可缺少的物质。人体内的无机盐分为大量元素和微量元素两类，大量元素有钙、磷、钠、钾、氯等;微量元素有铁、锌、铜、碘等。每种元素在调节生理功能方面都有着极其重要的作用,缺乏时或者过多时都会造成人体功能失调,甚至影响人的生命。无机盐中与婴幼儿关系最大的有钙、铁、钾、碘、锌、钠等数种。

钙是骨骼和牙齿的主要成分,并与神经、肌肉的正常生理功能有关。如果供应不足或钙的吸收不良均会发生维生素 D 缺乏病,严重低钙者会发生抽风、肌肉震颤或心脏停搏。

钠、钾、氯是调节人体的体液渗透压、水和电解质平衡、酸碱平衡的主要元素。众所周知,食盐的主要成分是钠和氯,被人体吸收之后的钠和氯离子对保持体液渗透压力的稳定性起着决定性作用,渗透压过高或过低都会发生机体功能紊乱甚至影响生命。缺乏钠离子时,就会造成体液渗透压过低,则会出现尿多、浮肿、乏力、恶心、心力衰竭等;钠离子含量过高时,又会造成体液渗透压升高,这时人就会发生口渴、少尿、肌肉发硬、抽风、昏迷甚至死亡。而体内钾离子过多或过少都会发生全身肌肉无力、瘫软、心跳无力、心力衰竭、精神萎靡不振、嗜睡、昏迷甚至死亡。婴幼儿时期的孩子如果出现严重的呕吐、腹泻时,常会导致钠离子、钾离子的丢失,家长要在医生的指导下,及时给孩子补充才行。

>> 温馨提示

市售的乳酸菌饮料虽然也标明含有乳酸菌、牛奶等成分,并且也都冠以“某某奶”,但实际上其中只含有少量的牛奶。其中蛋白质、脂肪、铁及维生素的含量都远低于牛奶。比如,一般酸奶的蛋白质含量都在 3% 左右,而乳酸菌饮料只有 1%。因此从营养价值上看,乳酸菌饮料远不如酸奶,绝对不能用乳酸菌饮料代替牛奶、酸奶来喂宝宝。

铁是人体血红蛋白和肌红蛋白的重要原料,铁摄入不足,就会发生营养性缺铁性贫血而影响氧气的运输,影响生长发育和智力的发展。锌在人体内可构成 50 多种酶,还构成胰岛素,促进蛋白质合成和生长发育,缺锌的小儿会患矮小症、贫血、生长停滞、皮肤损伤。碘能维持甲状腺的正常生理功能,是制造甲状腺素的原料,缺乏时引起甲状腺功能低下,导致小儿体格发育异常和智力障碍。无机盐是生活的必需品,更是人体健康不能缺少的物质,在婴幼儿的膳食中,家长必须注意适量补充无机盐。

科学护理

预防宝宝肘部脱位

1岁半以上的宝宝活泼、好奇而且好动，经常出现肘部关节的损伤，易发生桡骨头半脱位。因为幼儿时期肘关节囊及肘部韧带松弛薄弱，在突然用力牵拉时易造成桡骨头半脱位。家长在给宝宝穿衣服时，动作过猛，宝宝不听话，大人突然用力的牵拉均可造成脱位。如果出现过一次肘关节脱位，很容易再出现第二次、第三次，形成习惯性半脱位。

桡骨头半脱位以后，宝宝会立即感到疼痛并哭闹，肘关节呈半屈状下垂，不能活动。到医院复位后，疼痛自然消失，可以抬肘拿东西。

怎么给宝宝滴眼药水

给宝宝滴眼药水，家长要先洗手，拿过眼药水瓶，看清药，不要将滴鼻剂等误滴，然后让宝宝头向后仰，向上看。家长用左手拇指和食指轻轻分开宝宝的上、下眼睑，右手拿药水瓶先挤出一滴弃掉，然后从离宝宝眼约2厘米的高度滴下药水，要滴在白眼球上，别碰睫毛，再用左手拇指和食指轻轻捏上眼睑，让药充满结膜。随后轻压内侧眼角，防止药水流进鼻子。让宝宝闭眼2分钟即可。

宝宝多大时刷牙好

1岁以上的宝宝有一个显著的特征，就是模仿能力强。父母和周围的小朋友刷牙时，他们很乐意学着做，对于这种好奇心要注意保护。

预防乳牙龋齿的最重要时期，是牙齿开始萌出，到萌出后3年内。但对于才1

岁多的宝宝来说,牙齿的清洁工作基本上要依靠家长的帮助才能完成。

1岁多的宝宝就可以开始模仿刷牙,刷牙的方法自然也不能讲究规范了。这么大的宝宝大都是将牙刷含在嘴内,边玩边咬,进行简单的横拉动作,这时候要注意防止牙刷损伤宝宝的牙龈及口腔软组织,最好选用软一点的磨毛儿童牙刷或橡胶头儿童牙刷。另外,因为这个时期的宝宝暂时还不会漱口,也不会把漱口水吐出,因此,可暂时不用牙膏,改用淡淡的冷盐开水来刷牙和漱口,因为冷盐开水有消毒杀菌、清洁牙齿的作用。同时,即使宝宝把冷盐开水咽下也对身体健康无害。

真正规范的刷牙,一般要从2岁左右开始学习。

宝宝哪些情况下不宜洗澡

给宝宝洗澡是一种很好的皮肤锻炼。特别是天暖后,皮肤容易大量出汗,应当经常给宝宝洗澡。

>> 专家答疑

宝宝洗澡的注意事项

(1)宝宝饭后不要马上洗澡。宝宝刚吃完饭,大部分血液会集中在胃肠部位,有利于食物的消化及营养的吸收。如果饭后马上洗澡,血液重新调配,分散在体表层,影响胃肠消化功能,而出现腹泻、消化不良等症状。所以洗澡应在饭后30分钟较为宜。

(2)宝宝在洗浴前应当先做好准备工作。先放冷水,再放热水,用手背试温,调好后再把宝宝带入,否则会引起烫伤。

(3)宝宝洗浴后,尽快用浴巾把身体擦干,不要留下水珠,否则会带走体表热量,让宝宝感到冷,以致感冒、发热。

(4)宝宝过于兴奋后,也不要马上洗澡,因为宝宝自我调节能力较差,过于兴奋后,呼吸和脉搏要在大约20分钟后才能恢复平稳,如果马上洗澡,会出现头晕、出冷汗等症状,影响宝宝的正常发育。

但出现下列情况时,要暂停给宝宝洗澡:

(1)发热、呕吐、频繁腹泻时,不能给宝宝洗澡。因为洗澡后宝宝全身毛细血管会扩张,容易导致急性脑缺血、缺氧而发生虚脱和休克。

(2)宝宝打不起精神,不想吃东西甚至拒绝进食,有时还表现出伤心、爱哭,这可能是宝宝生病的先兆,或者已经生病了。这种情况下给宝宝洗澡,会导致宝宝发烧或加剧病情的发展。发烧经过治疗,退烧不到两昼夜(即48小时)以内时,是不宜洗澡的。因为发烧后的宝宝抵抗力极差,很容易导致再次受到外感风寒而引起再次发烧。

(3)如果遇上宝宝发生烧伤、烫伤、外伤,或有脓疱疮、荨麻疹、水痘、麻疹等,不宜给宝宝洗澡。这是因为宝宝身体的局部已经有不同程度的破损、炎症和水肿,洗澡会进一步损伤宝宝的身体,引起感染。

宝宝晚上睡觉为什么爱出汗

有些1岁以下的宝宝晚上睡觉总是出汗,夏季自然是大汗淋漓,有时冬季寒冷的时候甚至也会看到入睡后宝宝的额头上会布满一层小汗珠,这是什么原因造成的呢?

一般而言,如果宝宝只是出汗多,但精神、面色、食欲均很好,吃、喝、玩、睡都正常,那就不是有病。那是因为宝宝新陈代谢旺盛,产热多,体温调节中枢又不太健全,调节能力差,只有通过出汗来进行体内散热,这是正常的生理现象。父母要做的,就是经常给宝宝擦汗。

但若宝宝出汗频繁,且与周围环境温度不成比例,尤其是夜间入睡后出汗多,同时伴有其他症状,如低热、食欲不振、睡眠不稳、易惊等,就说明宝宝有些缺钙。另外还有方颅、肋外翻、O形腿、X形腿等症状,则说明缺钙较严重,需合理补充钙及鱼肝油。此外也有可能是患有结核病和其他神经血管疾病以及慢性消耗性疾病造成的,这时父母应该带宝宝去医院检查,找出病因,及时治疗。

夏季可以给宝宝剃光头吗

夏天,宝宝的头发不宜留得过长,因为除了通过呼吸排出人体部分热量外,皮肤排汗是排出热量的主要途径。但给宝宝剃太短的头发或剃光头也不可取,那样会导致以下几种疾病发生:

(1)皮肤感染:剃短发或光头虽然在一定程度上可以帮助排汗,但汗液里的盐分也直接刺激皮肤,宝宝会觉得头皮瘙痒。另外,因宝宝头发较少,一出汗就会不自觉地用手去抓痒,一旦抓出伤痕,就很容易引起细菌感染。

(2)日光性皮炎:头发是天然的“遮阳伞”,可以使头部皮肤免受强烈的阳光刺激。如果宝宝头发过短或根本没有头发,无疑等于失去“遮阳伞”保护,从而增加了患日光性皮炎的可能。

(3)损坏毛囊:剃短发或剃光头,增加了宝宝头部皮肤受创的机会。而宝宝头部皮肤的抓伤或玩耍时的磕碰所致的外伤,都可能会引发头部皮肤上出现细菌感染。如果细菌侵入宝宝头发根部,损坏毛囊,便会影响头发的正常生长,甚至导致谢顶。

宝宝被蚊虫叮咬后的处理

蚊叮虫咬是夏、秋季宝宝常见的皮肤损害。被叮咬的皮肤发生炎性反应,呈红色豆疹、风团或瘀点状。仔细观察在被叮咬处中央可见到蚊虫叮咬点,针头大小,呈暗红色,豆疹散在于皮肤暴露部位,如头面、四肢等处,有奇痒、烧灼或疼痛感。宝宝则烦躁、哭闹。不要让宝宝抓丘疹或丘疱疹,否则可引起继发感染。

对于蚊虫叮咬的处理,一般的处理方法主要是止痒,可外涂虫咬水、复方炉甘石洗剂,也可用市售的止痒清凉油等外涂药物。

同时,要注意经常给宝宝洗手,剪指甲,以防宝宝因为蚊虫叮咬后痒而搔抓叮咬处,导致继发感染。如果宝宝皮肤上被叮咬的数目过多,症状较重或有继发感染,最好尽快送宝宝去医院就诊,可遵医嘱内服抗生素消炎,同时及时清洗并消毒被叮咬的部位,适量涂抹红霉素软膏。

如果家里没有准备止痒清凉油等药物,妈妈可以将适量肥皂泡沫给宝宝涂抹止痒。蚊虫叮咬时,在蚊子的口器中分泌出一种有机酸——蚁酸,这种物质可引起肌肉酸痒。肥皂含高级脂肪酸的钠盐,这种脂肪酸的钠盐水解后显碱性,可迅速消除痛痒。

清除宝宝的耳屎

耳屎在医学上称为“耵聍”,是由外耳道中的耵聍腺分泌出来的浅黄色黏液状物质。当外界的灰尘进入外耳道时,被耳毛挡住,被黏液粘住,加上外耳道脱落的上皮细胞干燥以后形成一片片薄薄的耵聍附着在外耳壁上。由于人们不断地吃东西、说话,使下颌关节运动,把分泌的耵聍挤出去。

当外耳道患有慢性炎症或被堵塞时,外耳道的异物、分泌物增多,若与脱落的上皮细胞和进入外耳道的灰尘混合在一起,耵聍会很坚硬,如不及时清理,会使耵聍越积越多,堵塞了外耳道,还可以引起中耳炎。耳朵内的炎症常常会造成婴幼儿听力下降,甚至会造成耳聋,使宝宝落下终生残疾。因此有耵聍时应及时清理。

有些年轻父母喜欢用发夹、耳挖子给宝宝取耵聍,其实这是很不安全的,容易发生意外事故。耵聍会因人们的咀嚼动作和不断地说话，被移送到外耳道的外口附近，可以用棉签将其卷出来，若比较坚硬的耵聍，可滴少许苏打水或耵聍水将其泡松，再慢慢地取出。

给宝宝挑选鞋子

一般来说，穿鞋子除了美观之外，最主要的功能是保护脚。宝宝的脚长得快，特别是会站会走以后，选择一双大小合适的鞋子就非常重要了。因为宝宝还小，即使鞋子穿着不舒服也无法告诉妈妈，所以妈妈需要知道怎样为宝宝选择鞋袜才能有利于宝宝小脚的生长发育。

(1)看尺寸：宝宝的脚趾碰到鞋尖，脚后跟可塞进大人的一个手指为宜，太大与太小都不利于宝宝的脚部肌肉和韧带的发展。

(2)看面料：布面、布底制成的童鞋既舒适，透气性又好；软牛皮、软羊皮制作的童鞋，鞋底柔软有弹性，不仅舒适，而且安全。不要给宝宝穿人造鞋、塑料底的童鞋，因为它不透气，还易滑倒摔跤。

(3)看鞋面：鞋面要柔软，最好是光面，不带装饰物，以免宝宝在行走时被牵绊，以致发生意外。

(4)看鞋帮：刚学走路的宝宝，穿的鞋子一定要轻，鞋帮要高一些，最好能护住踝部。宝宝宜穿宽头鞋，以免脚趾在鞋中相互挤着影响脚的生长发育。鞋子最好用搭扣，不用鞋带，这样穿脱方便，又不会因鞋带脱落，踩上跌跤。

(5)看鞋底：会走以后，可以穿硬底鞋，但不可穿硬皮底鞋，以胶底、布底、牛筋底等行走舒适的鞋为宜。鞋底要富有弹性，用手弯可以弯曲，防滑，稍微带点鞋跟，可以防止宝宝走路后倾，平衡重心，鞋底不要太厚。

>> 爱心妈妈育儿经

给小孩穿开裆裤，是为了他大小便方便，以免弄湿裤子。穿开裆裤，宝宝容易受凉，而且不卫生。特别是小女孩，很容易发生尿道炎。所以当宝宝会控制大小便之后，就可以不穿开裆裤了。最好是从夏季开始，先穿死裤裆的短裤，逐渐学会大小便时脱裤子，以后再穿长裤子。到了冬季，可以在里边穿开裆衫裤、棉裤，外边套一条死裆裤，大小便时只要脱外边的裤子就行了。长到2~3岁就可以全部穿死裆裤了。

第四章

1 岁零 10 个月 ~2 岁

你也许能够和宝宝说上两三句话了。他正在学习新的词汇、了解语法，更好地描述自己的需要、愿望、想法等。随着他越来越意识到自己是一个独特的人，他会开始谈论自己，他正在做的事情以及他喜欢什么、不喜欢什么等。

发育特征

身体发育

体重：男童约 11.64 千克　女童约 11.62 千克
身长：男童约 89.06 厘米　女童约 87.42 厘米
头围：男童约 48.44 厘米　女童约 47.39 厘米
胸围：男童约 49.16 厘米　女童约 48.47 厘米
坐高：男童约 54.02 厘米　女童约 53.06 厘米
牙齿：此时宝宝大约萌出 16 颗乳牙，已萌出第二乳磨牙

动作发育

宝宝到了 2 岁时，脚步已经很稳固，可以随心所欲到处走动。这时的宝宝会到处跳来跳去，活动之强叫人吃不消。

现在的宝宝下半身变得很结实，所以很少跌倒，爬楼梯时不必扶着栏杆也能上下自如。

宝宝活泼好动，当然喜欢一些活动性的游戏。看到推或拉能动的交通工具，会自己坐上去看看，进展较快的宝宝 2 岁半后甚至会自己骑三轮车。

公园的游乐设施宝宝也玩得很好。虽然还不会自己荡秋千，但会爬上溜滑梯

的台阶，自己滑下来，也会抓着单杠让身体晃来晃去，在平衡台上也能走得很好。

很多人说运动神经与遗传资质有很大的关系，其实宝宝在婴儿期的训练对其影响最大。如果双亲不喜欢运动，宝宝在爸爸妈妈调教下自然不擅运动。宝宝从1~2岁起，就应该养成活动身体的习惯。

过度干涉会妨碍宝宝的运动能力，妈妈能做的是让他尽情地玩，自己在一旁小心看护。

语言发育

宝宝2岁后，语言能力急速发展，周围的东西几乎都知道名称。1岁时只有妈妈才听得懂的含糊发音，现在已经说得非常清楚，但所说的话还是以宝宝用语为主。

以前只会讲“妈妈”“爸爸”等两个字并列的单词，现在进步到会说文章式的双语了，如“去、那里”“妈妈、不在”。进展较快的宝宝甚至会组合“我也、想到、外面”等三个单元音的词。

这时宝宝的好奇心也很强，经常会问“这是什么？”大人所说的话会一而再、再而三地重复，也会一个人在旁喃喃自语或不断地练习新学的字音。

2岁以后，问他名字他会清楚地说出名和姓，也会说出自己的小名。

这个时期字音虽然增加，但是还不能充分地表现出来，说话时经常夹杂着“啊”“这个”之类的间歇语。遇到这种情形，妈妈应巧妙地引导他，让他把要说的话说出来。

心理发育

喜欢把物品拆开研究，把周围物品摆来摆去，帮助大人做事，喜欢玩球，听短故事，模仿大人动作，指认书中物品。

喜欢学唱儿歌，用笔在纸上做记号，喜欢奔跑，将钉、栓塞入孔中，堆搭积木，扳弄开关。

爱听小故事，做“藏猫猫”游戏，能用线穿珠子，指认书中图画，会跳上、跳下台阶，念简短儿歌。

智力发育

宝宝到了2岁时，“不要”“讨厌”之类的拒绝词逐渐出现在日常对话中，而且越来越繁，在此之前宝宝一直都很听话，所以有的妈妈会担心宝宝是不是有叛逆倾向。其实这是因为宝宝自主性及独立性开始萌芽，才会出现这种现象，相反，对凡事顺从的宝宝爸爸妈妈才应该担心。

玩游戏也倾向智能性的玩法，喜欢拿起话筒玩对话游戏，玩积木时也会出现这种情况。

由于好奇心非常强，不管玩什么都不长久，马上又开始另一玩法。在大人的眼里，总觉得这样不够稳重，但这是正常现象，每个宝宝都会有这种举动。

过了1岁以后，宝宝很喜欢看电视上的儿童节目，到了2岁左右，由于情绪有显著的发展，会随着电视或图画书上的剧情或哭或笑。让宝宝看电视的做法毁誉参半，有的论调认为小孩看电视，可以促进智能发展，有的认为剧情会对小孩的人格造成影响。要小孩完全不看是不可能的，唯一的办法是帮他选择适当的节目，绝对不能让电视成为保姆。

这个阶段宝宝的记忆力也成熟了，他记起以前打针疼痛的经验，所以一走进医院就会放声大哭。

>> 温馨提示

这段时期的宝宝占有欲很强，不但自己的东西不借人，看到别人的东西又硬要，当然会与小同伴时时争吵，没有办法好好玩在一起。让他跟大一点的小孩玩，吵架现象会得到改善，同时也能渐渐了解游戏规则，培养社交性。

创造力也随着记忆力一起萌芽。这时候宝宝开始会使用工具，如果给他铅笔，一开始他会胡乱涂画，渐渐会画出圆形、四角形之类的图形。

2岁的宝宝可以用简单的会话和同年纪的小朋友沟通，所以宝宝喜欢和他们玩在一起，也能说出小朋友的名字。

这段时期宝宝因为渐渐理解各种感情，所以也能敏感地发现大人们的表情。这是一段麻烦期，不过不久他就有自制力了。大人用开朗、敦厚的心去培育宝宝，宝宝自然会养成正确的社交性。

科学喂养

1岁零10个月~2岁宝宝的科学喂养特点

1~2岁幼儿的食品不仅要有营养，且要易于消化吸收。若营养跟不上，再加上喂养不当，则易引起消化功能紊乱。机体抵抗力低下，影响幼儿的健康和生长发育。临床上所见的营养不良症往往在这个时期出现。由于幼儿的生理发育特点，其营养需求不但不同于婴儿，也不同于成人。饮食要求碎、软、细、烂、新鲜、清洁，避免辛辣，不要吃生拌的鱼虾蔬菜，并且要注意每日供给的各种营养物质是否充足。这个时期幼儿的主要营养品可为牛奶、大米粥、小米粥、豆浆，适当增加主食，以包子、面包片、饼干、蛋糕等软点为主。主要菜肴有青菜泥、肉松、鱼松、煮熟的胡萝卜片、碎肝泥、鱼汤、鸡汤、骨头汤等，以及香蕉、苹果泥、橘子瓣等。每日的食品应合理地烹调，做成的菜和饭要细、烂、软，味道要香，以引起孩子的食欲。要给孩子喝适量的开水，水中可加入营养果汁等。

在我国，尤其是农村地区，1~2岁幼儿发生营养不良比较多见，主要是因为断乳前后饮食安排不合理所致。如断乳后即以谷类作为食物，很少添加肉、禽、鱼等副食品，并不再给其饮用乳品，可使得生长迟缓或停顿，发生各种营养不良性疾病。故在断奶前后更应平衡膳食，以防引起营养不良。膳食次数与断奶前相同，即每日4~5次。烹调方法要注意切碎煮烂，切忌给幼儿喂食油炸或刺激性食品。

1~2岁的孩子将陆续长出十几颗牙齿，但消化系统尚未成熟，因此还不能给他们吃大人的食物。要根据孩子的生理特点和营养需求制作可口的食物，保证其获得均衡营养。应该注意的是孩子的胃容量有限，宜少吃多餐。1岁半以前可以给孩子三餐以外加两次点心，1岁半以后减为三餐一点。但是加点心时要注意适量，不能过多，时间不能距正餐太近，以免影响正餐食欲，更不能随意给孩子零食，否则时间长了会造成营养失衡。

>> 新手妈妈大课堂

幼儿食品的制作

煎面包：把面包切成2厘米厚的片，每片中间再切条缝（不切断），在缝内抹一层果酱。然后将1个鸡蛋打入250毫升牛奶中搅匀，加少量糖，把夹果酱的面包放入牛奶中浸泡。平底锅放适量的油烧热，放入面包片煎成两面金黄色即可食用。

蒸蛋糕：大油50克，温化，白糖250克，放盆中搅拌，边搅边打入鸡蛋5个。搅成白色稠糊状，再加300克面粉搅成面糊。可放适量切碎的果料。然后将面糊倒入模中蒸熟。

选购有益宝宝健康的零食

幼儿都爱吃些零食，什么零食对幼儿有益呢？该怎么吃呢？这是父母们最关心的问题。

1. 奶制品

各种奶制品（如酸奶、纯牛奶、奶酪等）含有优质的蛋白质、脂肪、糖、钙等营养素，幼儿应每天食用。酸奶、奶酪可作为一天中的加餐，牛奶可早上和晚上睡前饮用。

2. 水果

水果含有较多的糖类、无机盐、维生素和有机酸，经常吃水果能增进食欲，帮助消化，对幼儿生长发育是极为有益的。所以，幼儿每天饭后应吃适量水果。要给幼儿选用成熟的、没有腐败变质的水果，不成熟的水果含琥珀酸，琥珀酸能强烈刺激胃肠道，影响幼儿的消化功能，腐败的水果能引起胃肠道炎症。

3. 糕点

糕点（饼干、蛋糕、面包等）含蛋白质、脂肪、糖等，各式奶油花点还含有色素、香精、添加剂，因此糕点可作为幼儿下午的加餐，以补充热能。糕点不能作为主食，让幼儿随意吃，尤其是不能在饭前吃。

4. 山楂制品

山楂糕、山楂片、果丹皮等，富含维生素C，又能帮助消化，饭后适量进食可帮助幼儿消化，增进食欲。

5. 糖果

糖果含有大量的糖，能提供热能，但不宜多吃，尤其是饭前不宜吃糖果，因为糖能使幼儿有饱腹感，从而影响正餐的进食量。

幼儿不宜食用各类果仁、果冻，容易造成呛咳、窒息。如果要吃，一定要有大人照看，而且幼儿吃时不能跑、跳或逗笑，以免呛入呼吸道发生危险。

养成喝水的习惯

水是人类和动物赖以生存的主要条件之一。婴幼儿处于生长发育时期，新陈代谢旺盛，肾的浓缩功能差，排尿量相对多，对水的需要更为突出。所以，年龄越小，需水量越多，父母应注意及时给婴幼儿补充水分。

为了保证婴幼儿饮入充足的水分，每天应安排固定的饮水时间。此外，家长还应注意纠正婴幼儿不良的饮水习惯，饭前、饭后 1 小时之内不喝水。婴幼儿消化液中各种消化酶的功能和数量一般比成年人要差，饭前、饭后饮水会稀释消化液，进一步减弱消化液的功能，长此以往可能导致消化不良。此外，饭前饮大量的水会使小儿产生饱胀感，降低食欲，影响正常的饮食，长期如此会导致营养不良。

1. 不能边吃饭、边饮水或吃水泡饭

吃饭时饮水也会稀释消化液。更糟糕的是，边吃饭边饮水或吃水泡饭常常会使食物得不到充分地咀嚼。我们知道，食物消化的第一个过程就是咀嚼。只有得到充分咀嚼，粉碎得很细的食物才容易被消化吸收。吃饭时饮水或吃水泡饭时，较大块的食物还没有被嚼碎就滑进了消化道，这实际是加重了消化道的工作负担，并影响了消化吸收。

>> 温馨提示

婴幼儿缺水往往易被忽视，除注意补充水分、预防婴幼儿缺水之外，家长还要掌握如何判断婴幼儿是否缺水。主要看孩子排出的小便量，如在一天内或者一个上午排尿次数特别少，并且每次尿量也不多，就应让孩子多喝水。

2. 睡觉前不喝水

婴幼儿肾脏功能较成人差，一般夜间还会有排尿出现，这是肾脏在完成白天没有完成的工作。如果睡前饮大量的水，只会加重肾脏的负担，并影响婴幼儿的睡眠。

3. 不能用饮料代替喝水

现在很多孩子更喜欢喝饮料而不是水，有些家长就让孩子喝饮料代替饮水。饮料中常常含有大量的糖分，可使婴幼儿体内糖类摄入量过多，导致肥胖；同样也不能多喝糖水，饮糖水后，不注意漱口，易发生龋齿。

幼儿忌“积食”

幼儿的自我控制能力很差，只要是爱吃的食物，如糖豆、牛肉干、膨化食品就可能不住嘴地吃。每逢过节、假日，亲友聚会时，在丰盛的餐桌上，孩子贪吃了过量油腻、生冷、过于甜的饮食，胃就会胀得鼓鼓的，小肚子溜溜圆，从而引起消化不良，食欲减退，中医称其为“积食”。

幼儿积食后，会因为腹胀而不思饮食，有时恶心但又吐不出来，孩子的精神也会表现得萎靡不振，有时还会表现出睡眠不安稳。因为幼儿的消化系统发育得还不成熟，胃酸和消化酶的分泌较少，且消化酶的活性低，一下子很难适应过多的食物质和量的较大变化，加之神经系统对胃肠的调节功能较差，免疫功能欠佳，所以极易在外界因素的影响下发生胃肠道疾病。

幼儿积食的治疗，要先从调节饮食结构着手，还要适当控制进餐的量，食物应软、稀，易于消化（米汤、面汤之类），一般经过 6～12 小时，再进食易消化的蛋白质食物。

中药“小儿化食丸”对乳食内积所致肚子疼、食欲不好、烦躁多啼、大便干臭的治疗效果比较好，但不能久服，病除即止。鸡内金也是一种治疗幼儿积食的良药，可以在医师的指导下服用。

同时还要让孩子多到户外活动，增加运动量，也会促进新陈代谢，增加一些体能的消耗，也会有助于对食物的消化、吸收。家长要培养幼儿良好的饮食习惯，每餐定时、定量，才能避免“积食”发生。

>> 爱心妈妈育儿经

饭后不宜立即吃水果

水果中富含单糖类物质，它们通常被小肠吸收，但饭后它们却不易立即进入小肠而滞留于胃中。因为食物进入胃内，须经过 1～2 小时的消化过程，才能缓慢排出，饭后立即吃进的水果会被食物阻滞在胃内，如停留时间过长，单糖就会发酵而引起小儿腹胀、腹泻或胃酸过多、便秘等症状。

宝宝应多吃蔬菜

蔬菜在日常生活中的重要性仅次于粮食，它是我们每天必备的食品。蔬菜的品种很多，但它们的一个共同特点是含有极丰富的各类维生素、无机盐、纤维素。

除了本身的营养价值外，还能促进机体吸收蛋白质、糖类和脂肪。研究表明，仅吃动物蛋白在肠内吸收率为70%，若加吃蔬菜则可增加到90%左右。

白菜、黄瓜的主要成分是水，含水量达90%~96%，大多数蔬菜的含水量均在90%左右，当咀嚼蔬菜时，其内含的水分就可以稀释口腔里的糖质，使寄生在牙齿里的细菌不易生长繁殖，保护了牙齿。多纤维的蔬菜还能锻炼咀嚼肌及提高牙齿的坚固度。

>> 爱心妈妈育儿经

蔬菜在烹调时应先洗后切、现吃现做、急火快炒，以减少维生素的损失。有些蔬菜烧熟了，孩子不爱吃，可以洗干净了生吃，如黄瓜、西红柿等。

在幼儿食谱中经常变换选用蔬菜，孩子就能从不同的蔬菜中得到不同的营养素，以利于生长发育。如白萝卜的营养很丰富，除含维生素C外，还含维生素B、钙、磷、铁，因为它不含草酸，所以萝卜里含有的钙元素的吸收率就会较高；胡萝卜所含的营养也很丰富，含有糖类、脂肪、蛋白质、钙、磷、铜、维生素D和胡萝卜素，胡萝卜素在人体内可转化成维生素A；很多红颜色的蔬菜，也含有较多胡萝卜素，有助于婴幼儿的智力发育，并可增加细胞免疫功能，可以提高血红蛋白及血小板的功能而改变贫血和出血倾向。维生素C主要来源于白菜、油菜、菠菜、香菜、西红柿等；鲜豌豆、西红柿、菜花、白菜和菠菜可提供维生素K；新鲜菜叶中含有维生素P；含钾较多的菜包括西红柿、茄子、菠菜、油菜、香菜、大葱、萝卜、黄瓜等；含铁较多的菜包括芹菜、香菜、油菜和菠菜等。总之，蔬菜对人体的健康发育是必不可少的。

蔬菜除了提供大量营养物质外，还含有一种有用的物质——纤维素。纤维素是不能被人体吸收的，但它在肠道中可以促进肠蠕动，有助于排出粪便。但要注意的是，2岁左右的幼儿消化能力还比较弱，过于粗大的长纤维可能会引起孩子消化不良。因此，此时吃蔬菜还是应当切得细一些，尤其是芹菜、韭菜等含纤维素较多的蔬菜。

正确对待食欲缺乏的孩子

孩子出生后的第二年，食欲会有所下降。一方面是由于孩子身体的生长速度缓慢使得他对食物的需要量不那么大了。另一方面是因为一些其他因素干扰了他的食欲。如随着活动范围的扩大，他对食物的兴趣被转移了；随着独立意识的萌芽，使得他不那么听话了；随着味觉功能的进步，他会挑肥拣瘦了。

1岁以后，伴随走路、说话方面的进步，孩子变得好奇好动，环境中的大小变化都能引起他的兴趣，因而吃饭时候容易分心。他经常会被周围的其他人或事所打扰,影响吃饭的速度,有时甚至只顾看热闹,停下来不吃,使得喂他吃饭的父母十分不满。

如果孩子的运动量不够,他的食欲也会不好。有些父母很少让孩子外出活动和进行锻炼,孩子没有机会消耗体力,自然就少有饥饿感,使孩子看着饭却不想吃,懒洋洋的无精打采。

此外,缺乏微量元素锌,或在治疗疾病的过程中吃了影响肠胃正常功能的药物,或暂时换了环境引起孩子的情绪不稳定等,都会影响孩子的食欲。孩子长牙时嘴里会感到不舒服,饭量往往不及平时的一半。

如果父母忽略了孩子成长过程中的这样一些规律性的东西,就可能与孩子发生冲突。许多孩子面对父母费尽心机准备的各种食物就是没有胃口,如果在喂孩子吃饭的时候,你总是本着"多吃一口是一口"的宗旨强迫孩子进食,你一定要问问自己,这样做会不会使得孩子伤了胃口;如果在喂孩子吃饭的时候,你管不住自己的脾气,时不时地想训斥孩子的时候,你一定要问问自己,这样做会不会使孩子没了胃口。

边吃边玩害处多

婴幼儿一边吃饭一边玩是一种很坏的进食习惯,它既不科学又不卫生。因为正常情况下,人体在进餐期间血液会聚集到胃部,以加强对食物的消化与吸收。如果一边吃着饭一边玩,就会使得一部分血液被分配到身体的其他部位,从而减少了胃部的血流量,这样必然会影响到各种消化液的分泌,还会使得胃的蠕动减慢,妨碍对食物的充分消化,造成消化机能减弱,导致婴幼儿食欲缺乏。另外,如果吃几口就玩一会儿,必然使得进餐时间延长,使饭菜变凉,还容易被污染,也会影响胃肠道的消化功能,还会加重婴幼儿厌食。

边吃边玩的毛病不仅损害了婴幼儿的身体健康,也会使他们从小养成做什么事都不专心、不认真、注意力不集中的坏习惯。长大之后对待学习往往也是不专心，总想着一边玩一边学习，上课也不能安心听讲，使得老师和家长都为他烦恼，也影响他们对知识的获取。

为了改变幼儿边吃边玩的习惯，明智的家长要重视培养孩子定时、定地点吃饭的饮食行为，同时还要注意饭前1小时内不再给他们吃零食。如果两顿饭之间的零食吃得过多，不感到饥饿，他们就会在吃饭的时候心不在焉，就会坐不住。

>> 温馨提示

对待边吃边玩，不好好吃饭的孩子，大人要适当给予制止，可以绷着脸用严肃的表情告诉孩子这样不好，但不要恐吓或责备孩子，更不要一个人喂一个人在旁边用玩具逗着，这样更难纠正孩子边吃边玩的习惯。

另外，不能给幼儿吃过多的凉食、冷饮，以防伤了脾胃。吃饭定量，不能强迫幼儿进食。有的家长为了使孩子在吃饭的时候能够坐得住，就在吃饭时允许孩子看电视，易使孩子的心思滞留在电视节目里而不专心吃饭。或者给孩子一本图画书，或让孩子手里握着个玩具，让他一边摆弄一边吃饭，孩子的兴趣停留在图画书或者玩具上，只是跟随着大人的指令机械地张口，不去用心咀嚼和吞咽，怎么还会有食欲？家长给孩子做的饭菜花样要经常更新，也是把孩子的心思吸引到饭桌上来的办法。

科学护理

宝宝异食癖的原因

异食癖指宝宝爱吃一些非食物性的异物，如泥土、火柴头、墙皮、烂纸等。这样的宝宝并不是淘气，而是一种病态。

过去认为异食癖与肠道寄生虫有关，也就是说因为宝宝肚里有虫子，所以吃乱七八糟的东西。现在认为，异食癖与体内微量元素锌的缺乏有关。缺锌的宝宝，容易引起食欲不好，有异食的表现，同时发育较差。这样的宝宝应到医院查一下体内锌的含量。根据医生的建议，按年龄补充硫酸锌或葡萄糖酸锌等锌制剂，症状就能够缓解。

>> 专家答疑

含锌的食物有哪些

牡蛎、胰脏、肝脏、血、瘦肉、枸杞、西兰花、蛋、粗粮、核桃、花生、西瓜子、板栗、干贝、榛子、松子、腰果、杏仁、黄豆、银耳、小米、萝卜、海带、白菜等。

另外，家长要关心宝宝，调制可口的饮食，让宝宝吃好，增加营养。如果只是打骂宝宝，结果宝宝会在你看不见的时候仍然偷偷地吃异物。

宝宝维生素缺乏会引起什么病

维生素是维持人体正常生理功能所必需的营养素。对于婴幼儿，要保证从膳食中摄取到适量的维生素，以促进身体的正常发育，如果人体缺乏维生素，就会引起疾病。

1. 维生素A缺乏症

维生素A的主要功用是促进生长、保持一切黏膜及上皮组织的正常结构，维生素A还是合成眼睛视网膜视紫质的重要成分，若体内缺乏维生素A，宝宝就会出现生长停滞，上皮组织角化，抵抗力下降，易感冒，皮肤相对干而粗糙，易患“夜盲症”和“干眼病”。

2. 维生素D缺乏症

维生素D的种类很多，但只有维生素D_2和维生素D_3比较重要，维生素D_2主要来自于植物性食物，如薯类等，各种植物油中所含的麦角固醇，经阳光照射后，也能转化成维生素D_2。维生素D_3主要来自于动物性食物，如肝、乳、奶油、蛋黄和鱼肝油等，此外，维生素D还可由太阳光照射皮肤而合成。维生素D缺乏常表现为佝偻病，并可导致脊柱弯曲、胸畸形、弓形腿、骨骼软化和牙齿损坏等。

3. 维生素B_1缺乏症

维生素B_1是糖代谢中丙酮酸氧化脱酸酶辅酶的重要成分。体内缺乏维生素B_1时，这种酶的合成受阻，糖代谢就无法进行，丙酮酸就会在体内堆积，刺激中枢神经，使大脑皮质反射产生“多发性神经炎”。体内缺少维生素B_1时，就会出现肠蠕动减慢、消化不良或食欲不振等现象，双腿酸软无力或伴有下肢水肿，易出现便秘、脚气病、腿肚子抽筋以及抑郁症等。

4. 维生素 B_2 缺乏症

维生素 B_2 和维生素 B_1 一样，是一种水溶性维生素，不仅不耐高温，而且易被碱和日光破坏。维生素 B_2 缺乏伴有感冒时易患角膜炎、眼睛怕强光刺激、眼视力疲劳、嘴角干裂以及舌炎等。

5. 维生素 C 缺乏症

维生素 C 在人体内不能自己合成，必须由食物提供。各种酸味重的水果如番茄、山楂、鲜枣以及各种新鲜绿叶菜都是维生素 C 的良好食物来源，动物性食物中含维生素 C 较少。维生素 C 是一种水溶性维生素，性质极不稳定。体内缺乏时常表现为体弱、掉牙、伤口易出血、不易愈合等症状。

宝宝饮食与身高有关吗

宝宝的身高与遗传和环境有关系，宝宝从出生到成人，身高的因素有 75% 取决于遗传，另外 25% 的因素取决于环境和生活条件及营养等。

人体的身高取决于骨骼的发育。骨骼是由有机物和无机物构成的。有机物主要是胶原蛋白和黏蛋白，无机物则主要是钙和磷。在生长高峰期，由于机体所需的营养素增多，所以多吃些含钙多的食物有助于骨骼的发育；多吃些高蛋白质的物质有助于肌肉的生长。其中特别是构成蛋白质组成的氨基酸之一的赖氨酸，它不仅可以提高人体对钙的吸收，促进骨骼的生长，更重要的是它能平衡体内氨基酸的配套，使各种氨基酸平衡，从而促进肌肉和骨骼的正常发育。

>> 温馨提示

富含胶原蛋白和黏蛋白的食品有：肉皮、猪蹄、鸡、鱼以及鳖等。

富含钙的食物有：虾皮、海带、豆制品、西瓜子和南瓜子等。

富含磷的食物有：杏仁、干豆类、鸡蛋、木耳、海带和南瓜子等。一般情况下，钙和磷的比例以 1∶1 为好。

不要带宝宝到马路边玩

我们提倡宝宝多到户外玩，多晒太阳，但不赞成常抱宝宝在路边玩。

马路上车多人多，宝宝爱看，大人也爱看。父母认为，只要把宝宝看好，不碰着宝宝，在路边玩要很省事。其实，马路两边是污染最严重的地方，对宝宝和大人都极有害。

汽车在马路上跑，汽车排放的废气中含有大量的一氧化碳、碳氢化合物等有害气体，马路上含汽车尾气的污染是最严重的；马路上各种汽车鸣笛声、刹车声、发动机声等噪声影响宝宝的听力；马路上的扬尘，含有各种有害物质和病菌、微生物，会损害宝宝的健康。

带宝宝玩耍，要到公园、郊外等空气新鲜的地方。

宝宝过好夏天要多留心

在夏天，宝宝（特别是2岁以前的婴幼儿）调节体温的中枢神经系统还没有发育完善，对外界的高温不能适应，加上炎热气候的影响，使胃肠道分泌液减少，容易造成消化功能下降，很容易得病。所以妈妈要注意夏天的保健工作，让宝宝健康地过好夏天。

（1）衣着要柔软、轻薄、透气性强。宝宝衣服的样式要简单，像小背心、三角裤、小短裙，既能吸汗又穿脱方便，容易洗涤。衣服不要用化纤的料子，最好用布、纱、丝绸等吸水性强、透气性好的布料，宝宝不容易得皮炎或生痱子。

（2）食物应既富有营养又讲究卫生。夏天，宝宝宜食用清淡而富有营养的食物，少吃油炸、煎烹等油腻食物。

夏天给宝宝喂牛奶的饮具要消毒。鲜牛奶要随购随饮，其他饮料也一样。放置不要超过4小时，如超过4小时，应煮沸再服用。察觉到变质，千万不要让宝宝食用，以免引起消化道疾病。

另外，生吃瓜果要洗净、消毒，水果必须洗净后削皮再食用。夏季，细菌繁殖很快，宝宝抵抗力差，很容易引起腹泻。所以，冷饮之类的食物不要给宝宝多吃。

（3）勤洗澡。每天可洗1~2次。

>> 新手妈妈大课堂

浴后按摩背部好处多

浴后让宝宝趴在铺于软垫上的毛巾上面，家长可以跪在他身旁，两手并排轻放于宝宝的后颈部，慢慢地左右移动，往下一直按摩到臀部，然后用相同的方法从下按摩到后颈部，有的宝宝在按摩时能安然入睡，有的则精力充沛兴奋得手舞足蹈。此法对宝宝的触觉智能最有益。

（4）保证宝宝有足够的睡眠。无论如何，也要保证宝宝足够的睡眠时间。夏天宝宝睡着后，往往身上会出许多汗，此时切记不要开电风扇，以免宝宝着凉。既要避免宝宝睡时穿得太多，也不可让宝宝赤身裸体睡觉。睡觉时应该在宝宝肚子上盖一条薄的小毛巾被。

(5)补充水分。夏天出汗多,妈妈要给宝宝补充水分。否则,会使宝宝因体内水分减少而发生口渴、尿少。西瓜汁不但能消暑解渴,还能补充糖类与维生素等营养物质,应给宝宝适当饮用一些,但不可喂得太多而伤脾胃。

带宝宝游泳要注意什么

游永是非常适合宝宝的一项运动。经常让宝宝嬉水和游泳,能增进食欲和安静的睡眠,有利于体格发育,并可显著减少皮肤病和呼吸道感染等疾病。同时,游泳是水浴、空气浴、日光浴三者相结合的全面性运动,可以促进宝宝智力开发,培养勇敢、敏捷、意志顽强的个性。可见,宝宝游泳好处多多,但是妈妈也要掌握一些必要的注意事项,否则会给宝宝带来伤害。

(1)看宝宝是否吃饱,通常要在宝宝吃奶后半小时到1小时左右。

(2)水温要在36~38℃,月龄小的宝宝水温高一些,月龄大的宝宝水温低一些。

(3)宝宝游泳应在大澡盆或游泳池内进行,要由大人带着一起下水。开始扶住宝宝腋下在水中上下浮动,也可以平卧在水中而露出头部。宝宝习惯后,可以托住他的头和身体在水中移动前进,让四肢自由划动。让宝宝入水时有一定的适应过程,千万不可直接放入水中,避免惊吓到宝宝。

(4)在宝宝游泳时,妈妈不能离开宝宝半臂之内,不能暂时丢下宝宝去接电话、开门、关火等,如果必须去,一定要把宝宝用浴巾包好抱在怀里,以防止意外发生。

(5)用游戏圈的话,注意泳圈的型号和宝宝是否匹配,泳圈的内径要稍稍大于宝宝的颈圈。给宝宝套圈时动作要轻柔,入水时动作要缓慢。另外,在泳池里面放一些会发声的充气玩具,会给宝宝带来很多乐趣。

怎样引导宝宝吃零食

不要片面地认为吃零食一定会影响宝宝的食欲,让宝宝变得肥胖,其实,只要吃得科学,零食一样可以为宝宝成长发育提供多种维生素和微量元素。尤其是对于不好好吃正餐的宝宝来说,吃零食是一种补充营养和热量的有效方法。

零食的选择:

新鲜蔬果、牛奶、酸奶、蛋类、面包、饼干等。

薯条、炸鸡、糖果、巧克力、火腿肠、咸菜咸肉、可乐及各种软饮料等属于高糖、高盐、高脂肪食品。

妈妈首先要明确认识一点，零食只能作为正餐的补充，永远不能代替正餐，所以吃零食的前提一定要是当宝宝感到饥饿的时候，一般安排在两顿正餐之间，食用量一定不能超过正餐。每天的食用次数也不能过多，最好不要超过3次，因为即使每次都吃得很少，如果次数过多的话也会积少成多，影响宝宝正餐的食欲。还要注意卫生，吃零食前后都要给宝宝洗手。

>> 专家答疑

宝宝特别爱吃零食，只要妈妈不给，他就哭闹，怎么办？

针对这样的宝宝，要使用一些方法去引导，强行制止是没有用的。例如，宝宝想喝饮料时，就可以趁机告诉宝宝，喝果汁比喝可乐好，或者自己动手用健康食材做一些颜色鲜艳、形状新奇可爱的小点心代替零食来吸引宝宝。总之，方法要得当，态度要温和，生硬地制止只会让宝宝心理产生挫折感，使问题变得更加严重。

第四篇

2~3岁宝宝的喂养与护理

第一章

2 岁零 1～3 个月

你的宝宝多半能自己穿上一两件衣服，说出身体各主要部位的名称了。他也许还能认出几种颜色或听出某个朋友的名字。等他越来越能意识到别人的想法和感受时，他就会变得更喜欢和其他孩子一起玩，而不只是待在一旁。

发育特征

身体发育

体重：男宝宝 12.10～12.68 千克　女宝宝 11.66～12.24 千克
身高：男宝宝 88.45～90.69 厘米　女宝宝 86.6～87.9 厘米
头围：男宝宝 47.44～48.5 厘米　女宝宝 47.2～48.2 厘米
胸围：男宝宝 48.65～49.8 厘米　女宝宝 48.2～9.4 厘米
牙齿：16～18 颗

体格发育

2 岁后，宝宝体重增加缓慢，每年约 2 千克。颌面骨发育及面形渐变长。

语言、适应性行为发育

宝宝学会并记住家中各个人物的称呼，如爷爷、奶奶、姥爷、姥姥、小姨等。开始学会用代词你、我。能说完整句子，“妈妈上班了”“我要吃香蕉”。能分辨清楚长铅笔和短铅笔。吃苹果能分辨出多少。能知道桌上桌下、身体的前面后面。能知道爸爸是男的、妈妈是女的，也知道自己的性别。

到户外玩耍后能知道自己家的门，会走回家的路。喜欢和小朋友交往。能用声音表现出自己的喜怒情绪，高兴时会笑得很开心，生气时会发脾气、吼叫。有很强的自主意识，要自己穿袜子、穿鞋。穿鞋时分不清左右。

感觉运动的发育

2 岁零 3 个月的宝宝，走路稳，跑步快，会用双脚跳，也会向前跳，还能从矮的台阶上独立跳下并能站稳。有能跑能停的平衡能力，喜欢踢球。吃饭时喜欢学成人用筷子夹菜。用笔涂涂画画，画直线、画圆。喜欢玩套桶、套塔等。开始有数的顺序和空间感知能力。

睡眠

夜间睡 10 ~ 11 小时，午睡 2 ~ 3 小时。

心理发育

2 岁后，宝宝的动作发育发展明显，能自己洗手、穿鞋，看书时能用手一页一页地翻。手的动作更复杂精细，有随意性，对宝宝心理发展有积极作用。在自我意识开始发展时，出现“自尊心”，家长在教育宝宝时，要耐心诱导，对待宝宝的每一点进步都要表扬，不要同别的宝宝比，要和宝宝自己的进步比。千万不要当着宝宝的面同别人议论：“看××早就会了，我家宝宝就是不会！”宝宝能懂得别人数落自己，损伤宝宝的自尊心，会使宝宝的心理发育受到障碍。

宝宝能应用简单句，使用陈述语气。喜欢学三个字的儿歌。对儿歌的记忆是自然而然的，还不会有意识、主动地去记忆。记忆的东西不能保持很长时间，需要反复教，不断复习才能记住。

科学喂养

2岁零1~3个月宝宝的喂养特点

2岁零1~3个月的幼儿，生长仍处于迅速增长阶段，各种营养素的需要量较高。孩子的肌肉明显发育，尤其以下腹、臂背部较突出。骨骼中钙磷沉积增加，乳牙已出齐，咀嚼和消化能力有了很大的进步，但胃肠功能仍未发育完善。每日按体重计算热能需要量与婴儿期相比没有增加，但仍高于成人需要量。由于生长发育的原因，蛋白质需要量高。在饮食营养素供给不足时，常易患贫血、缺钙、缺维生素A、缺维生素D，易患佝偻病。

每天总需热量约为4811千焦，其中蛋白质约36克，钙约490毫克。

小儿进食十忌

(1)忌戏玩。小儿进食时千万不要戏玩，切不可逗引小儿大笑或小儿之间吵闹喧笑，以免进食不专心，影响食欲。更重要的危害是易发生意外事故。

(2)忌进食过快。进食过快造成食物未充分咀嚼，不易消化吸收，易引起消化不良、胃炎、胃溃疡等。

(3)忌进食过慢。进食时间过长、过慢致进食量不足，营养素摄入不足，会造成营养不良。

(4)忌过饱。婴幼儿胃容量较小，吃过多使胃过度扩张，影响消化。

(5)忌吃得太咸。太咸的食品使氯化钠摄入过多，日后易引起高血压。

(6)忌吃得太甜。吃过甜的食品，会影响食欲。另外，小儿经常吃甜食，易引起肥胖症，还可以引起龋齿病。

(7)忌食太烫的食物。太烫的食物易损伤小儿口腔黏膜，经常吃太烫的食物有致癌的可能。

> **>> 爱心妈妈育儿经**
>
> 控制进餐时间
>
> 宝宝进餐时间不宜过长，不能养成边吃边玩或边吃边看电视的习惯，一般而言，20分钟的吃饭时间就够了。如果宝宝吃完了，可让宝宝先离开饭桌，但不能拿着食物离开，这样他才会明白，吃和玩是两回事，要分开来做，否则不安全，也不快乐。

(8)忌骂食。吃饭时不要骂小儿，不然会影响进餐的情绪，降低食欲。

(9)忌边走边吃。进食不专心，影响食欲。

(10)忌蹲着吃饭。下蹲的体位压迫胃肠，使进食量减少，日久引起消瘦。

注意水分摄入

因季节不同，宝宝每天的摄水量约为：夏季1500毫升，冬季1000毫升。水分摄入可通过牛奶、菜汤、稀饭、水果、水等途径，同时注意宝宝的菜不可太咸。宝宝应在上午和午饭时摄入全天水量的一半或一大半，17:00以后尽量少喝水或不喝水，以免晚上尿床。尤其是在夏季，宝宝活动量大，汗出得也多，下午可喝些水，但17:00之后最好不要喝大量的水或吃西瓜等。

妈妈应及时给宝宝补充水分，让宝宝喝足够的水，并分少量多次喝。在宝宝玩耍时，注意隔一段时间就让宝宝喝水，以免宝宝失水过多。妈妈也可以选用酸梅汤、赤豆汤和绿豆汤，还可用菊花、金银花、山楂片加水配制成凉茶，补充宝宝的水分。值得注意的是，不要给宝宝喝太冰的水或凉茶，也不要给宝宝吃冰镇时间过长的西瓜，以免伤及脾胃而引发各种疾病。

饮食教养

这个年龄段的孩子早、午、晚三餐时间应该和大人一样，每餐吃20~30分钟，时间不宜过长。此时的孩子应该让他自己吃饭了，虽然还不是很熟练，但经过一段时间的训练，2岁半时他就能双手分别拿着饭碗和匙子吃饭了。

此时的孩子饮食很不稳定，容易形成挑食或偏食的毛病，高兴了就使劲吃，不想吃时几乎一口也不吃。孩子对食物的接受，往往会模仿父母或家中其他成年人，孩子更愿意接受他所看到的成年人吃的食物，所以父母的饮食习惯对孩子有很大影响。在培养孩子健康饮食行为时，父母要以身作则，为他做出榜样，这一点很重要。如果需要，父母可以吃一些自己不喜欢但确实有营养的食物，这样对孩子接受这种食物会起到重要的作用。另外为孩子营造一个良好的进食环境，对他的饮食也是很重要的。

好的饮食习惯

饮食习惯的好坏，不仅关系到孩子的身体健康，而且关系到孩子的行为品德，父母应该重视。孩子是很好学的，模仿能力极强，在父母夸奖孩子学什么像什么时，不要忘了孩子的学习是没有选择性的，好的、坏的一个样。父母在饮食上的一些不良习惯往往成为样板被孩子学了去。因此，父母应该以身作则，为孩子树立一个好的榜样。

良好的饮食习惯包括：

(1)饭前做好准备,饭前不吃零食,吃饭前首先得安静下来,停止活动,洗净双手,帮助父母准备碗筷,做好进食准备。

(2)不偏食、不挑食。

(3)不快食、不暴食。食物进嘴要充分咀嚼后才能咽下,不能狼吞虎咽,一般孩子都是吃到了喜欢吃的食物才这样。不能遇到好吃的一下子进食过多,这样会加重消化道的负担,出现胃肠不适,严重的还会引起胃肠穿孔。

(4)不玩食、不走食。不要一边吃饭一边看电视、听故事,甚至来回跑动。这样会分散注意力,影响消化液的分泌,不利于食物的消化吸收,也提不起食欲。

(5)不笑食。不能在进食时大声说笑,免得食物呛入气管,造成严重的后果。

(6)不贪零食,不吃过咸、过甜、过油腻的食物。常吃零食会影响胃肠道的正常工作,还会败坏胃口。

(7)不剩饭。不要给孩子盛上满满的一碗饭,宁愿少盛再添,也不要吃不了剩下。让孩子从小就珍惜粮食,不浪费粮食。要培养幼儿良好的饮食习惯并非是件容易的事,也非一朝一夕就能做到的,这要求父母每时每刻都要注意培养。不能说父母有良好的饮食习惯,孩子就一定也能形成好习惯,这要看父母是怎样培养以及对孩子的进食态度是否正确。父母要尊重孩子的个性,让孩子觉得吃饭是自己的愿望,准备饭菜要考虑到平衡饮食,也要照顾到孩子的口味,要注意食物的色香味,不能只讲究营养。这样,从父母和孩子两方面去考虑,相信孩子良好的饮食习惯是完全能培养出来的。

>> 新手妈妈大课堂

父母要以身作则

宝宝良好的进餐习惯不是单靠父母教育出来的，而是更多地取决于父母以身作则、潜移默化的影响。比如，几乎所有的宝宝都会认为爸爸妈妈认为不好吃的东西一定不好吃，父母不要在宝宝面前议论某种食物不好吃，某种食物好吃，以免造成宝宝对食物的偏见。

幼儿偏食、挑食的形成

偏食、挑食往往指幼儿根本不吃某几种食物，吃饭时挑挑拣拣。那么，孩子怎么会这样呢？说起来这要怪罪于父母。每种没吃过的食物对于孩子来说都是新鲜的、好奇的，他并没有什么成见，不吃某些食物往往受着父母的影响。孩子的模仿学习能力极强，父母平日里的一举一动、一言一行逃不过孩子的眼睛，孩子会把父母的一些不良饮食习惯留在脑子里，如父母的菜篮子里总是自己喜欢吃的那几样菜，言语之中对某食物的厌恶，饭桌上的挑挑拣拣等，都在无意之中教唆孩子，时间一久孩子自然就成了父母的翻版。

另外，平时饮食的单调也是一个重要的原因，父母或许是由于工作忙，或许是图省事，常常一次做上许多同样的菜，天天吃，用不了多久孩子就会倒胃口，以后见了再也不想吃了。孩子是没有成人那么大的忍耐性的，一旦厌烦了就会拒吃。还有的父母娇惯孩子，对孩子喜欢吃的食物不限制，结果造成伤食，孩子尝到苦头后下次就会敬而远之了。也有一些原因是孩子在饮食上对口味、形状、颜色、气味等的偏爱。

>> 温馨提示

妈妈在挑选食物时，注意以当地有的蔬菜、水果、粮食为首选和主要食物来源，最好选择时令蔬菜水果和粮食，要知道，适合我们居住地域生长的食物也应该是最适合我们吃的食物。

改变偏食、挑食的习惯

大自然中的食物是没有一样能完全包含人体所必需的各种营养成分的，每一种食物都有各自的特性。这种食物缺少的成分或许在那一种食物中含量丰富，食物间有互补作用。孩子食用多种食物就能摄取到多种营养成分，以满足身体生长发育的需要，因此，孩子是不应该偏食、挑食的。

有些孩子的偏食仅仅是饮食上的个性，表现其口味的不同，这种“偏食”应该是允许的。不能说“偏食”都有害，即使成人对于食物多少也有些好恶，孩子就更

不例外了。如果孩子不吃煮鸡蛋而吃蒸蛋，不吃菠菜而吃青菜、豆芽、芹菜等，不吃猪肉，而吃牛肉、鸡肉等，就没必要非得去纠正。由于特殊情况造成的偏食，也不必过于紧张，只要能从其他食物中获得同样的营养成分，偏食现象便可得到解决，何况强迫一个人吃不喜欢吃的食物会破坏食欲，造成的后果比偏食还要严重。因此，对于幼儿的偏食要具体分析具体对待，如果偏食有可能造成多种营养成分的缺乏，这种偏食应该纠正。

孩子的偏食、挑食往往受着父母的影响。因此，为了纠正孩子偏食、挑食，父母首先要以身作则，在孩子面前不能表现出过分的偏食、挑食，也不要对于食物妄加评论，免得孩子先入为主，没进食就厌烦，还要注意饮食的调配，经常变换花样，即一种食物可以用几种烹调方法。同时，注意食物的色、香、味、形。不爱吃煮鸡蛋的可以做成炒鸡蛋、荷包蛋、蛋饼等，不爱吃肥肉或蔬菜的可以把肉和菜剁碎，包成馄饨或饺子。让孩子吃得有兴趣、不厌烦，就要求父母得花些心思去烹调。花色品种多，孩子就没有机会去偏食、挑食。

>> 专家答疑

如何改变宝宝偏食

这个阶段的孩子容易对食物表现出明显的好恶，自己喜欢的食物，喂多少吃多少，而对不喜欢的食物，一口也不吃，甚至连看都不看。

对于孩子偏食的毛病，父母要及时纠正，不然孩子越大，纠正起来就会越困难。孩子喜欢的食物，不能见他爱吃就一顿接一顿地做给他吃，而是要隔几顿或几天给他吃一次，期间用其他营养成分相似的食物代替。对于孩子不喜欢吃的，可以通过改变形状、颜色、烹调方式等来引起孩子的兴趣。

另外，在父母自身做出努力的同时，还要注意教育孩子的方式方法。切忌采用强硬压制的方法，也不能心急发怒，习惯已经形成，改变不在一朝一夕，不然，不但不能纠正偏食、挑食的习惯，反而还把孩子的食欲搞坏了。父母应该循循诱导，利用孩子好学、好胜、好表扬的心理特点，激发孩子对多种食物的兴趣，慢慢改变偏食的习惯。

不管偏食是否有害，偏食都会造成许多不便，特别是孩子长大后要过集体生活或外出，食物安排是由不得自己的，如果常常碰到不喜欢吃的食物，就会遭受饥饿之苦。因此，从长远出发，偏食还是要尽量纠正。

科学护理

宝宝补钙到几岁才合适

有些家长误解钙的作用，以为单纯补钙就能给宝宝补出一个健壮的身体，于是把钙片作为“补药”或“零食”长期给宝宝吃，其实这样做是错误的。营养学家指出，只要坚持平衡膳食的原则，如每天喝 1 ~ 2 杯牛奶，再加上蔬菜、水果和豆制品中的钙，已经足够满足人体所需，不必另外再补充钙片。如果盲目给宝宝吃钙片，反而可能造成宝宝体内钙含量过高。

宝宝长期补钙过多，会使血压偏低，增加日后患心脏病的危险；眼内房水中的钙浓度过高，可能沉淀为晶体蛋白聚合，引起白内障；尿液中钙浓度过高，在膀胱中容易形成结石，给尿路埋下隐患；如果同时摄取过量的维生素 D，肝、肾等重要的生命器官都会像骨骼一样“钙化”，后果非常严重。另外，体内钙水平升高，还会抑制肠道对锌、铁、铜等元素的吸收，宝宝易患微量元素缺乏症。因此，宝宝是否需要补钙，到底要补多少，还是要请儿科医生指导，绝不可滥补。

根据现行的儿童保健常规，服用钙制剂补钙，补到宝宝 2 岁时就可以了。2 岁大的宝宝已经开始吃各种各样的食物，可以从中吸收各种营养，其中也包括钙。所以 2 岁以后，最好通过食物来满足宝宝生长发育所需要的钙质，这才是正确的补钙方法。

需不需要给宝宝补钙，不同的国家和地区有不同的要求。我国北方地区阳光照射强度较弱，营养结构不够全面，医生一般建议在 2 岁之前给宝宝补充一定量的钙质。

注意穿凉鞋的问题

夏天天气炎热，如果穿上一双前露脚趾、后露脚跟的凉鞋就会感到比较凉爽，但小孩子穿上露出脚趾的凉鞋就不合适，有许多孩子因为穿上这种凉鞋而导致脚趾受伤。原因是孩子的动作发展还不够灵活、协调，又非常好动，蹦蹦跳跳的，不肯安静，极容易造成外伤。

如果孩子走路不注意地面时，容易被地面上的障碍物绊倒；也有些孩子喜欢一边走路，一边踢石子或其他东西，如果穿着露出脚趾的凉鞋就可能撞破脚趾，甚至掀起脚趾甲；还有些孩子因手拿不住比较重的物品，常常容易掉下砸在脚趾上，严重的可造成趾甲脱落、趾骨骨折等。

因此，家长在为孩子选购凉鞋时，不能光图凉快而不顾安全，应该为孩子选择不露脚趾式样的凉鞋。

让宝宝生活自理

孩子的生活自理能力和其他方面的能力一样，是从小培养和训练出来的。一些孩子的生活自理能力差，原因主要在大人身上，正是由于父母的包办而剥夺了孩子锻炼的机会。

在家长眼里，孩子总是“小孩子”，总认为他们什么也干不了，因此什么都代替孩子干；也有些家长怕麻烦，嫌孩子做事慢，干得不好就替孩子干所有的事。其实，这些做法都是不对的。家长应放手让孩子干自己的事，如自己吃饭、自己穿脱衣服和鞋袜、自己洗手洗脸、自己整理玩具等力所能及的事。一般孩子都非常乐意干这些事，家长要因势利导，放手让他们做。刚开始，孩子做得不好，如饭撒在地上、洗手洗脸时把衣服弄湿了等。这时家长千万不要训斥孩子，因为这样会扼杀孩子独立动手的意识和从小就应树立的自信心。正确的做法是给予引导、鼓励和支持，并用一些恰当的方法，耐心地教给孩子生活自理的技能。例如，把做每件事的顺序、要领、方法解释给孩子听，边讲边示范，然后再让孩子自己练习，自己在一旁予以纠正，还可通过让孩子练习搭积木、穿珠子等来训练孩子手的动作，使孩子在实践中提高生活自理能力。只要家长放手，训练得当，2 岁的孩子是能够自己吃饭、穿脱简单的衣服的。

>> 新手妈妈大课堂

让宝宝练习刷牙

20颗乳牙出齐时，就应该学习刷牙。刷牙可清除食物残渣，消除细菌滋生的条件，防止龋齿，同时能按摩牙龈，促进血液循环，使牙周组织更健康。

刷牙要用竖刷法，将齿缝中不洁之物清除掉，刷上牙床时，由上向下，刷下牙床时，由下向上刷，反复6~10下，动作不要太快，要将牙齿里外上下都刷到。选用两排毛束，每排4~6束，毛较软的儿童牙刷，每次用完甩去水分，毛束朝上，放在通风处风干，避免细菌在潮湿的毛束上滋生。每天早、晚都要刷牙，尤其晚上刷牙更重要，避免残留食物在夜间经细菌作用发酵产酸，腐蚀牙齿表面。

怎样对待宝宝走路姿势“不雅”

宝宝会走路了！他终于迈出了第一步，这让做父母亲的感到非常自豪。但是，对他走路的姿势却不敢恭维。

对于这一点，用不着过于担心，当他越来越自信地迈出双脚时，宝宝的腿最终会自然站直。

1. 走路像螃蟹一样

宝宝的两脚朝内，像螃蟹的大夹子！

刚学会走的宝宝中，这种走路姿势很常见。在最初的几个月中，宝宝走路时头往前探，双脚朝内。大约3岁时，当宝宝们的大腿和小腿肌肉长得更结实以后，这种走路的姿势就会消失。如果宝宝的双脚一直朝内，而且家长觉得这种走路姿势实在不雅，可以在宝宝坐在地上玩的时候，注意让他盘着腿坐，而不要让他叉着腿。或者给他买硬帮的鞋，用不了一年的时间，就可以纠正他走路的姿势。

2. 走路像鸭子

这是生理问题，因为这时宝宝的脚还是平脚板。

宝宝需要在走路的过程中，磨炼脚底的肌肉，练出脚弓的弧形。95%的宝宝在5岁前，脚底会自然出现弧度。如果让宝宝去蹬小三轮或者两轮小轱辘童车，宝宝脚底的弧度会更快地形成。如果家长觉得宝宝走路难看，也可以在宝宝2岁左右时，让他做用脚趾夹铅笔、手绢或大扣子的游戏。在游乐场玩时，拉着宝宝的手，让宝宝踩滚桶，或是鼓励宝宝用脚尖走路。要知道，宝宝平足是很正常的事情。相反，如果宝宝是弓足，说明宝宝很可能存在神经系统紊乱的问题。

3. 走路像西部牛仔

宝宝的双腿叉开，走路时好像经过马术训练似的。

2 岁以前，如果宝宝走路时的双腿像个括号，家长不必太担忧。然而，如果一直这样，表明可能有缺钙和缺维生素的迹象，就需要治疗了。在某些情况下，还可以给宝宝的双腿打上石膏，来帮助矫正宝宝的双腿。这要在确诊的情况下，由医生来操作进行。

4. 夹着大腿走路

双腿呈现 X 形，一般不愿意走路，而且走不了长路。稍走点路就嚷嚷着要抱，在不好动的宝宝中较为常见。有人称为“大屁股综合征”，这种姿势是缺少肌肉负重锻炼造成的。一般说来，只要进行锻炼，或是体操训练，就能够把这种不雅的走路姿势纠正过来。

教孩子使用和爱护玩具

家长在给孩子买玩具时，要根据孩子身心发展的特点去选择。2 ~ 3 岁的孩子，首先，可以选择较复杂的拼图、可拆卸的玩具，以促进其思维和想象力的发展。其次，应选择符合卫生要求的玩具，玩具要无任何毒性、无锋利的边角等，而且要结实耐用。再次，选择玩具时应考虑其教育性和艺术性，同时还要物美价廉。理想的玩具，其价钱并不一定昂贵，只要能引起和培养孩子的兴趣，并能发展其智力即可。若能让孩子自制玩具，则更能增添情趣，启迪心智和开发创造能力。

2 ~ 3 岁的幼儿由于好奇心的驱使，常常爱拆玩具，父母见状不要妄加训斥，而要善于引导，对于某些能拆的部件，应利用这个机会启发孩子的思维能力，把拆下的部件让他再装好，不能让他养成只拆不装或以拆玩具为乐的坏习惯。

在教孩子使用玩具时，首先，要教孩子怎样玩玩具。在给孩子买一个新玩具后，父母要教会孩子掌握正确的玩法，培养孩子自己动手的兴趣和信心，这样才能使玩具发挥应有的教育作用，切忌由父母在一旁演示，只让孩子看而不让他自己动手。其次，应让孩子懂得玩具的性能和特点。不同材料制作的玩具有着不同的性能和特点，由于幼儿不懂得这一点，往往会无意中把玩具毁坏，因此，父母应事先告诉孩子玩具的性能和特点，讲明正确使用的方法，这样反复几次后，孩子就会使用和保护自己的玩具了。

父母不仅要教会孩子如何使用玩具、爱护玩具，还要教会孩子如何收拾和保管玩具，一般要为孩子准备一个固定地方放置玩具。孩子玩玩具时可拿出一两件，玩后由他自己放回原来的地方，反复几次就可以让他养成良好的习惯，不乱扔乱放，不随意损坏。家长还可以带孩子一起维修玩具，这样既培养了孩子的动手能力，又会让他对自己修理过的玩具更加爱惜。

适宜宝宝启智的家庭玩具

在宝宝的成长过程中，为宝宝添置一些启智的家庭玩具是必不可少的。

1. 复合形状盒

属于训练宝宝观察物品形状的玩具，通过这类玩具，宝宝可以认识到一种形状的开口只容许同一种形状的物品通过。通过玩玩具让宝宝了解各种不同的形状，这类玩具对 18 个月大的幼儿较合适。

2. 玩沙

几乎所有的宝宝都喜欢玩沙、玩水，而 18 个月大小的宝宝已经懂得不能随便把什么东西都往嘴里塞，这时就可以让宝宝玩沙，还可以给宝宝提供各种小工具，如小铲、小耙、小桶等，让宝宝充分发挥创造能力。

3. 娃娃

大于 1 岁的宝宝，就已经能用过“娃娃家”来表达自己的喜爱和厌恶。特别是女宝宝，可以像妈妈对待自己那样，为娃娃洗脸、穿衣、喂食、赞扬或责备娃娃了。

4. 叠杯

对一个 2 岁大的宝宝来说，叠杯玩具是最变幻无穷的游戏，既可叠成高塔，又可缩成一只单杯，还可把小积木或其他小东西藏在叠杯内，再寻找一番。通过这类游戏，宝宝们能够知道虽然有些东西眼睛看不见，但却是实际存在的。

5. 图画书

2 岁大的宝宝已经认识不少物品，如果让宝宝再在图画书中找到认识的物品，那将会引起宝宝更大的乐趣。

6. 玩具车

到了 2 岁末，宝宝已经能基本控制自己身体的各部位，可以驾驶小车了。如果小车还能载上宝宝自己的一些小玩具，而自己又能充当运输司机，那真会让宝宝玩得其乐无穷。

7. 拉着会走的动物玩具

宝宝拉着会走动的“动物”，会令宝宝着迷，通过这种活动，宝宝慢慢会理解这一根绳子原来还有这样的牵动力量，这比那些电动玩具车更有启智作用。

第二章

2岁零4~6个月

2岁以后的宝宝对空间的理解力加强，搭积木时能砌3层塔。宝宝已经能辨认出1、2、3，分清楚内和外、前和后、长和短等概念的区别，并对圆形、方形、三角形等几何图形有了认识。许多宝宝对几角形划分还不明确，常用“三角形、圆形、方形”等来表达，这只是宝宝表达过程的误区，认真纠正，宝宝会明白的。

发育特征

身体发育

体重：　男宝宝12.55~13.13千克　女宝宝12.10~12.68千克
身高：　男宝宝90.30~91.70厘米　女宝宝88.45~90.69厘米
头围：　男宝宝47.70~50.20厘米　女宝宝47.44~48.50厘米
胸围：　男宝宝49.10~50.20厘米　女宝宝48.65~49.80厘米
牙齿：　18~20颗

体格发育

宝宝长大了，躯体和四肢的增长比头围快。为了支持身体重量和独立行走，尤其以下肢、臀、背部的肌肉发达。由于骨骼增长快，钙磷沉着亦增加。

宝宝的20颗乳牙已出齐，有一定咀嚼能力，但乳牙外面的釉质较薄。胃容量随年龄增长而增大，胃液的酸度和消化酶也逐渐增强。胰液消化酶的分泌有时受气候影响，炎热和生病时都会受影响而被抑制分泌。因此宝宝在夏季或生病时食欲都会下降。幼儿期肠管相对较长，小肠内有发育很好的绒毛，所以吸收能力很强，对正在生长发育，物质代谢需求旺盛的宝宝是很有利的。但是，由于肠道壁薄，通透性强，屏障功能差，肠道内的毒素也容易被吸收而引起中毒。因此，在饮食卫生方面应格外注意。

语言、适应性行为发育

2 岁半左右的宝宝已掌握了很多词汇，语言中简单句很完整。会背诵简短的唐诗，学会看图讲故事，叙述图片上简单突出的一点。能组织玩“过家家”游戏，扮演不同角色，如当妈妈、当娃娃、当医生等。能说出日常用品的名称和用途，如梳子是梳头发的，毛巾是洗脸时用的等。

>> 爱心妈妈育儿经

喜欢与人交往

由于语言和动作发育都日趋成熟，认识范围逐步扩大，好奇心和求知欲都很强，希望与小朋友一起玩，因此，父母应该有意识地让孩子走出家庭的小天地。

感觉运动发育

宝宝现在能认识几种不同颜色的物品。还能认识圆形、长方形、三角形和方形。玩球时会接反跳球。会用面团捏成碗、盘等。能单足站立。自己会扶栏上楼梯，一步一级交替上楼。下楼梯时双足踏一台阶。会分清晴、阴、风、雨、雪等天气。知道大小顺序。会解扣子及开关末端封闭的拉锁。

睡　眠

夜间睡 10 ~ 11 小时，午睡 2 ~ 2.5 小时。

心理发育

2 岁后宝宝想象力开始出现，会把一种东西假想成另一种东西，如把一个小盒子当成汽车，边推边喊“汽车来了，嘀嘀”。思考问题和解决问题的方法，仍为直觉行动思维。思维和行动密切联系，在行动中思维，离开了行动便不再进行思维，如动手堆搭积木时，才想如何堆搭，堆搭到哪里就想到哪里，停止堆搭，也就不再思索。幼儿期思维活动还很简单，处于开始发展阶段。

科学喂养

2 岁零 4 ~6 个月喂养特点

2 岁以后的宝宝,应该逐渐增加食物的品种,使其适应更多的食物,应摄入充足的含碘食物,如海带、紫菜等。碘是制造甲状腺素所必需的元素,甲状腺素可调节身体新陈代谢,促进神经系统的功能和发育。2 岁零 3 个月的宝宝,乳牙刚出齐或未完全出齐,咀嚼功能仍然很弱,据我国婴幼儿营养专家研究,6 岁时宝宝的咀嚼效率才达到成人的 40% ,10 岁时达 75% 。因此,制作宝宝膳食及各种肉、菜等,均要细碎、炖烂才易于宝宝咀嚼。含碘食盐需在菜做好后放入。因为碘易于在受热、日晒、久煮、潮湿的状况下挥发破坏而失效。

此时的幼儿仍需大量的蛋白质以供生长发育的需要,据计算,30 个月幼儿每天总需热量约为 5129 千焦,其中蛋白质每天约 40 克,钙含量每天约 530 毫克。

多给宝宝吃含铁的食物

宝宝很容易出现贫血,而贫血会导致浑身无力和倦怠。在日常饮食中,妈妈要注意让宝宝多吃富含铁的食物,预防宝宝缺铁性贫血。1 ~3 岁的宝宝每天平均需要 6.9 毫克铁。

富含铁的食物有:牛肉、羊肉、猪肉,动物的肝、心、肾,蛋黄、黑鲤鱼、虾、海带、紫菜、黑木耳、南瓜子、芝麻、黄豆、绿叶蔬菜(西兰花、菠菜),水果干(杏干、无花果干、葡萄干、梅干等),谷类面包等。妈妈应保证宝宝每天吃 10 种以上的食物,如两种主食、两种肉类,三种蔬菜,两种水果,牛奶或花生酱等。

孩子长个儿的营养供给方法

世界卫生组织的一个研究小组调查发现：一年中，儿童在5月份生长最快。这个月里平均长高7.3毫米，10月份长得最慢，平均只有3毫米。为此，专家们将5月称为“神秘的5月”，并建议家长在5月里给孩子增加营养，以利其生长。为什么孩子在5月里生长得最快呢？这是因为一个人的生长速度除了种族、遗传、内分泌、生活习惯等因素外，还与营养状况、地理气候和体育锻炼密切相关。5月份，大地回春，万物萌生，一派生机。美好的大自然给人类带来了朝气，在这个时候，儿童体内各个器官和细胞的功能都特别活跃，体内生长激素分泌增多，生长发育加快，尤其是在经历了漫长的冬季后，孩子们都喜欢到户外活动，因而生长速度的加快更为明显。

由于孩子在5月里生长速度加快，所以必然要消耗更多的营养物质。因此，家长应掌握孩子生长的最佳时机，及时补充各种营养，以促进孩子生长发育和增强抗病能力。那么，在5月里应怎样给孩子增加营养呢？

1. 补充蛋白质

孩子生长发育越快，越需要补充蛋白质。瘦肉、鱼虾、禽蛋、花生、豆制品中都富含优质蛋白质，因此，应注意多补充。

2. 供给维生素

维生素是维持生命的要素，其中最重要的是维生素A、维生素B、维生素C。动物肝肾、鸡蛋、胡萝卜、菠菜中富含维生素A，各种新鲜绿叶蔬菜和水果中含有丰富的维生素E和维生素C，应多给孩子食用。

3. 增加矿物质

人体的长高决定于骨骼的生长发育，其中下肢长骨的增长与身高最为密切。只有长骨中即软骨细胞的不断生长，孩子才能长高。钙、磷是骨骼中的主要成分。5月份要多给孩子补充牛奶、豆制品、海带、排骨、骨头汤等含钙、磷丰富的食物。同时,要让孩子到户外多晒太阳,增加紫外线照射机会,以利于体内合成维生素D,促进肠胃对钙、磷的吸收,保证骨骼正常生长。

4. 安排好1日3餐

1日3餐热量分配应是:早餐占30%,午餐占40%,晚餐占30%。若早餐的热量和营养不足,就不能满足整个上午学习、活动的需要,容易出现饥饿感、头晕、注意力不集中,时间久了还会导致智力下降,故要吃好早餐再上学。

中午可让孩子多吃些含糖类和脂肪的食物,做到粗细粮搭配、荤素兼有、色香味俱佳。晚餐进食应适量,孩子做完功课可加一餐点心。

>> 专家答疑

怎样知道宝宝贫血

如果宝宝常常表现为疲乏无力,面色苍白,皮肤干燥、角化,毛发无光泽、易折、易脱,指甲条纹隆起,严重者指甲扁平,甚至呈"反甲",或出现口角炎、舌炎、舌乳头萎缩,甚至出现易怒、易动、兴奋、烦躁时,就有可能是缺铁性贫血。此时,妈妈可以去医院给宝宝做一个简单的血液化验来确定一下,看是否需要在医生的建议下给宝宝吃铁补充剂。

膳食品种多样化对孩子的好处

孩子在成长过程中需要各种营养素以满足生长发育的需要,除了脂肪、蛋白质、糖类等提供能量的营养素以外,还需要矿物质、维生素等微量营养素,同时水、纤维素对于儿童也是必不可少的。世界上没有任何一种单纯的食物能提供人体所需要的全部营养素,只有摄入各种丰富的食物,才能满足全面营养的需求。

膳食品种多样化对孩子的好处不仅是为孩子的生长发育提供全面均衡的营养,而且可以让孩子从小接触各种口味,养成不偏食、挑食的良好饮食习惯。家长在给孩子准备饭菜时,最好做到每天的菜谱有牛奶、鸡蛋、荤菜、蔬菜、水果、米面、杂粮,并且要经常吃些豆制品。

菜肴要避免品种单一,每周要安排1~2次富含特殊营养成分的食品,如动物肝脏、海带等,也可以安排摄入一些硬果类如核桃、瓜子等食品。膳食品种丰富,孩子才能得到均衡的营养而健康成长。

不要盲目限制脂肪摄入量

目前,人们一谈起脂肪,就会谈脂色变,唯恐摄入脂肪多了,会影响身体健康。

但对于处在生长发育阶段的幼儿，机体新陈代谢旺盛，所需各种营养素相对较成人多，故脂肪也不可缺。否则，易造成以下不良影响：

(1)热能不足。每克脂肪在体内氧化后，可产生热量37.6千焦，约为同量糖类和蛋白质产热量的2倍，若饮食中含脂肪太少，就会使蛋白质转而供给热能，势必影响体内组织的建造和修补。

(2)影响脑髓发育。脂肪中的不饱和脂肪酸是合成磷脂的必需物质，而磷脂又是神经发育的重要原料。因此，脂肪摄入不足，就会影响幼儿大脑的发育。

(3)可使体内组织受损。脂肪在体内广泛分布于各组织间，幼儿各组织器官娇嫩，发育未臻完善，更需脂肪庇护。若体脂不足，体重下降，抵御能力低下，会使机体各器官受伤害机会增多。

(4)减弱溶剂作用。脂肪是脂溶性维生素的溶剂，幼儿生长发育所必需的脂溶性维生素A、维生素D、维生素E、维生素K，必须经脂肪溶解后才能为人体吸收利用。因此，饮食中缺乏脂肪即可导致脂溶性维生素缺乏。

由上可知，对于幼儿来说，饮食中有适量脂肪是必需的，尤其是含不饱和脂肪酸的油脂更具特殊意义。

把握进食心理

进入幼儿期的孩子，愿意自己做事，不愿按成人意见办事，但喜欢模仿别人的动作。心理活动受外界的影响大，是被动的。开始有自己特点的语言和思维，开始形成习惯。在进食方面，喜欢自己吃饭，用自己固定的碗和勺，并坐在固定的座位上。3岁以下的幼儿对食物的花样变换没有兴趣，喜欢吃已经习惯了的食物，如每天蛋羹、面片。吃菜粥也不会厌烦，对没吃过的食物持怀疑态度，喜欢菜、饭拌在一起吃，还喜欢吃包子、饺子等带馅食品，特别喜欢自己用手拿着吃。因此，对3岁前的幼儿要注意培养良好的饮食习惯，从小接触多种食品，接触各种味道，避免挑食、偏食，保证得到全面均衡的营养。

科学护理

宝宝入园前最好接种水痘疫苗

水痘是由水痘—带状疱疹病毒引起的一种急性呼吸道传染病。多见于冬春季，好发于6个月以上的婴幼儿和学龄期的儿童。曾患过水痘并已恢复健康的宝宝在获得终生免疫的同时约有20%的人，体内病毒并未彻底清除干净，这些病毒会在宝宝的脊髓背根神经节处长期潜伏下来，少则十几年，多则几十年，直至成年期。一旦有那么一天，当机体抵抗力下降时，潜伏的病毒就会“死灰复燃”，这时人体便会出现带状疱疹，即沿身体的一侧皮肤出现簇状水泡，连成条索状，并伴有剧烈的神经痛，这种疼痛让人难以忍受。为使宝宝少患或不患水痘，并避免其成人期带状疱疹的发生，可以在儿时接种水痘疫苗。一般1岁以上的宝宝即可接种水痘疫苗。考虑到水痘——带状疱疹病毒容易在人员聚集的场所造成迅速的播散，如幼儿园、学校等机构，那么当你准备送宝宝去幼儿园的前一个月，且宝宝未曾感染过水痘，即可接种上一剂水痘疫苗。这样一个月后宝宝的体内便可产生足够的抗体水平，使宝宝免受水痘病毒的感染。

>> 温馨提示

水痘疫苗一定不可与麻疹疫苗同时接种，因为麻疹疫苗可能会导致宝宝机体内细胞免疫反应的短期活动受到抑制，所以如果这两种疫苗都需在短期内进行接种，建议两者之间至少要间隔1个月。

目前可使用的水痘疫苗有国产和进口两种疫苗。父母可根据家庭的经济收入情况，酌情为宝宝选择其中一种疫苗进行接种。

撒泼行为的处理

如果孩子撒泼时，父母暂且不要理睬他；也不要流露出迁就或怜悯之情，更不要站在旁边说赌气话：“让你哭，看你哭得了多久……”此时的父母可以适当收掉一些孩子撒泼时可能碰坏的东西，然后关上门离开，让他独自一人表演。

要注意教育的一致性。此时切莫让爷爷、奶奶心肝宝贝地去护着孩子，更不能当着孩子的面责备孩子的爷爷奶奶或拿出好东西给孩子。不然，就会强化孩子的不良行为，使孩子觉得自己有后盾，以后还可以故伎重演，从而使情况变得越来越糟。

下点儿“狠心”，不能半道易辙，成为孩子泪水的俘虏，向孩子检讨求和。细心的父母只要留意观察一下就可以发现，此时的哭闹撒泼具有鲜明的表演性，如果家长不理他，让他去哭闹，过不了多久，当孩子透过泪水发现屋里没人时，他就会很快地停止哭泣。但是，如果家长马上出现在他面前，或听到附近有人活动、说话时，他往往又会很快地进入角色，大哭大闹起来。

在撒泼的气氛淡化后，孩子也不再打滚时，可以给孩子讲好孩子不应该这么做而应该怎样做之类的道理，使孩子感到父母并不是不喜欢自己，而是讨厌自己撒泼，这样，就可以防止孩子产生情感错觉，把父母看成凶狠的人。

对于爱撒泼的孩子，父母只要认真地、坚持不懈地按照上述方法去做，使孩子感到用那一套办法既费力又不管用时，就不愁他们不改掉这个坏习惯了。

正确对待“自言自语”

父母无须为宝宝一边活动，一边自言自语的行为而忧虑，因为对于几岁的小宝宝而言，这并不是病态，而是宝宝正常语言发育过程的一个阶段。

一般来说，语言发育分为出声的外部语言和不出声的内部语言两个阶段。幼儿早期的语言为外部语言，特点是将自己的思维活动立即用语言表达出来，做什么就说什么。如宝宝搭积木，边搭边说：“宝宝搭高楼。”内部语言则是语言发育的高级阶段，宝宝只是用脑想而不出声了，抽象思维能力和速度大大提高。

自言自语是宝宝从外部语言向内部语言转化过程的一种过渡形式，是宝宝语言发展过程中的必经阶段。3 ~4 岁的宝宝在游戏时常常把所演角色的想法或疑问说出来。比如还是搭积木，他会边找积木边说：“小房顶哪去了？噢，在这里。”“咦，小白兔的房子怎么这么小？没关系，我还有好办法。”

随着宝宝的逐渐发育成熟，一般 7 岁以后他就不再出现自言自语了。如果继续存在，则要引起注意。

宝宝睡觉爱蹬被子怎么办

有许多宝宝睡觉时爱蹬被子，家长得不停地给宝宝盖被，弄得父母不胜其烦，甚至影响睡眠。如果听任宝宝蹬被子，第二天没准宝宝起床后就会喷嚏不断、鼻流清涕——感冒了。

宝宝为什么爱蹬被子呢？主要有以下几种原因：

(1)可能是因为家长过于呵护宝宝，给宝宝盖得太厚，或室内温度太高，宝宝觉得过热。特别是入睡时，由于宝宝神经调节不如成年人成熟，易出汗，宝宝会下意识地通过蹬被子来散热。

（2）可能是因为被子过沉，影响了宝宝的呼吸，宝宝会通过蹬被子来解除阻力。

（3）可能是宝宝睡前吃得过饱，胃部不适，易翻动身体而把被子蹬掉，中医称为"胃不和则卧不安"。

此外，宝宝睡前过度玩闹，造成夜梦过多，或者因罹患佝偻病而造成神经系统功能的不稳定等，都是造成宝宝睡眠不安而蹬被子的原因。

宝宝蹬被子，极其容易导致着凉，引发感冒、腹痛、腹泻等病症，反复生病又会影响宝宝的生长发育，那么如何解决这个问题呢？

父母可从以下几点着手：一是应当检查一下宝宝所用被褥的厚度和轻重。由于宝宝的代谢比成人要旺盛，所以盖的被子应该较成人略薄些，但不易过小。可以把被子做成简单的被筒，既轻软而又足够大的被筒，是不易被宝宝蹬掉的；二是不要在睡前给宝宝喂哺过饱，在临睡觉前也不要过度嬉闹，以免使宝宝睡卧不安；三是可考虑到商店买儿童睡袋，或自制一个睡袋，睡时在其上加盖一层薄被即可，自制睡袋可采用多种形式，应注意如果采用前开式睡袋，睡袋的拉链勿过高，以免磨伤宝宝。

宝宝的卧室不宜放花草

有的家庭喜欢在宝宝的卧室里摆上一些花草，以美化居室。然而，这样做恰恰会影响宝宝的饮食、休息和健康。

不少品种的花草，比如具有浓烈香味的茉莉花、丁香、水仙、米兰等，会减退宝宝的嗅觉和食欲，甚至引起头痛、恶心、呕吐。另有一些会引起皮肤反应的花草，如万年青、仙人掌、五彩球、洋绣球、报春花等，如果宝宝用手接触，或者把茎叶上的汁液弄到皮肤上，就会在接触的部位发生急性皮肤过敏反应，表现出瘙痒、皮肤黏膜水肿等症状。宝宝如果接触了万年青，或者把枝叶含在口中玩，直接刺激口腔黏膜，会引起咽喉部黏膜充血、水肿，造成吞咽和呼吸困难；倘若误吞了夹竹桃，可引起宝宝急性中毒症状；咀嚼水仙花的鳞茎往往会使宝宝发生急性胃肠炎。

此外，宝宝新陈代谢旺盛，需要有充分的氧气供应，盆栽家养的花卉一般会在夜间吸进新鲜氧气，释放出二氧化碳，从而减少室内氧气，这对宝宝的健康很不利。所以，宝宝卧室内不要放置花草。

第三章

2岁零7~9个月

宝宝已经能将各种用途不同的物品分类，但还局限在按物品的用途来分，比如吃、穿、用、玩等，这说明宝宝的分析能力和综合能力已经初步具备。对于节奏明显的儿歌和唐诗，深受宝宝的喜欢，已经能背诵许多儿歌了，并能用复杂的句子表达自己的意思。

发育特征

身体发育

体重：男宝宝13.00~13.53千克　女宝宝12.55~13.13千克

身高：男宝宝91.35~93.38厘米　女宝宝90.30~91.79厘米

头围：男宝宝47.88~48.95厘米　女宝宝47.70~48.80厘米

胸围：男宝宝49.45~50.54厘米　女宝宝49.10~50.20厘米

牙齿：20颗乳牙全部长齐

体格发育

此阶段的宝宝，躯体动作和双手动作在继续发展，比前阶段熟练、复杂，而且增加了随意性，可以比较自如地调节自己的动作；可以自由轻松地从楼梯末层跳下；会独脚站立；能双手动作协调地穿串珠；会用手指一页一页地翻书；会将纸折叠成长方形；对周围事物有极大的好奇心，喜欢不断地提问。

语言、适应性行为发育

宝宝会用简单句与人交往，不仅会用“你”“我”“他”这些代词，还会用连词。知道许多日常用品的名称和用途。所用简单句包括主语、谓语和宾语。所用的词汇中以名词最多，动词次之。直接用名词陈述自己或别人的行为。

开始出现问句如“我们上哪儿去玩？”开始学会等待，如去公园玩碰碰车要排队等候。

感觉运动发育

喜欢看图书、听故事，能回答故事中的主要问题。穿鞋时能分清左右。学习自己洗脚、自己穿有扣子的衣服。喜欢帮助妈妈做事。能自己收拾衣物和玩具。

睡　眠

夜间睡 10～11 小时，午间睡 1.5～2 小时。

心理发育

宝宝在认识物体时，几乎都是按照物体的形状进行选择，而不是注意物体的颜色。说明此时期宝宝认识物体，首先注意的是物体的形状而不是物体的颜色。开始出现想象力，但比较简单，只是实际生活的简单地重现，如在家用娃娃当宝宝，自己当妈妈，送娃娃上幼儿园等。但想象力能使宝宝做出超越当时现实的反应，心理现象可以更为活跃丰富。

此阶段，宝宝的思维方式仍明显地带着行动性。思维与行动密切联系。能分出物品大小。能模仿画横线、竖线。口数数能数 6～10。与周围人有广泛复杂的交往，促进了情绪和情感的发展，出现高级情思的萌芽。如成人给予他简单事情做，

完成后会体会到“完成任务”的愉快。和小朋友相处，会引起友爱、同情等情感体验。认识简单行为准则，如“对”，或“不对”，或“不可以”。

科学喂养

根据宝宝的体质选择食物

家长既要根据不同的季节，又要根据宝宝的体质偏热或偏凉的情况，合理地挑选不同性质的食品来组织一日三餐的食谱，这样才有利于促进孩子的健康。

孩子之间存在着个体差异，有的孩子体质偏热，有的孩子体质偏凉。对于不同体质的孩子，家长在为孩子选择食物时应有所考虑，否则很可能因进食不当而对孩子的健康造成损害。

体质偏凉的孩子表现为胃肠道功能不良，大便不成形，不爱喝水，怕冷，尿多，性格偏静，舌苔白等。这类孩子稍受点凉或饮食不当就容易拉肚子，夏天吃冷饮容易肚子疼，多吃一点西瓜、梨等凉性的食物就会发生胃肠道不适，或者发生腹泻。对于这类孩子，家长在给孩子选择食物时应该注意避免让孩子吃过多的寒凉性食品，如凉奶、生黄瓜、梨、西瓜等。由于这类孩子不爱喝水，家长应提醒孩子注意补充水分。体质偏热的孩子表现为喜欢喝水，大便偏干，小便偏黄，舌苔黄，有时嘴里有异味，怕热，性格多动等。这类孩子稍多吃点橘子、荔枝、巧克力、油炸食物时容易出现嘴唇疱疹、口腔溃疡、大便干燥，牙龈肿胀、眼屎多、鼻子发炎等。对于这类体质偏热的孩子，家长在为孩子选择食物时应适当限制温热性食品的摄入，如少吃火锅、油炸食品，不要大量吃荔枝、橘子等水果，平时应让孩子多吃凉性的蔬菜水果。

无论是体质偏热或偏凉的孩子，在饮食方面都不要经常挑选与体质不相适应的食品。体质偏热的孩子可以多吃些平性或寒凉性食品，体质偏凉的孩子可以多吃些平性或温热食品。即便是体质上正常的孩子，如果吃太多的热性食品，或吃太多的凉性食品，超过了孩子的身体适应能力，也会损害孩子的健康。

>> 爱心妈妈育儿经

美食花招为孩子补充营养

即使孩子对所有的绿色蔬菜都不屑一顾，你也不要过于担心。实际上，蕴含在菠菜、西红柿中的主要营养物质维生素A和维生素C，也同样蕴藏在马铃薯、芒果和甜瓜中。而大多数孩子对这些水果是喜爱有加，大嚼特嚼的。

多吃组氨酸食物

临床研究证明，组氨酸是人体必需的氨基酸之一，对幼儿生长发育极为重要。原因是组氨酸能促进幼儿的免疫系统功能尽早完善，强化生理性代谢功能，稳定体内蛋白质的利用节奏，促进幼儿机体发育。

然而，由于幼儿机体可塑性较大，代谢速度快，这就势必大量消耗组氨酸。为此，幼儿每日所需组氨酸摄取量要高于成人几倍。但因人体缺乏自身合成组氨酸的整套酶系统，所以，组氨酸必须严格依赖食物蛋白质或氨基酸食品来供给。若其来源不足，将导致幼儿抗病能力低下，产生贫血、乏力、头晕、畏寒等不良征兆。经科学测定，黄豆及豆制品、鸭蛋、带皮鸡肉、牛肉、皮蛋、玉米、标准面粉、土豆、粉丝等食物富含组氨酸，幼儿可多食。

注意避免食物过敏

引起过敏的食物很多，最常见的是异性蛋白食物，如螃蟹、大虾，尤其是冰冻袋装的加工鳝鱼、虾及各种鱼类、动物脏腑、蛋类、肉类等。有的蔬菜也可引起过敏，如黄豆、毛豆、扁豆等豆类，木耳、菌藻类、蘑菇、竹笋，还有香菜、芹菜、韭菜等香味菜，也可引起食物过敏。

父母应仔细观察宝宝平日的饮食反应，若发现吃了某种食物产生过敏症状，以后就不应再让宝宝吃这种食物，一般宝宝经过 1 ~ 2 年后，随着身体的强健而渐渐脱敏。但在再接触过敏食物时仍应注意，要从少量开始，并观察孩子的反应。

对肥胖儿童进行饮食调整

用于肥胖儿童的饮食调整方案包括改变不良的饮食习惯、合理选择食物、减少食物摄入量等。具体可以按以下方法来进行：

1. 了解孩子的饮食现状

每个孩子的饮食习惯各不相同，家长应首先了解自己孩子有哪些饮食方面的不良习惯，然后才能有的放矢地进行矫正。如有的孩子偏好喝甜饮料；有的孩子主食吃得多；有的爱吃零食；有的喜欢肉食等。

2. 合理分配一日三餐

一日三餐要合理分配，早餐吃全天食物总量的 35%，中餐吃全天食物总量的 45%，晚餐吃全天食物总量的 20%。一般家庭晚餐后没有时间去户外活动，因此晚餐最好吃得少而简单。晚饭后尽早让孩子刷牙，去掉嘴里的香味，可以避免晚上过量进食。

3. 制作方法和进食要求

在原料上多选择绿色食品，在烹调方法上应尽量简单，多用清蒸、凉拌，少用煎、炸等方法。勾芡会使食物淀粉含量增加，应避免。喝浓汤时先除去上层浮油再喝。总之，应尽量减少烹调过程中油、淀粉、糖的用量。尽量不带孩子去快餐店，如果做不到，不购买快餐中的薯条、冰激凌、奶昔等品种，减少快餐中热量摄入的办法。对于主食量大的孩子，则应限制主食的摄入量，每餐先减少1/3，逐渐过渡到减少1/2。换小碗吃饭、将食物做成小块、细嚼慢咽、饭前喝汤、吃饭时和孩子交谈等，都是避免孩子过量进食的办法。

对肥胖儿童采用上述饮食调整方案，不会对儿童的生长造成损害，但也不可能在短期内出现明显的减肥效果。只要建立了健康的饮食模式，孩子的体重终将会回到正常。

>> 爱心妈妈育儿经

对肥胖儿童进行饮食调整的原则

(1)家长要知道孩子该吃多少，让孩子学习和体验饱腹感，知道何时该停止进食。

(2)不要用食物奖励孩子或把不给孩子食物作为惩罚，不要强迫孩子把碗里盛的饭菜吃光，应允许孩子剩饭。

(3)尽量不吃快餐，因快餐所含的脂肪量往往太高。

(4)蔬菜、水果和粗粮应占全家每天食物总量的大部分。

(5)尽量少用油炸的烹调方式。

科学护理

要训练幼儿主动控制排尿、排便

在幼儿养成定时坐便盆大小便的习惯后，省去了大人的许多麻烦。但是，还应该注意训练幼儿主动控制排尿、排便。

这个年龄段的幼儿，由于自主活动能力增强，对大小便的控制能力也有所提高，大人可以有意识地训练孩子主动控制排尿、排便。长时间憋尿、憋便均不利于幼儿的身体健康，影响幼儿主动控制排便的能力，容易形成便秘。

（1）应训练幼儿不憋尿，养成定时排便的习惯。幼儿有时因贪玩而憋尿或憋大便，这时家长应及时提醒幼儿排尿或大便。幼儿一夜不小便，起床后应先让他小便，以免憋尿时间过长。但也不要频繁地让幼儿排尿，强行要他大小便，使他形成逆反心理，不利于排便的训练。

（2）在训练幼儿大小便时，还要注意规范幼儿的排便行为。如不要随地大小便、不要在大庭广众之下即解开裤子大小便等。发现这种情况，家长应耐心开导说服幼儿应在厕所大小便。通过大小便训练，可使幼儿对肛门、尿道刺激、皮肤接触的需求正常发展，养成良好的卫生习惯，有利于幼儿身心健康。

>> 新手妈妈大课堂

注意饮食不当引起遗尿

有关专家通过对幼儿遗尿病因的研究发现，饮用牛奶、巧克力和果汁过量是造成一些幼儿遗尿的主要原因，当给这些幼儿停止供给上述食品后，遗尿现象便可消失。专家们分析，这些食品在幼儿体内可以产生一种过敏反应，能使膀胱平滑肌收缩，膀胱容量减少，并可引起膀胱平滑肌的痉挛。同时，这种过敏反应也能加深幼儿的睡眠，使他们不能在产生排尿反射时醒来，因此，对遗尿的幼儿，要少吃这类食物。当孩子进入青春期后，对这些食品不会再产生过敏反应了，遗尿症则不治自愈。

睡觉磨牙的问题

磨牙动作是在三叉神经的支配下，使咀嚼肌持续收缩来完成的，夜间磨牙对孩子的发育很不利。一般认为磨牙的原因有以下几种：一是肠内寄生虫病，尤其是肠蛔虫病在儿童中相当多见。由于肠寄生虫能在体内分泌多种毒素，这些毒素和肠寄生虫排出的代谢产物，在幼儿睡觉后可能刺激大脑的相应部位，通过三叉神经而引起磨牙的动作；二是胃肠道的疾病、口腔疾病，或是临睡前给孩子吃不易消化的食物，这样在宝宝睡觉后都可能刺激大脑的相应部位，通过神经引起咀嚼肌持续收缩；三是神经系统疾病，如精神运动性癫痫、癔病等以及孩子白天情绪激动、过度疲劳或情绪紧张等精神因素，都可以使大脑皮层功能失调而在睡觉后出现磨牙动作。有些孩子因磨牙时间较长，虽经相应的治疗，但因大脑皮层已形成牢固的条件反射，因此夜间的磨牙动作不会立即消失，特别是胃肠病虽有好转，但胃肠功能紊乱依然存在，磨牙动作也不能在短时间内纠正过来，必须坚持较长时间的治疗才能好转。

预防红眼病和针眼

红眼病，又叫急性结膜炎。两眼先后发病，由细菌或病毒引起，传染性很强，接触了红眼病眼泪污染过的手、手帕、玩具、门把、毛巾等极易传染，在宝宝聚集的地方也易传染。一旦患红眼病应到医院诊治，每半小时滴眼药水一次，坚持彻底治疗。常用药：0.25%氯霉素，0.1%利福平。睡前用0.5%红霉素眼药膏治疗。患儿一切用具全部煮沸消毒。夏秋季流行的红眼病多是病毒引起的，严重时结膜充血，甚至出血。耳前淋巴结肿大、压痛，有时影响到角膜，黑眼球发痛，视力模糊，治疗要用抗病毒药，要坚持10~14天才可痊愈。

宝宝一个眼皮出现红疙瘩俗称针眼，医学上称麦粒肿，或睑腺炎，是睫毛毛囊附近的皮脂腺或睑板腺的急性化脓性炎症。睑缘红肿、硬节，3~4天后冒尖排脓。此时家长千万不可用手挤压，否则可将脓液中的细菌挤入血管，由于眼间血管与大脑相通，细菌进入颅内可引起脑膜炎而危及生命，应及时到医院治疗。切记不可用纱布盖住一侧眼，以免因遮盖出现弱视。

如何避免摄入致敏物质

宝宝吃了某种食物后表现出了湿疹、血管神经性水肿，甚至出现腹痛、腹泻或哮喘等症状，这说明宝宝对此种食物过敏。

这就要求爸爸妈妈在给宝宝调节食谱时避免摄入致敏食物，尤其应留心过敏体质的宝宝，如果宝宝误食了致敏食物，会使病情加重或复发。

要判断哪种食物对宝宝过敏，爸爸妈妈就应仔细观察或去医院做皮肤过敏实验、食物负荷试验等，以此来协助诊断。平时，如宝宝食用某一食物后出现过敏症状，之后渐渐消失，再次食用又出现相同症状，如此反复几次即可初步判断宝宝对此食物过敏。

最常见的引起过敏的食物是异性蛋白质食物，如大虾、鱼类、动物内脏、鸡蛋（尤其是蛋清等）。个别宝宝对某种蔬菜也过敏，如黄豆、毛豆等豆类，蘑菇、木耳等菌类，还有些宝宝对香菜、韭菜、芹菜也会过敏。

尽量避免宝宝食用使其过敏的食物，等宝宝再长大一些，消化能力增强，免疫功能日趋完善时，有可能逐渐脱敏。

第四章

2 岁零 10 个月 ~3 岁

此时宝宝已经能跑能跳，可踮着脚尖走几步。会双脚交替上下楼梯，能迈过不太高的障碍物，会骑儿童三轮车，会洗手、洗脸、脱穿衣服，会从肩上把物体投出，能用纸折长方形、三角形，能一页一页地翻书，用积木搭简单的形状，会画横竖线和圆圈。

发育特征

身体发育

体重：　男宝宝 13.13 ~ 13.53 千克　女宝宝 12.55 ~ 13.13 千克
身高：　男宝宝 91.70 ~ 93.38 厘米　女宝宝 90.35 ~ 91.77 厘米
头围：　男宝宝 48.80 ~ 48.95 厘米　女宝宝 47.70 ~ 48.80 厘米
胸围：　男宝宝 50.20 ~ 50.54 厘米　女宝宝 49.10 ~ 50.20 厘米

体格发育

2 岁末，宝宝脑的重量为 1000 克，整个幼儿期脑容量只增长 100 克。但脑内的神经纤维迅速发展，在脑的各部分之间形成了复杂联系。神经纤维的髓鞘化继续进行，尤其运动神经锥体束纤维的髓鞘化过程进行更显著，为宝宝动作发展和心理发展提供了生理前提。

神经系统的抑制过程明显发展，但兴奋过程仍占优势，因此宝宝仍容易兴奋。幼儿期大脑皮层活动特别重要的特征，就是人类特有的第二信号系统开始发育，为儿童高级神经活动带来了新的特点。儿童借助于语词刺激，从而形成复杂的条件联系，这是儿童心理复杂化的生理基础。

语言、适应性行为发育

3岁宝宝会主动接近别人，并能进行一般语言交往。学会复述经历，学会表达较复杂用语。好奇心强，喜欢提问。生活自理能力增强，会自己穿脱衣服及鞋袜。此阶段个性表现已很突出，喜爱音乐的爱听收音机的歌曲。对画感兴趣的喜欢各种颜色，对文学感兴趣的喜听故事，朗读也带表情，语言流畅，能表达自己的意思，会讲故事，背诗词等。会编简单的谜语。

感觉运动的发育

3岁的宝宝，自主性很强，能随意控制身体的平衡和跳跃动作。可掌握有目的用笔、用剪刀、用筷子、杯、折纸、捏面塑等手的精细技巧。学会单脚蹦、会拍球、踢球、越障碍、走S线等。

心理发育

幼儿期儿童的心理发育是在新的生活条件和各种活动中向前发展。

3岁宝宝独立行走后便能自由行动，主动接近别人，和其他宝宝一起玩，接触更多事物，对幼儿期宝宝的独立性、社会性和认识能力的发展均有积极作用。

3岁宝宝的双手动作发展得复杂多样，自己穿脱衣服，自己洗手、洗脸等。双手协调，不论在动作的速度上或稳定性上都有明显增进。

3岁宝宝已掌握300～700个词，和人交往时已能适用合乎日常语法的简单句，并出现问句形式。

由于动作和语言的发展，智力活动更精确，更有自觉性质，在感知、想象、思维方面都得到发展。宝宝通过游戏活动，开始出现高级情感萌芽，懂得一些简单的行为准则，知道“洗了手才能吃东西”“不可以打人，打人妈妈不喜欢”这些行为准则，可以和小朋友们和睦相处，也是为品德发展做准备。

自我意识开始发展。自我意识就是人对自己和自己心理的认识。人由于自我意识的发展，才能进行自我观察，自我分析，自我体验，自我控制以及自我教育等。

自我意识是人的意识的一种表现。人的意识形成是和参与社会生活及言语发展直接联系的。宝宝能够自由活动，可广泛参加社会生活，同时又为掌握语言、为意识发展创造了条件。自我意识发展，使幼儿作为独立活动的主体参加实践活动。自己提出活动目的，并积极地克服一些障碍去取得吸引他的东西，或做他想做的事，这种积极行动和取得的成功，能激起他愉快的情感和自己行动的自信心，从而又促进了幼儿独立性的发展。此阶段的幼儿，喜欢自己做事、自己行动，常说“我自己来”“我自己吃”“我偏不”，成人应尊重幼儿独立性的愿望和信心，同时要给予帮助。

>> 爱心妈妈育儿经

利用宝宝的求知欲进行教育

宝宝的求知欲是非常强的，学习的速度也快得惊人，大人不要认为他们什么都不懂。在生活护理中，甚至在做家务活的过程中，有意识地教给宝宝一些常识，比对大孩子的正式教育更能收到事半功倍的效果，对宝宝正确观念的形成大有益处，而且密切了大人和宝宝之间的感情交流。

宝宝自我意识发展，当他开始出现的“自尊心”受到戏弄、嘲笑、不公正待遇或在别的宝宝面前受到责骂时，可引起愤怒、哭闹或反抗行为。

自我意识的发展具有复杂的内容，会经历很长的过程，在幼儿期就开始发展。

睡 眠

夜间睡 10 ~ 11 小时，午睡 1 ~ 1.5 小时。

科学喂养

营养指导

这个阶段的宝宝每天所需的营养比以前略有增加，总热量可以达到5 600千焦左右。普遍已经能够独立进餐，但会有边吃边玩的现象，父母要有耐心让宝宝慢慢用餐，以保证孩子真正吃饱避免出现可能的进食不当导致的营养不良。

建立良好的膳食制度

2.5～3岁幼儿的饮食，要定时定量。一般每天三餐一点，每餐间隔4小时，每餐进食量为50克主食外加等量的辅食。

2.5～3岁幼儿的胃容量较小，约为680毫升。过度的或不足的进食都会改变幼儿胃的运动状况，不利于消化食物，所以要定量进餐。在一般混合膳食时，胃把摄入的食物排入肠道的时间大约是4小时，也就是说在每次进餐后4小时，由于没有了食物就会产生饥饿感。因此，为幼儿安排进餐的时间间隔都是4小时左右。

由此可见，幼儿的饮食需要定时定量，要为幼儿建立起良好的膳食制度。

>> 专家答疑

每天所需多少水量

人体含有大量的液体统称为体液。幼儿的体液约占其体重的65%。婴幼儿处在生长迅速、组织细胞增长的阶段，身体需大量积蓄水分。而婴幼儿肾小管的吸收功能未发育完善，浓缩尿的能力差，但身体新陈代谢旺盛，排出代谢废物较多，所以排尿量也相对较多。因此，需要科学的给婴幼儿补充水分，使他们的体液达到平衡。

婴幼儿每天的需水量是成人的2～3倍。2～3岁的幼儿每天每千克体重需水100～140毫升，每天总需水量为1300～1540毫升，为4～5杯水。

用餐时间与点心供给

2.5～3岁幼儿的用餐次数及点心的供给量大约与1～2岁幼儿的相同。用餐次数一般为一日三餐，点心时间则是规定在10:00时或15:00时。一般一天的点心所提供的热量占总需热量的10%～20%，一般1瓶牛奶、数片咸饼干就可以满足了。

巧克力、糖果等甜的食品最好不要给幼儿吃，因为这些甜品很容易造成蛀牙，而且多吃对幼儿的身体健康也不好。可作点心的食品有牛奶、酸乳酪、水果、饼干、蛋糕等，这些食品都容易消化，并富含一定营养。

补钙还是以食补为佳

给幼儿补钙非常重要，这是很多父母都关心的话题。市场上有许多品种的钙剂，虽然有些广告中称其产品的吸收率很高，但实际效果与期望值往往有一定差距。其实，补钙还是以食补为佳。

食物的科学烹调能够增加孩子对钙的摄入。这里介绍几种多钙食品的烹调方法：

(1)把小黄鱼制成酥鱼。把锅烧热，在锅内放入葱、姜等，把小黄鱼排放在上面，加适量醋用慢火炖烂，甚至可以连鱼头、鱼刺都炖酥了。这样，整条鱼都变成了可以食用的钙剂。

(2)高压锅炖鸡。可以把鸡肉、鸡骨尽量炖烂、炖酥。鼓励宝宝把软骨嚼碎咽下，也能够补充钙质。

>> 爱心妈妈育儿经

补钙一定要遵医嘱，给宝宝过量补钙会导致钙中毒。在骨骼的形成过程中，每2克钙便需要1克磷的参与，因而，在给宝宝补钙的同时，也千万不能忽略了补磷。一般而言，钙和磷的比例在(1.2∶1~2)∶1时，吸收最好。虾皮、海带、海米、黑木耳、豆制品、猪瘦肉、羊瘦肉等均是富含钙、磷的食物，可适量给宝宝食用。

(3)做大骨头汤。将大骨头洗净，敲裂或敲断。凉水下锅，放入骨头，烧开后，撇去浮沫，再加葱、姜、料酒，用小火炖，时间可长一些。让宝宝喝汤，吃骨髓。这是一种非常好的补钙食品，适合各年龄段的宝宝。该汤还可以加在宝宝的其他食品中混合喂食，比如用骨头汤下面条、蒸鸡蛋羹等。

(4)虾皮和豆腐含钙量也较高，应该经常给宝宝食用。

另外，断奶以后的宝宝每天也应该保证至少摄入牛奶250毫升，以增加对钙的摄入。

幼儿吃零食应注意

1. 关于冷饮

盛夏酷暑，孩子们都喜欢吃冷饮。饮料含有较高的糖分和人工合成色素，过多摄入糖分会对牙齿不利，易患龋齿，而且过多摄入冷饮会引起幼儿胃肠道疾病。同时，经常过量喝冷饮会使孩子食欲减退，造成营养不良，出现腹胀、恶心、呕吐、消化不良等症状。适当喝冷饮可以消暑解渴，但饭前不能喝，特别是孩子玩得满头大汗时更不能马上喝，可在饭后 1 小时或午睡后饮用，每次 150 毫升左右，每天 2 ~ 3 次。

2. 关于果冻

果冻类食品，虽以果冻为名，却并非来源于水果，而是人工合成物，其主要成分是海藻酸钠。虽然来源于海藻与其他植物，但海藻在提取过程中，经过酸、碱、漂白等处理，许多维生素、矿物质等成分几乎完全丧失。而且海藻酸钠、琼脂等都属于膳食纤维，不易被消化吸收，如果吃得过多，会影响人体对蛋白质、脂肪的消化吸收，也会降低对铁，锌等无机盐的吸收率。此外，果冻中还会加入人工合成色素、食用香精、甜味剂、酸味剂等，对孩子的生长发育与健康没有益处。

3. 关于山楂

山楂含有多种有效成分，具有强心、扩张血管和增强兴奋等作用。山楂对痢疾杆菌有一定的抗菌作用，并有收敛、降血压和降低胆固醇等作用。山楂能促进胃液分泌，并帮助消化，是临床上常用的一味消食药。其特殊的色、香、味能增强人们的食欲，深受孩子们的喜爱。然而，山楂吃多了反而有害。古代医书上介绍：山楂破气，不宜多食，多食则耗气、损齿。幼儿正处于牙齿发育的时期，经常吃山楂，对牙齿生长不利。山楂破气去积滞，脾胃虚弱或正在服用补气药的幼儿，更应忌食。

4. 关于巧克力

巧克力是一种高热量食品，但其中的蛋白质含量偏低，而脂肪含量偏高。其营养成分的比例不符合幼儿生长发育的需要，少吃有益，多吃有害。

(1)在饭前过量吃巧克力会产生饱腹感，因而影响食欲，但饭后很快又会感到肚子饿，使正常的生活规律和进餐习惯被打乱，影响幼儿的身体健康。

(2)巧克力含脂肪多，不含能刺激胃肠正常蠕动的纤维素，因而会影响胃肠道的消化吸收功能。

(3)巧克力中含有使神经系统兴奋的物质，会使幼儿不易入睡和哭闹不安。

(4)多吃巧克力还会发生蛀牙，并使肠道的气体增多而导致腹痛。

(5)摄入过多的巧克力，体内会堆积大量脂肪，会增加心脏的负担，幼儿的体质会逐渐衰弱。

(6)多吃巧克力不利于口腔卫生，会诱发口臭和龋齿。

所以不宜让幼儿多吃巧克力，如果长期甚至是不间断地吃巧克力就会使幼儿得不到其他的营养素和维生素，如铁、钙、磷等人体必需的营养成分，幼儿会出现营养缺乏。

>> 专家答疑

宝宝爱吃糖果怎么办

妈妈可以在宝宝接触糖果之前就加以控制。如自己不吃糖，让其他孩子不在宝宝面前吃糖等，也许可以在宝宝两岁以前或更久的时候都让他不碰糖果，给宝宝乳牙一个健康生长的开端。但在现在的环境中，完全控制宝宝吃糖是不大可能的，妈妈只要注意适时适量即可。

科学护理

培养幼儿的生活自理能力

这个年龄段的幼儿，随着独立意识以及手和全身动作的发展，对世界有着强烈的好奇心，什么都想动手试一下，如搬小椅子、分发筷子、给大人帮忙等。所以，家长应抓住这一大好时机，培养幼儿独立的生活自理能力。

什么事都给幼儿全包办的一个家庭，是培养不出有能力的孩子，父母要创造机会，让幼儿有机会做事。幼儿劳动不外乎是参与吃、喝、拉、睡等生活的活动，再加上做游戏、玩玩具、穿衣以及帮助父母做一些小事(如摆筷子、搬小椅子、送报纸、拿拖鞋等)。幼儿参加这些活功，能促进他全身的骨骼、肌肉等系统得到较快发展，促进眼、手、足动作的协调一致，促进大小脑的发育，促进情绪和智力的发展。

最主要的是幼儿在这样的亲身尝试中，培养了动手解决问题的能力，体会到了小小成功带来的喜悦，并逐渐养成良好的卫生习惯、生活习惯，有利于培养其独立性和爱劳动的品德。如在饮食方面，幼儿可以学习自己用勺吃饭，饭后自己擦嘴，自己去拿杯子喝水，准备开饭前的小椅子，分发筷子等；在卫生方面，可以让幼儿自己学会洗手、擦手、洗脸等；在穿衣方面，让幼儿自己穿脱袜子等；又如妈妈在购物时，牵着幼儿，在超市或商场里，给他介绍各种商品，让他认识各种商品。

总之，不要总认为宝宝什么也不懂，什么也做不了。幼儿生活自理能力的形成，与家长的引导是密切相关的。

>> **新手妈妈大课堂**

从简单的地方入手培养

培养幼儿生活自理能力，应该让幼儿从简单的事做起，这样幼儿才会树立信心，增加自己做事的兴趣。如学习脱穿裤子时，最好从衣服穿得较少的夏天开始，从易于脱穿的裤子入手，这样幼儿才会较快掌握，保持学习的兴趣。当幼儿做得不太好，甚至很差的时候，父母不要批评，而是要用温和的语气耐心地对他进行指导。家长要言传身教，多做示范，多让幼儿练习，看到他成功时和他一起高兴，并给予表扬和鼓励。

尽早让孩子掌握一定的生活技能，为孩子日后掌握更多的生活技能打下坚实的基础。

早用筷子有益于智力发育

对幼儿来说，用筷子吃饭并不是件容易的事，用筷子夹食物时，不仅是5个手指的活动，腕、肩及肘关节也要同时参与，从大脑各区分工情况来看，控制手部肌肉活动的区域要比其他肌肉运动区域大得多，肌肉活动时刺激了脑细胞，有助于大脑的发育。可见及早进行手的活动功能训练可以促进大脑发育。有些家长为了图省事，不及时训练幼儿使用筷子，一直让幼儿用汤匙吃饭，这种做法是不妥当的。幼儿应从2～3岁时学习使用筷子，一方面可以让幼儿享受用筷子进餐的乐趣，另一方面对幼儿的智力发育也大有好处。

幼儿拿筷子的姿势是个逐渐改进的过程，家长不必强求孩子一定要仿照自己用筷子的姿势，可以让幼儿自己去摸索。随着年龄的增长，幼儿拿筷子的姿势会越来越准确，可以夹起一些小的食物，如小糖丸等。初学用筷子时，先让幼儿夹一些较大的、容易夹起的食物，即使半途掉下来，家长也不要责怪，应给予鼓励。

教宝宝热爱劳动

诱导宝宝和爸爸妈妈一起做某件事，大人可让宝宝充当小助手，只要是没有什么危险的事情，让宝宝动手参与。这样可给宝宝带来劳动的快乐，也可锻炼动手能力。在充当小助手中，宝宝学会许多基本的劳动技巧及其他的知识，养成爱劳动的习惯，感受自己长大了。

在超市或自选市场里，妈妈可牵着宝宝，让他认识各种商品，给他简单介绍生活的日常用品。让他自己选一两种食物或其他的东西，增加他的兴趣。再如可让宝宝帮忙择菜、剥花生等，爸爸在修理器具时让宝宝递个小锤子什么的，这些都会让宝宝在无形中学到许多知识。这些知识能让他在以后的实际生活中发挥很大的作用。

带宝宝检查视力

宝宝到3岁时，应进行一次视力检查。我国大约3%的儿童有弱视。宝宝自己和家长不会发觉，在3岁时如果能发现，4岁之前治疗效果最好。5～6岁仍能治疗，12岁以上就不可能治疗。宝宝失去立体感和距离感，以后学习和从事许多职业都难以胜任，如司机、飞行员等，学习精密机械、医学等也都困难。

视力检查可发现两眼视力是否相等。如果因斜视或两眼屈光度数差别太大，两只眼的成像不可融合，大脑只好选用一眼成像，久之废用的一侧视力减弱而成弱视。或因先天性一侧白内障、上睑下垂挡住瞳孔，或由于治疗不当，挡住一眼所致。检查时发现异常，可及时治疗。

居室内外的安全

厨房，也许是一般家庭利用率最高的地方，居家的许多时间都在这里度过。频繁的烹饪工作和杂务对宝宝来说极不安全。

1. 门

把门上所有的玻璃块贴上安全薄膜，以防止宝宝撞进门时打碎玻璃；还可以在玻璃上贴上一些彩色图片以提醒宝宝。

2. 地板

不要让宝宝在操作台之间的地板上玩耍，也不要在可能会绊倒宝宝的地方玩耍。在急着要擦拭溢出或溅出的液体时，要避免溅到宝宝身上。家有宠物的要注意：把喂养宠物的碟碗收起来，并保持地上的清洁，用盒子来装宝宝的玩具或杂物。

3. 废物桶

阻止宝宝在废物桶里翻找东西；把有齿边的罐头盒和盖子或碎玻璃片扔进垃圾桶里；把废物桶放在橱柜里，并装上一个宝宝拉不开的安全把手。

4. 防火

要在厨房里存放一罐灭火器，以扑灭突发的火灾。如果想购买灭火器，请向消防队咨询哪种类型最合适。

5. 容器与食物

消毒宝宝所有的食具，不要把准备好的食物放在房间里在常温下保存；不要保存吃剩的食物，因为热的或再加热的食物是细菌最好的营养基地，它们会引起小儿肠炎。

6. 高椅子

经常使用安全带，不要把椅子靠近放有物品的桌面，因为宝宝会把它们弄到地上；不要让宝宝独自一个人坐在椅子上。

7. 玩耍

留一块安全的地方，或者安装一个宝宝围栏，以便宝宝玩耍，但家长必须能随时看到；让宝宝远离炉灶，确保宝宝的安全，以免受到伤害。

8. 桌子与烹饪操作台

随时注意宝宝在拿什么物品，把烹饪操作台边上的所有沉重的、易碎的或是尖锐的物品放得远一些，让宝宝够不到为止；不要把凳子或椅子靠近桌子、烹饪操作台，以免宝宝爬上去；把电水壶、烤箱、搅拌器以及电熨斗的电线收好，别让宝宝够着。不使用电器时，把电源插头拔离插座，不仅仅是烧开的、冒蒸气的壶可以烫伤人，即使煮沸后15分钟的水也会烫伤人。另外避免使用桌布，如果会爬的或刚会走路的宝宝拉扯它，桌上的物品就会掉在宝宝的头上。用小垫子代替桌布，或将桌布用夹子固定好。

9. 橱柜与抽屉

橱柜与抽屉，尤其是盛放以下危险品的橱柜与抽屉必须装安全把手，如刀子、剪子、餐具；分量较重的罐子、盘子或瓷器；干的食物如小扁豆、面点等；可造成哽噎的食物和原料；酒类及玻璃瓶子；药品类，包括维生素丸；清洁剂，如洗衣粉或漂白液，包括不许宝宝打开盖子的瓶子。这些危险物品一定要存放妥当，不要让好奇的宝宝拿到，以防发生意外事故和危险。

10. 电冰箱

存放食物不当也会引起食物中毒。采取以下措施可尽量减少危险：把煮熟的肉类与生肉存放在不同的抽屉里，并且在生肉上覆盖一层保鲜膜；不要把食物存放在打开的罐头盒里;吃剩的食物倒进干净的容器里,再存放进冰箱;定期检查食物是否超过保质期。

11. 灶具

当家长正在忙于做饭的时候,宝宝会有被热油或沸水烧伤、烫伤的危险。可以买一个安全护栏,但是请记住宝宝的手指仍可能伸进被烧烫的炉架或是煤气灶引起烫伤。让宝宝远离烤箱门,因为烤箱工作时门会很烫,即使停止工作,仍有一段时间会很烫,对于会爬或刚学走路的宝宝尤其危险;要让宝宝明白"烫"的意义,懂得害怕;把火柴放在宝宝拿不到的、装有安全把手的柜子里。

(12)洗衣机和烘干机

不要让宝宝的小手触摸洗衣机和烘干机的玻璃门,因为它们工作时会发烫;当机器不工作时,一定要把门关好,宝宝也许会爬进去,或者把玩具塞进去。

>> 新手妈妈大课堂

幼儿夏季护理五忌

(1)忌不敢开窗户。其实夏季室内外温度的温差很小,一般室外温度比室内温度要高。因此,开窗不会使婴儿受凉,相反还能使室内空气新鲜。

(2)忌不敢让幼儿睡凉席。幼儿完全可以睡凉席,只是要注意安全,不要让凉席扎着孩子,在凉席上面铺薄被,毛巾被都可以。

(3)忌随便用电风扇。如果不是太热,不要用空调或电风扇为孩子降温。

(4)忌不敢让幼儿光屁股。幼儿除了护好腹部外,其他部位都可以裸露。

(5)忌补水不足。

防止宝宝意外伤害

近年国内医院的统计表明:宝宝急症增多,引发急症的原因也发生了显著的变化——传染性疾病急症减少,意外事故、创伤性急症大幅度上升。创伤与伤害严重威胁着宝宝的生命与健康。

宝宝意外伤害最常见主要有车祸、跌落、烧伤、溺水、中毒等。意外伤害即将发生时,往往无法预见,并且宝宝没有及时逃避的意识,更增加了意外伤害发生的可能性。如果意外伤害已经发生,就要尽量减轻伤害造成的后果。急救必须遵循正确的原则。

1. 切割伤

轻微出血，可先用红药水或酒精消毒，然后用创可贴贴住伤口即可。若伤在腕部等出血较多的部位，则应采取加压包扎。

家中常用而又容易造成宝宝切割伤的用具要妥善放置。宝宝长到3岁，家长就可以教宝宝学会打求救电话，包括报告姓名和家庭地址等，以防宝宝独自在家时可能出现的不测。

2. 自行车挤伤

一般为软组织损伤，并无大碍。挤伤后3天之内，因受伤部位充血水肿，给宝宝冷敷处理受伤处，以减轻疼痛感；3天之后改为热敷，以利炎症吸收。

家长可以在自行车后轮加防护网，防止宝宝的脚伸进车轮。上路之前要叮嘱宝宝腿不要乱动。

3. 烧伤

一般较常见为开水、稀粥等烫伤。首先要脱离热源，然后采用冷疗法，冷水浸泡或湿敷，用冷水长时间冲洗，可以降低皮肤温度，止痛也十分有效。如果大面积严重烧伤，要立即就近入院治疗。切忌乱用外涂药物，表面要保持清洁干燥。

夏季是烧伤的高峰季节，烧伤患者中幼儿占一半以上。同样烧伤面积，幼儿的烧伤程度远甚于成人。成人烧伤面积占体表面积的30%以上为重度烧伤，幼儿达到15%以上即为重度烧伤。因此，家长要特别重视宝宝烧伤的严重程度。早期处理正确与否，直接影响到宝宝入院后的治疗。

4. 误服药物

首先，尽快弄清什么时间误服了什么药物和大体剂量，为就医时提供基本情况。如果误服一般性药物，比如不良反应很小的维生素、止咳糖浆等，可让宝宝多饮凉开水，使药物稀释并及时排泄出体外。如果吃下的药物剂量过大又有毒性，首先应当立即用手指刺激宝宝舌根催吐，然后再喂大量茶水、肥皂水反复催吐、洗胃。催吐和洗胃后，让宝宝喝几杯牛奶和3~5枚生鸡蛋清，养胃解毒。如果误服腐蚀性药物，比如碘酒类药物，马上喝米汤、面汤等含淀粉的液体；如果是强酸，则立即服肥皂水、生鸡蛋清，以保护胃黏膜；如果是强碱，则立即服用食醋、果汁等，然后送医院。不要打骂和责怪宝宝，免得宝宝因害怕、不说真实情况而误诊。家中药品平常最好收藏在宝宝不易打开的柜子或拿不到的地方。

5. 吞入异物

如果宝宝正在咳嗽，切记不要打扰他。因为咳嗽是一种生理性的保护机制，是在利用腹腔及胸腔压力协调动作把异物咳出。如果宝宝不说话、不哭、不喊、不咳嗽甚至不呼吸，则意味着异物堵塞呼吸道引起窒息，可倒提宝宝双足，同时用力拍打背部急救。要注意给宝宝玩的物品尺寸不能太小。不要给宝宝圆的、硬的物品，如花生、硬糖果、豆、葡萄、爆米花等。

6. 触电

迅速关闭电闸，脱离电源，给宝宝做人工呼吸和心脏挤压。宝宝喜欢玩小缝隙（比如，电源插座孔），家中最好安装断电保护器，以防不测。

7. 溺水

把宝宝救上岸后，迅速清除口鼻内的污泥、杂草及分泌物，倒提双足，同时拍打宝宝的背部控水，如果溺水时间短，溺水量少，控水之后情况会有所好转。

溺水主要集中在夏秋季，河流、水库、鱼塘密布的地方和沿海地区发生率较高。男孩更爱玩水和游泳，溺水多于女孩，尤其是顽皮的男孩，家长应特别注意。

第五篇

宝宝特殊时期的喂养与护理

第一章

特殊宝宝护理及预防接种

特殊宝宝是指在妊娠中、出生后出现了异常情况的宝宝，比如说弱智、早产儿、巨大儿等，对于这些先天不足的新生儿，需要父母在后天哺育时注入其全部心血。

护理弱智儿童

有些家庭由于种种原因，孩子为智力低下者，这些孩子常被称为弱智儿童。有的家长带着孩子到处求医，服用这些药物试一试，请那个大夫看一看，可是孩子的情况始终没见好转。而有的家长干脆就把孩子当成一个废人，随孩子长成个什么样就算个什么样。的确，目前没有治疗智力低下的好办法，但是只要家长加强对孩子的教育和训练，大部分弱智儿童还是能够掌握一些简单的文化知识和技能，能参加一些一般性的劳动，不仅能够做到自食其力，而且能为家庭及社会作出一些贡献。

1. 给予特别的爱

抚养一个智力低下的孩子，父母需要给予特别的爱，需要付出的心血也很多。弱智儿童反应迟钝，要经常给予关心和帮助，给他生活的温暖。对孩子所犯的错误要有正确的理解和认识，绝不能因为他的固执和倔强而经常打骂，否则孩子将会越来越倔，甚至会对父母产生强烈的对立情绪。但也不应过分溺爱，要培养他个人的生活能力，教育他爱劳动，自己能做的事情自己做，不会做的事情要学着做，同时在家长的帮助下做一些力所能及的家务劳动。这样可以让孩子逐渐掌握一些生活常识和基本技能。

2. 强化语言训练

在人类的进化演变过程中，语言的发展起着十分重要的作用。同样，强化弱智儿童的语言训练，对促进其智力开发是十分有必要的，掌握了语言也等于学会使用进入社会的一项重要工具。弱智儿童语言方面的发展比较慢，往往存在发音模糊、口齿不清、词汇贫乏等问题。家长在对他进行语言训练时，应该不厌其烦地重复，经常带孩子出去走一走、看一看，以开阔视野，扩大知识面。等孩子掌握了一定的学习能力后，应多提供一些浅显、简单的图书让孩子阅读，以提高其对学习的兴趣。

3. 学习中要循序渐进

对弱智儿童的教育要从实际出发，循序渐进地学习一些生活基本知识和技能，以最大限度地开发其潜在的智力。弱智儿童认识事物缺乏主动性，认识事物的能力差，感知觉较迟钝，观察事物的速度慢、范围窄，家长要根据孩子的特点进行引导，吸引他去观察和识别事物。

护理早产儿

早产儿是指胎龄小于37周出生的新生儿，不同国家不同社会经济条件下早产儿的发生率不一，早产在我国的发生率约为56%，死亡率127%～208%，胎龄越小，体重越低，死亡率越高。护理质量对存活率有很大影响。

早产儿因胎龄、体重不一，故生活能力不同，体重低于2000克者尤需特殊护理。早产儿分娩时应提高产房室温，准备好开放式远红外暖箱和预温早产儿暖箱。娩出后用纱布清洁全身，但保留胎脂。对早产儿喂奶、穿衣、试表及换尿布等工作须在暖箱中轻柔完成。每天试表，称体重。衣物要柔软，不要有扣子，以免硌伤。

早产儿室温应保持在24～36℃，湿度在55%～65%。体重越轻者，周围环境温度应越接近早产儿体温。如有青紫和呼吸困难发生时应及时吸氧，但最好不要长期持续使用，以免引起晶体后纤维组织增生症，导致视力障碍。

早产儿因体内糖原储备不足，出生后易发生低血糖，因此主张早期足量喂养，生后6小时开始，喂奶前先试喂糖水1～2次。体重过轻或一般情况弱者可推迟喂养，但要静脉补液。补液期间要让早产儿经常吸吮空奶头，利于刺激胃肠激素的分泌。凡具吸吮力的早产儿最好吃母乳，若无母乳，应喂专用于早产儿的配方奶。

>> 温馨提示

早产儿由于免疫功能低下，易患感染性疾病。为预防感染，护理早产儿时要先用肥皂洗手，有传染病时及时隔离。尽量减少成人探视的人数和次数，不要让成人随便触摸孩子，以免增加感染机会。

护理新生儿缺氧

新生儿一般在出生后1～5分钟由医生分别进行2次Apgar评分。正常新生儿为满分10分，评分越低，说明宝宝在出生之前缺氧窒息就越严重。7分以上为轻度缺氧，往往不影响以后；4～6分为中度窒息，经积极处理正常可在短时间内恢复；少于4分时，呈重度缺氧窒息、呼吸抑制的表现。此时，必须由医生进行紧急抢救复苏，才有好转的可能，否则新生儿很难存活。

虽经急救复苏，但出生10分钟后仍评分很低，尚未建立正常有效呼吸的新生儿，即使幸存下来，但由于长时间缺氧，大脑细胞受损，日后会出现智力低下或运动障碍等后遗症。患儿抵抗力低下，还容易出现吸入性肺炎、新生儿硬肿症、低血钙、低血糖、新生儿颅内出血及周身感染等疾病。

所以对出生评分较低，但经抢救恢复正常的新生儿，护理要特别精心。

（1）要保持安静的室内环境，不要经常抱动或移动宝宝。

（2）要注意保暖，过热容易使宝宝水分丢失，出现脱水热；过冷出现体温不升或新生儿硬肿症。冬天里宝宝的居室理想温度应在18～22℃。如无条件可用热水袋放在新生儿襁褓周围，水温40～60℃，1～2小时换水1次，使宝宝体温维持在36～37℃，还要保持一定的空气湿度。

(3)要仔细喂养,也可用1∶1、2∶1至3∶1的牛奶与水的比例,加5%糖水的牛奶喂养宝宝,并逐渐增加牛奶的比例,以少量多次为主,不宜一次喂得太饱,以防呕吐、误吸,发生吸入性肺炎、窒息的危险。喂牛奶的宝宝要及时补充钙剂及鱼肝油。

(4)要防止感染。新生儿所在的房间人员流动要少,有传染病、皮肤感染或正患感冒的亲属应尽量避免与宝宝接触。同时要加强脐部、臀部及口腔的护理,从而保证宝宝的健康成长。

宝宝斜颈的护理

在宝宝出生后不久,有些细心的父母会发现宝宝的脸只朝着左侧或右侧,在触摸对侧颈部的肌肉时,会摸到一个"硬疙瘩"在皮下能够上下活动,此时可推测为宝宝斜颈。这个硬疙瘩是如何形成的,目前还不清楚。一般认为是宝宝在子宫里时,采取了不正确的姿势,妨碍了血液循环,使胸锁乳突肌(颈部肌肉)内出现肿瘤而使肌肉出现短缩而形成斜颈。

从发现到1周后颈部硬疙瘩就会变大,所以有些母亲常常会认为这样下去会恶化。不过一般在2~3个月时肿块就会逐渐缩小,1年后消失。若是最初硬疙瘩就很大,宝宝满1周岁后还不能消退,就要考虑手术了。不手术任其发展,就会逐渐出现脸部不对称、颈椎倒挛等症状,不过这种情况非常少见。

为了预防宝宝斜颈,母亲在孕期应做好预防保健工作,避免外界不良环境刺激,注意锻炼,加强自身体质,不要在孕期乱用药物,保持情绪稳定,心态平和,切勿烦躁、生气,为宝宝创造一个良好的生长发育环境。有斜颈遗传的家庭,父母对此应有充分认识。

孕期母亲要定期到医院做检查,及时纠正胎位,注意饮食,在保证宝宝生长发育所需营养的同时,避免宝宝生长过大,引起难产。

斜颈的宝宝脸只向一侧(有筋疙瘩侧的对侧)转,所以有一侧头部睡偏的可能,因此要使脸部转向另一侧,要把毛巾或薄被垫在一侧。颈部能挺直,会自由转动的话,有筋疙瘩的一侧就会发出"咯啦、咯啦"的响声,或者出现发红的现象。要尽量使宝宝用自己的力量转动颈部,父母可在宝宝背后呼叫宝宝或是制造声响来吸引宝宝做自由转动练习,那种用外力使宝宝勉强转动的方法不太好。

如何护理巨大儿

巨大儿是指出生体重大于4000克者，既可以是早产，也可以是足月或过期产。

巨大儿多发生在母亲有糖尿病或父母身材高大，母亲食量过大，胎儿体重增加过快等条件下。研究证明，婴儿巨大和遗传也有关系。巨大儿体态巨大，但身长、体重、头围比例合适。由于胎儿过大，易发生难产和产伤，甚至造成窒息或颅内出血。糖尿病母亲还易发生低血糖、高胆红素血症、低钙血症和呼吸窘迫综合征（RDS）。

在护理时应注意预防发生低血糖。有低血糖症状应按低血糖治疗，无低血糖症状亦应静脉点滴葡萄糖，预防因低血糖影响以后的智力发育。

护理过轻或过重的宝宝

正常新生儿出生体重应在2500～4000克，低于2500克称为低出生体重儿，其中低于1500克又称为极低出生体重儿，出生体重超过4000克称为巨大儿。医学上巨大儿或低出生体重儿均为高危新生儿。低出生体重儿常见于早产儿，也可见于宫内发育迟缓的足月儿（又称足月小样儿），早产儿由于呼吸系统发育不完善，容易发生呼吸困难、呼吸暂停，同时也易发生喂养困难、体温过低、低血糖、低血钙等；足月小样儿同样容易发生低血糖、低血钙、红细胞增多等症。巨大儿部分为遗传性或母亲营养过多所导致，但有相当部分糖尿病母亲的婴儿，出生后也容易发生低血糖、低血钙、呼吸窘迫及红细胞增多症等问题。

对这类新生儿应注意保暖，尽量早开奶，合理喂养，避免感染，同时注意呼吸暂停及低血糖、低血钙引起的惊厥。

如何护理发烧宝宝

宝宝发烧是父母最常遇到的问题，对此有的父母非常焦急，甚至乱用退热药，这是非常不科学的。

1. 发烧宝宝的护理措施

(1)要让发烧的宝宝多饮水，给予清淡、易消化的流质饮食，避免刺激或油炸食物。

(2)保持室内通风，将宝宝的衣服适当松开，宝宝有汗时应及时擦干，避免被风直吹。

(3)如果宝宝的体温在38.5℃以下，应用温水或40%～50%的酒精溶液擦颈下、腋窝、大腿根部等处，避免擦胸、腹部，以免着凉，诱发腹痛或腹泻。

(4)肌内注射退热药应在医生指导下进行，同时观察效果。如果宝宝大汗淋漓，应多喂淡盐水，以防虚脱。

(5)体弱儿用退烧药要谨慎，以防降温过快引起体温不升。

(6)不要把肾上腺皮质激素这类的药作为常规退热药应用。

(7)如果宝宝的体温超过38.5℃，或平时有高热惊厥史，应及时去医院诊治。

2. 发烧宝宝的护理要点

(1)让宝宝静养，观察状况。孩子的耐热性比较强，即使发烧38℃，仍然能够来回跑着玩。勉强要求孩子睡觉比较困难，可以让孩子做一些仅动手的游戏，或者给孩子读书听，让孩子安静半日，观察其身体状况。

(2)让孩子少量多次地获取水分。孩子发烧时，最令人担心的就是引起脱水。即使孩子不能吃东西，也要分多次给孩子补充水分。补充水分还有降温的效果。

(3)适当进行物理降温。高烧时，可以在孩子的头部或腋下进行物理降温。

孩子若不能配合物理降温，可以使用常见的凝胶冷却片敷额。

(4)孩子出汗后要及时擦干。孩子一旦发烧，常会出汗，应及时用干净的毛巾给孩子擦汗。擦干净后要给孩子换上干爽的衣服。

(5)注意房间通风换气，保持一定温度。要经常开窗通风，以获取新鲜空气。冬天室温要控制在22～23℃，夏天控制在25～28℃，湿度要控制在60%～70%。

家长需知预防接种种类

1. 乙肝疫苗

宝宝出生时已接种了第一针乙肝疫苗，在宝宝满月后接种第二针乙肝疫苗，还必须在小儿满6个月时再接种第三针乙肝疫苗，因为第二、第三针之间间隔时间比较长，父母可能会忘记带小儿去接种第三针，只要不超过两个月即在小儿满8个月之前，都可以再去接种第三针，仍可达到良好的效果。至于进行乙肝疫苗的加强注射，目前专家建议在间隔4～5年即小儿5～6岁再加强接种乙肝疫苗。

2. 百白破三联疫苗

百白破三联疫苗就是百日咳、白喉、破伤风混合疫苗，可预防百日咳、白喉、破伤风三种疾病。宝宝满3个月时应接种百白破三联疫苗的第一针。一般在上臂外侧三角肌附近处和臀部上1/4处肌内注射。

在小儿满4个月时，也就是在接种了第一针百白破疫苗后，间隔1个月，应接种第二针百白破疫苗。第二次接种可能出现较为严重的反应。为防止意外发生，应谨慎对待第二次接种。如果你的小孩在第一次接种后，有严重的反应，如体温超过40.5℃，有惊厥，持续性惊叫，衰竭或休克状态，小儿意识不清或有严重的过敏反应，此时，不应再接种第二针百白破疫苗。可以用白喉及破伤风类毒素疫苗进行接种。如果第一次接种后出现的反应没有上述反应严重，如体温在40.5℃以下，仅在39℃以上，或有一定的过敏反应或神经系统症状等，可接种第二针疫苗。

在第二针百白破疫苗接种1个月，即小儿满5个月时，应接种第三针百白破疫苗，至此完成了百白破疫苗的基础免疫，但一岁后，还应再按规定进行加强免疫。

接种百白破三联疫苗时应注意：有神经系统病史（脑炎、癫痫）及惊厥史者禁用，急性传染病、发热者暂缓注射。

3. BCG（卡介苗）

目前结核的病例在国内骤减，但是这种疾病会死而复燃，尤其居住在发展中国家或近亲中有结核病的婴儿，要更加注意。

首先，利用结核菌素反应检查有没有免疫力后再接种。结核菌素反应判定为阴性后，才在2个星期以内接受BCG接种。身体不舒服而在这个期间不能接种的话，要再做一次结核菌素检查。新生儿出生后1周内即可接种。

BCG的接种方法是在左上臂三角肌处皮内注射。接种后2~3个星期会红起来，大约4个星期结成疙痂，不要用力摩擦，轻轻擦拭直到自然剥落为止。

4. 脊髓灰质炎（小儿麻痹）

小儿麻痹在二十几年前非常流行，让所有的妈妈担心受怕，如今由于疫苗的应用，病例急剧地减少了。但是，很可能由外国带进病毒，因此务必接受预防接种。

小儿麻痹疫苗采用集体接种方式，因故不能接种的话，要请教家庭医生或卫生所，一般在2个月时开始接种，每月1次，务必接种三次。

小儿麻痹活菌疫苗有做成糖丸或糖浆的液体，用小吸管吸一滴到口中，糖丸口服。

引起小儿麻痹的病毒有3种，口服一次的话，只能有部分免疫，因此间隔6个星期以上口服第二次。即使因故延长接种的时期，也一样有免疫力。

腹泻时要避免接种，如果软便次数和平常一样的话，口服小儿麻痹疫苗也没有问题。

>> 新手妈妈大课堂

家长要知道的接种时间

胎儿期得自母体的抗体，在出生后6个月左右即会消失。所以在6个月之前，此抗体在婴儿体内产生效用，才使得婴儿不容易患病。不过，一旦抗体消失后，就必须依赖人工免疫抗体。

对于母体本身所不具备的抗体，以及难以移至婴儿体内的抗体，就必须趁早接受预防接种。例如百日咳的抗体较难转移，所以在出生后3个月起即可接受。如果身边有结核患者的话，最好自新生儿期即接种。

了解宝宝注射疫苗效果

儿童打了防疫针，2周左右可以产生特异性免疫力，1个月时免疫力最强，以后缓慢减弱。如果2周后，儿童没有患打针所预防的那种传染病，特别是在该病流行季节或周围有这种病流行时，仍没有被传染上，说明打防疫针的效果很好。

接种活疫苗后，因疫苗中的细菌或病毒需在体内生长、繁殖，才能刺激免疫系统产生免疫力。所以，局部和全身有一定的反应。比如，皮内接种卡介苗以后，2~3天后接种的部位皮肤略有红肿，但很快消失，属于非特异性反应。2周左右，局部产生红肿的丘疹，浸润硬块，有时会发生硬块软化，变成白色小脓疱，以后自行破溃形成浅表溃疡，直径一般不超过0.5厘米，有少量脓液，然后结痂，痂皮脱落留有轻微疤痕。前后时间为2~3个月。如果出现这种反应过程，说明接种成功，有效果。如果接种后无任何反应，说明接种失败。

打了防疫针后，由于体内产生了免疫力，可以中和细菌产生的毒素，故注射少量毒素在皮肤以内，可不发生任何反应。如果没有产生特异性免疫力，注射少量毒素即会发生红肿现象。比如，锡克氏试验就可了解接种白喉类毒素后，有没有预防白喉的能力。锡克氏试验阴性，说明接种成功。

接种疫苗后血液中免疫力有4倍以上增长时，说明接种成功。

预防接种的注意事项

1. 接种前

(1)仔细阅读注意事项。

(2)从2~3天前检查健康状况。

(3)接种前后尽量避免外出,洗澡保持清洁。

(4)量体温。

(5)不要忘记带母子手册和挂号本,顺便也带着孩子喜欢的玩具和毛巾。

(6)让孩子穿宽松的衣服。

(7)尽量由妈妈陪伴。

2. 接种后

(1)当天在家休息。

(2)检查婴儿的状态,如果有异常,要去找医生。

(3)在母子手册上做预防接种的记录。

(4)当天禁止洗澡。

>> 新手妈妈大课堂

儿种不适合接种的情况

(1)患各种疾病的宝宝不宜接种,例如,感冒、腹泻、发热、空腹饥饿、呕吐等情况下,有的疫苗不能注射。

(2)如果宝宝患有肝炎、结核等传染病以及严重心脏病等疾病时,身体的免疫力会下降,很有可能会承受不住接种所引起的反应,甚至有可能会加重病情。

(3)患有皮肤病的宝宝也不能进行接种。

(4)体质过敏的宝宝很容易产生不良反应,应该咨询医生以后再决定是否注射疫苗。

(5)如果你的宝宝不宜接种,但是遇到特殊情况比如被狗咬伤而必须接种时,一定要在医生的指导下注射疫苗。

(6)急性传染病而未过检疫期的宝宝不宜接种疫苗。

3. 预防接种的间隔

(1)接受种痘、小儿麻痹疫苗、麻疹疫苗的话,最少须间隔一个月。麻疹疫苗之后之所以须间隔一个月,是因为结核菌素反应尚未完全出现,必须观察其反应。

(2)BCG(卡介苗)之后若皮肤状况欠佳的话,应避免种痘。

(3)接种白百破、乙型脑炎、流行感冒等灭活菌疫苗之后,不论是活菌疫苗或灭活菌疫苗,皆须间隔一周。

预防接种后的处理

免疫制剂在人体接种以后,除了少数没有反应外,大多数会产生不同程度的反应,一般均属正常现象。如卡介苗接种1个月左右局部出现红疹、脓疱、结痂等,这是正常的。注意不要用手抓挤,脓水多时可涂点紫药水,待脱痂后即愈。预防接种后常出现的反应有:

(1)局部反应。局部的红肿、疼痛或接种的附近淋巴结有肿大现象,一般不需要处理。

(2)全身反应。发冷、发烧、全身不适、头痛等,出现这种情况时要适当休息,多饮水,反应会逐渐消失。如果体温过高,可进行对症处理,但最好用物理降温法。

(3)过敏反应。预防接种引起过敏反应者极少,如果发生面色苍白、心跳加快,脉搏可能摸不到或很细弱,手足发凉、口唇发绀、抽风(惊厥)、昏迷等症状。哪怕是其中一部分症状,都要立即让患者平卧,如有条件可注射肾上腺素,并尽快请医生救治。

为了安全起见,患有结核病及心、肝、肾疾病者,一般不要进行预防接种,有过敏性疾病也都不宜接种。在患急性传染病(及其恢复期)、感冒、发烧、急性扁桃体炎等过程中暂不要接种。

第二章

宝宝常见疾病护理

宝宝可爱却娇嫩，因自身抵抗力较弱，很容易发生不适，所以年轻的父母们应该多了解一些宝宝常见疾病护理的知识，从而在宝宝患病时从容应付。

护理皮肤念珠菌病宝宝

它和尿布疹很相似，却是由霉菌引起的，一般不会出现在健康皮肤上，而长于尿布疹等皮肤较脆弱的地方。它和尿布疹的区别在于只有屁股表面长出红斑时才是尿布疹，皱褶处发红的话就是念珠菌病。

家长无法确定是否为尿布疹时，要到医院检查是否为念珠菌病，以便及时接受药物治疗。

防治念珠菌病要保持干燥，因此换尿布后可以稍微让屁股通风晾干。此外，洗好的尿布与其用烘干机烘干，倒不如暴晒在太阳下更有杀菌的效果。

护理临床水痘患儿

如果孩子年龄很小或孩子的免疫力低下，出现咳嗽、癫痫、呼吸加快、嗜睡等症状，或斑点开始出脓，斑点周围发红，应速去医院就诊。

一旦孩子发生继发性感染，医生会给孩子开一些口服抗生素。如果孩子有出现并发症的可能，医生会给孩子注射免疫球蛋白，以加强孩子机体的抵抗力，或者医生会让患儿住院治疗，注射5天左右的抗病毒药物。

父母可以在家里做些护理工作，比如涂擦炉甘石软膏可以减少患儿的瘙痒，口服抗组胺药物，让孩子在放有碳酸钠的温水中洗浴也会减轻孩子身上的瘙痒。使用扑热息痛，让孩子喝水，以降低孩子的体温。为了防止感染，请剪短孩子的指甲，告诫孩子不要搔抓，并避免孩子与会引起严重并发症的孩子接触。

在水痘引发的并发症中，最常见的是因链球菌引起的继发性感染，这是由于患儿因瘙痒抓破皮肤所致。另外两种可能出现的并发症是肺炎和罕见的大脑感染，最严重的并发症多发生在免疫能力极为低下的孩子身上。孕妇怀孕的后期，如果母亲感染了水痘，新生儿患水痘后的并发病也比较严重。孕妇在怀孕初期患有此病，就可能导致胎儿出生的缺陷。

水痘病儿一般在病后的 7 ~ 10 天痊愈。一次感染后获终生免疫，但终身带有潜伏状态的病毒，其病毒激活可引起带状疱疹。

>> 爱心妈妈育儿经

水痘患儿的症状

(1)患儿出现轻度发烧或者头痛。

(2)皮疹主要出现在躯干，呈一串斑点状，很快转为发痒的水泡。几天后水泡干燥结痂。

(3)有时会在口腔内部出现水泡，如果转为溃疡，孩子会在饮食时有疼痛的感觉。

(4)水痘有时会伴有严重的咳嗽。

护理患了风疹的宝宝

风疹，又称德国麻疹，是儿童时期常见的一种病毒性传染病，以发热和全身红色皮疹为特征，皮疹一般出现在发热的当天或次日。由于皮疹出现较多、发展迅速，往往易引起患儿家长的担忧。

冬春季是本病的好发季节，1 ~ 5 岁的儿童发病率最高。病程一般 1 周左右。本病为病毒感染性疾病，其致病病毒为风疹病毒，传染性较强，但较麻疹的传染性弱，主要经飞沫直接播散，在幼儿园及小学校内可形成流行。风疹患者是本病的主要传染源。母亲在妊娠初期，怀孕初 3 个月内感染风疹后，胎儿可产生宫内感染，即发生先天性风疹综合征。

宝宝起病时骤然发热，体温多在38～39℃，约1/4的患儿体温可达39℃。持续1～2天者最多，3天以上者较少。皮疹一般于发热1～2天内即出现，为浅红色斑丘疹，稍高起皮面，直径约2毫米，用无色透明的琉璃片压之可见褪色。皮疹分布均匀，一般由面部、颈部向躯干及四肢发展，往往24小时内布满全身。皮疹大多于4～5天消退，少数可延长至7～9天。淋巴结肿大，在出疹同时或出疹之前，耳后、枕部、脖子后可摸到大小不等的小"豆豆"，稍有压痛。病后迅速消退，持久存在者少见。发热同时多伴有咳嗽、流涕、打喷嚏、咽痛、头痛、声音嘶哑、眼眶疼痛、眼结膜发红、食欲不振等症状。

若是宝宝在宫内感染风疹，由于孕早期3个月是胎儿三个胚层分化、各种器官形成的时期，细胞分化受抑制，胎儿尚不具备合成干扰素的能力，因此可发生各种畸形。最常见的畸形是白内障、心血管畸形、聋哑、小头畸形等，会出现生长呆滞、骨骼发育障碍。

在宝宝发热和出疹期，父母应给患儿吃流食或半流食，如米粥、豆浆、牛奶、面条汤等。恢复期注意加强营养，应吃豆腐、蛋类、豆芽、鱼、瘦肉、鸡汤等食品，以促进患儿的身体恢复。在整个病程中，应给患儿多饮水和各种果汁，并多吃水果和蔬菜，以便补充维生素。

父母还应注意患儿口腔卫生，在睡前睡醒后和饭前饭后，要用淡盐水漱口。对年龄小的宝宝，妈妈应帮助其清洁口腔。

风疹的预防方法如下：

(1)按规定及时到当地卫生防疫部门接种风疹疫苗。

(2)发现风疹后应及时隔离患者，直到出疹后5日为止。

(3)孕妇，尤其是怀孕3个月时，应避免与风疹患者接触，这是预防先天性风疹综合征的最重要的方法。

(4)在风疹流行期间，不要让宝宝去公共场合，室内要保持通风。

护理患了汗疹的宝宝

汗疹的形成是由于汗腺口受阻塞，而显得红肿。乳儿流汗多的话，则经常会造成汗疹。如果同时受到细菌感染的话，会造成化脓性汗疹。

抓破痱子后细菌进入汗腺而化脓也可形成汗疹。汗疹常长在头发中和臀部。

为了预防汗疹，要剪短头发把头洗干净，也要帮宝宝剪指甲。

汗疹出脓时，要用镊子夹前端或把膏药剪成1～3厘米的正方形贴一晚，第二天撕下来就会破皮流脓，然后涂上抗生素软膏。

使用皮质类固醇激素软膏十分有效。不过，最重要的是预防。为婴儿制造凉爽的环境、经常沐浴或擦身，以保持皮肤清洁。

汗疹严重、发烧或淋巴结肿大时，需要接受医生的治疗。

护理患了疱疹的宝宝

疱疹是因痱子、蚊虫叮咬、湿疹等化脓而引起的，身体到处会长出水疱。

水疱疹会使皮肤化脓，主要是由于葡萄球菌及链球菌所引起。这些细菌具有很强的传染力，起初会形成小水疱，水疱逐渐变大。水疱膜稀薄，容易破裂，最初是透明的，然后逐渐化脓。水疱膜破裂，脓水流出之后，会形成薄痂。水疱中会有大量的细菌，不断传染，形成新水疱，然后再发展至化脓。

这种水疱会立刻破皮，不久就成为疮痂。好发于夏季，宝宝会痒得一直抓，因而传染到身体其他部位。

水疱破皮也没有关系，但若感染到细菌就会再长出疱疹，因此一定要用干纱布吸取分泌液，然后消毒，再敷上抗生素软膏。不要使用妨碍吸收脓的纸、油纸、胶带。类固醇软膏不要涂在潮湿的部位（若治疗 1 ~2 天仍无效要去皮肤科检查）。

护理患了麻疹的宝宝

麻疹俗称出“疹子”，是由麻疹病毒引起的一种急性呼吸道传染病。一年四季都可发生，但以晚春时节发生率为高。在未接种麻疹疫苗之前，发病宝宝的年龄多在 6 个月至 5 岁，并且症状典型，常可造成流行。在广泛接种麻疹疫苗之后，发病年龄后移，症状轻、不典型，呈散发性。麻疹病毒存在于患者的血液、眼泪、鼻涕、痰以及大小便中。患者说话、咳嗽、打喷嚏时，病毒会随呼吸道的飞沫混入空气，传染他人。麻疹的传染性很强，没有注射过麻疹疫苗的宝宝如果与患者接触，一般很难不被传染。

本病的主要症状是发热、上呼吸道感染和眼部发炎，以及口腔黏膜上有麻疹黏膜斑。其皮疹常于发热3～4天开始出现，先见于耳后发际，渐及前额、面颊、躯干、四肢，最后达到手掌足底，逐渐遍及全身。一般1～2周皮疹完全消失。疹退后留有棕色色素沉着，表皮有糠麸样脱屑。麻疹是一种急性传染病，宝宝患了麻疹应该隔离。此外，还要注意精心护理。

开始起病时，宝宝有打喷嚏、流泪、流涕等症状，要注意不要使其受凉感冒，并要保持黏膜。要保持房间内的空气温暖湿润，可以用水煮芫荽或苇根，使药气不断蒸发，使室内空气湿润，而且病儿吸入后有利于发疹。同时要注意室内通风，但不要让患儿被冷风直吹。如果宝宝高烧，疹子出得不好，可带宝宝看中医，中医有"托疹"的治疗方法，可以使疹子尽快出齐，缩短病程。中医常用的是升麻葛根汤：升麻3克、葛根6克、赤芍3克、甘草3克。每天煎服一剂，疹子大量出现后便停药。在宝宝出疹期间，要避免吹冷风、喝冷水、受惊吓等强烈的外界刺激，以免疹子被"逼"回。在出疹期可能有腹泻、恶心、腹痛等症状，不用特殊治疗。出麻疹不必忌口，营养丰富，但要清淡、易消化，避免油炸、肥腻及刺激性食物。

在发烧时，要鼓励宝宝多喝水，多吃水果，可喝鲜榨果汁、肉汁等。在出疹期间，要注意宝宝的个人卫生，内衣要清洁，床单要勤换。皮肤刺痒不适、脱皮时，不要抓挠，可用温水洗。因为麻疹是一种有可能产生并发症或使病情严重的疾病，因此预防是关键。宝宝出生后要按规定到当地卫生防疫部门接种麻疹疫苗。

>> 新手妈妈大课堂

食物调养和建议

(1)甘蔗榨成汁约100毫升，再以粳米100克，煮粥食用。

(2)煮丝瓜汤，可以预防麻疹的发生。

(3)多喝水或稀释的水果汁。

(4)清淡且富含维生素A的食物。

(5)富含维生素C的食物。

(6)多喝白茅根煮水。

护理患了湿疹的宝宝

湿疹是小儿常见的一种过敏性皮肤病，多见于两岁以下的肥胖儿，在儿童期也有发病的可能。婴儿湿疹大多在出生后1~3个月起病，湿疹多见于头、面部，以后逐渐蔓延到颈、肩、背、臀和四肢，甚至可以波及全身。初起时为散发或群集的小红色丘疹或红斑，看上去像一堆堆小红疙瘩，继之破溃、糜烂、渗液和继发感染，最后结痂脱屑，反复发生，经久不愈，并有严重瘙痒。由于剧烈瘙痒，患儿常烦躁不安，夜间哭闹，影响睡眠。到处搔抓，常可致皮肤细菌感染而使病情进一步加重。

湿疹是一种过敏性皮肤炎症，病因较复杂，有时病因很难明确，生活中多种因素均可诱发湿疹。饮食方面，如食入牛羊肉、鱼、虾、蛋、奶等动物蛋白食物；气候变化，如日光、紫外线、寒冷、湿热等物理因素刺激；日常接触，如使用碱性肥皂不当或药物、接触丝毛织物等；机械性摩擦，如唾液和溢奶经常刺激皮肤；喂养方面，如营养过高，添加辅食种类偏多致使胃肠道功能紊乱等；此外，患儿家族中有过敏性鼻炎、鱼鳞病或哮喘等疾病史，湿疹发病率较高。肠痉挛是小儿时期的常见症状之一，也就是人们常说的肚子疼。肠痉挛是由于肠壁平滑肌强烈收缩而引起的阵发性腹痛，属小儿功能性腹痛，而非器质性疾病。本病可见于小婴儿至学龄儿童，以5~6岁儿童最多见。其特点是腹痛突然发作，有时在夜间睡眠时突然哭醒，每次发作持续时间不长，数分钟至数十分钟，时发时止，反复发作，个别患儿可延长至数日。

疼痛程度轻重不一，轻者数分钟后自行缓解，重者面色苍白、手足发凉、哭闹不安、翻滚出汗。肠痉挛多发生在小肠，腹痛以脐周为主，多伴有呕吐。

肠痉挛可时发时止，有的会延续好几年，有的会随着年龄的增长而自愈。

肠痉挛的发病原因还不完全清楚，比较公认的是部分患儿对牛奶过敏。常见有上感、腹部受凉、贪凉饮、进食过多或食物含糖量高等诱因，在上述因素影响下肠壁肌肉出现痉挛，阻断肠内容物通过，随肠蠕动增强，腹痛阵发性加剧，可引起呕吐。在痉挛一定时间后，肌肉自然松弛，腹痛缓解，但以后又可复发。

肠痉挛发作时，家长可用温手揉按患儿腹部或将温水袋放在患儿腹部，数分钟后症状可缓解。在发作期间，应给患儿吃面条或粥等易消化的饮食，不要吃冷饮或喝含糖量高的碳酸饮料。对消化不良的患儿，应适当减少奶量或糖量，喂奶后排出胃内空气。

对牛奶过敏者，可改喂豆浆、豆乳粉等代乳品。

疼痛剧烈者可在医师的指导下用药。

护理患了尿布疹的宝宝

尿布疹是新生儿常见的皮肤病，凡用尿布的新生儿都随时有发生本病的可能。故本病主要由潮湿的尿布经常与皮肤摩擦所致，其发生的原因及预防主要有以下几点：

(1)人工喂养儿容易发生腹泻，频繁的大便刺激造成局部的皮炎，因此，尽量避免人工喂养及防止新生儿发生腹泻，对预防尿布疹也是非常有必要的。

(2)新生儿皮肤娇嫩，角质层薄，容易脱落，对机械性和化学性刺激耐受力差。轻者皮肤发红，重者可能会丘疹、疱疹，继发感染或溃疡。因此，勤换尿布，避免湿布长期接触皮肤是最好的预防方法。

(3)尿布粗糙，洗涤不净，异常大便产生的脂肪酸，亦可刺激皮肤而引起臀红或尿布疹，故预防中还需要考虑到尿布的问题。选择尿布时要考虑柔软清洁、干燥、吸水力强等问题，用细软的旧白被单改制尿布最为合适，少用橡皮布或塑料布。洗尿布时应将肥皂、洗衣粉刷洗干净，晒干后方可使用。大小便后换尿布时，宜用纱布或软毛巾蘸温水由前向后将臀部及会阴部轻轻擦洗干净，涂以无刺激性的油脂或撒些爽身粉。

(4)生红臀和尿布疹者，轻的只需积极护理，保持患处清洁干燥，热天不包尿布，用暴露风干或晒太阳的方法治疗。冷天可用灯泡烤干，每日 2 次，每次 20 分钟，热源与臀部应保持一定的距离，以免烫伤皮肉。尿布疹化脓时，可外涂抗生素软膏或 2% 甲紫溶液，或按医嘱治疗。渗液干后，可用蒸熟后冷却的植物油或清鱼肝油薄薄地涂在患处，减少与大便的接触机会，有助于恢复。

(5)除了臀部及会阴部易发生尿布疹外，在身体的其他部位，如耳根后窝、前颈、腋窝及腹股沟等处，也可发生擦烂。擦烂多在炎热夏季由于皮肤不干净，积汗及皮肤擦伤而引起红斑，多见于肥胖的新生儿。擦烂部位若不加以保护，则有渗出液，并出现水肿及表皮剥脱，甚至形成微小的溃疡及脓疱。治疗上，主要是保持擦烂部位清洁、干燥，经常撒滑石粉或爽身粉，严重时涂些植物油即可。

黄疸宝宝的护理

如果罹患黄疸，必须接受医生检查，但首先要确定是不是真正的黄疸，有的可能是皮肤呈黄色却不是黄疸。

1. 要赶紧就医

宝宝的粪便灰白时，可能是先天性胆道闭锁症。

发烧并且尿呈深黄色时，发烧不久后出现黄疸时，可能是急性肝炎。

2. 黄疸判断法

即使皮肤呈黄色，也不一定是黄疸。要判断是否患黄疸时，可先检查眼睛的颜色。若白眼珠呈黄色，就可断定是黄疸。

所谓柑皮症，是指喝太多橘子汁或吃太多橘子、木瓜等，皮肤会呈黄色，这时，手掌或脚掌更为明显。

3. 一定要接受检查

吃母乳的宝宝常会出现母乳性黄疸。轻微的黄疸会持续一个月左右，若确定不是母乳性黄疸就不必担心。

遇到这种情形时，三天内暂时不要喂母乳，改喂牛奶观察。如果黄疸因而消失，便可断定是母乳性黄疸。

出生后立刻出现的黄疸，可趁着母子都在医院，请医生诊查。但是 2 ~ 3 个星期后仍然持续黄疸时，应带着粪便到医院检查。如果粪便正常，不妨观察一阵子，如果粪便呈灰白时，则是先天性胆道闭锁症。

宝宝发烧后出现黄疸时，大多是急性肝炎所引起。这种疾病的指标是尿液呈深黄色，发现这种情形时，要接受医生的检查。没有发烧却有贫血的现象，也要请医生检查。此外，若以前经常输血，常常是血清肝炎，需就医。

脐疝宝宝的护理

脐带于结扎后 5 ~ 10 天脱落，留下一个向下凹陷的脐窝。在个别宝宝的脐部可见到或摸到一个向外凸出的包，质柔软，在宝宝哭闹、咳嗽时更为明显，平时也可回缩不见，这个脐部鼓起物叫作脐疝。这是由于新生儿脐部肌肉薄弱，腹腔的小肠、大网膜等从此处突出到皮下而形成的。脐疝只要不是很大(直径为五厘米左右)，一般在两三个月内就会好。发现新生儿有脐疝时，可先试用保守疗法，用一枚事先清洗并煮沸消毒后的硬币或纽扣，外面包一条干净的 2 厘米宽的布条，压在脐部，即可防止脐疝再突出，多在半年以内消失，而不需要外科治疗。如果发现脐疝突出后不能还纳、局部发紫、孩子哭闹，则说明可能造成肠梗阻，应及时到医院治疗，以免引起肠坏死或腹膜炎。

脐疝发病的原因是宝宝脐部肌肉未完全闭合，脐带脱落之后，脐带血管及胶样物质退化消失，脐部就成为一个薄弱的环口。当宝宝用力哭闹、便秘、咳嗽时，使腹压增高，腹腔内容(肠管)可自脐部肌肉缺损处膨出皮下形成脐部隆起即脐疝。脐疝一般在平卧时可回缩，哭闹时则明显可见。

在宝宝哭闹时可见其脐部隆起一包，用手指轻压时还会感觉到里边有气，有咕咕响声。用手压迫可使隆起处的肠管缩回到腹腔内，此时可以用手指摸到未闭的脐环。脐疝无疼痛，所以压迫隆起处不会引起宝宝哭闹。个别脐疝可因肠袢进入疝囊，不能轻易被送回而发生疼痛。

患有脐疝的宝宝应尽量避免其哭闹、便秘、咳嗽等情况的出现，因为这几种情况都会使腹压增高，加重脐疝，影响脐环的愈合过程。

如脐疝过大可用纱布包裹腹部，但注意不要过紧，以免引起不良后果。

脐疝一般无须治疗，随着年龄的增长，脐部周围肌肉发育良好，在 2 岁以前就可以自行愈合。若宝宝已满 3 岁，而脐疝仍未愈合，则应考虑做手术修补。

肠炎宝宝的护理

由细菌、病毒、真菌和寄生虫等引起的胃肠炎、小肠炎和结肠炎。临床表现有恶心、呕吐、腹痛、腹泻、稀水便或黏液脓血便。

细菌性肠炎的治疗一般均需要应用抗生素，在病原菌未明的情况下，可以选择氨苄西林、复方新诺明、黄连素、庆大霉素等。如果大便培养确定致病菌，便可以根据细菌类型及药物的敏感试验结果调整用药。

如何治疗婴幼儿急性肠炎：

(1)轻型腹泻的婴幼儿肠炎患者要禁食不易消化的食物和高脂肪食物，暂饮米汤、豆浆、酸乳或脱脂乳，母乳喂养者要缩短喂乳时间。重型腹泻的患儿要速送医院救治。在家中治疗的轻型腹泻，可口服补液盐，每包冲水 500 毫升，少量多次喂服，一般轻度脱水的，每天按每千克体重用药 50 毫升；中度脱水的，每天按每千克体重用药 80～100 毫升。吐泻好转后 3～4 天，再逐渐恢复正常饮食。

(2)婴幼儿肠炎最好做大便化验或培养以明确诊断。大肠杆菌肠炎时，可用多黏菌素 B，每天按每千克体重用药 5 万～10 万单位，3～4 次分服；或用卡那霉素，每天按每千克体重用药 50 毫克，分 3～4 次口服。疗程不要超过 7 天，以防菌群失调。

(3)空肠弯曲菌肠炎可用琥乙红霉素，每天按每千克体重用药 30～50 毫克，分 3～4 次口服。

(4)真菌性肠炎可用克霉唑，每天按每千克体重用药 20～60 毫克，分 3 次口服。

(5)病毒性肠炎，抗生素治疗无效，可服用疗效好的中成药。

肠套叠宝宝的护理

肠套叠是指腹腔内一部分肠管套入其相邻的肠管之中。此病多发生在 1～2 岁的宝宝。这是因为宝宝肠管相对较长，肠系膜过长、松弛，对肠管固定不力，肠管活动度大，故宝宝容易发生肠套叠。这种病有几个特点：男孩多于女孩；多发生在 4～12 个月以内的健康胖宝宝身上；发病季节多在夏季 7～8 月份。肠套叠有以下几种发病原因：宝宝对增加辅食不适应，夏季饮用冷食多，引起肠道病毒、细菌感染机会多，这个年龄抵抗力弱。以上因素均能引起肠蠕动紊乱，诱发肠套叠。患了肠套叠，宝宝是很痛苦的，肚子阵阵绞痛，宝宝剧哭不止，双手紧握，四肢乱动，面色苍白。发作1~2分钟后，腹痛消失，患儿安静如常。约15分钟后，腹痛再次出现，重复循环，伴有呕吐。起病后8~12小时，由于肠管缺血，坏死，可发现果酱样大便排出。在肠套叠的早期，患儿哭闹暂停时，仔细查看可见患儿腹部有肿块，形如长筒，向肚脐部轻度弯曲，用手摸时好像腊肠，肿块表面光滑，有压痛，略带弹性，这对识别肠套叠有重要意义。本病的确诊需要做X射线钡餐灌肠检查。肠套叠属宝宝急症，一经发现应立即送医院救治。在送医院的同时应采取以下急救措施：禁食水，以减轻胃肠内压力。

不能用止痛药，以防掩盖症状，延误病情，给疾病诊断带来困难。在送医院过程中，父母应注意观察病情变化，如腹痛的部位、性质，呕吐物的性质，大便的次数、量、颜色、性状以及体温、脉搏等情况，以便仔细向医生述说病情，使医生能尽快做出诊断。

预防宝宝肠套叠就要了解宝宝肠套叠的发病原因，科学、合理、卫生地为宝宝添加辅食，避免让宝宝过多地进食冷饮，减少肠道被细菌、病毒感染的机会。

肺炎宝宝的护理

宝宝肺炎是宝宝时期最常见的一种严重呼吸道感染性疾病，以弥漫性肺部病变及不典型的临床表现为特点。

宝宝肺炎的原因多数是胎内感染或分娩过程中早破水、产程延长、吸入羊水及阴道分泌物等，造成病原菌侵入而感染致病。另外，呼吸道感染的患者除接触或经其他途径感染等有关外，病原菌以大肠杆菌、金黄色葡萄球菌、变形杆菌、病毒为多见。

宝宝肺炎的症状主要为口吐白沫、精神萎靡、吃奶呛、不爱吃奶，有时烦躁不安、呕吐、面色青灰或苍白，鼻翼翕动、闭口吹气、点头呼吸或呼吸不规则，甚至暂停。一般不发热、微热或体温过低，不咳嗽，甚至没有宝宝支气管肺炎的普通表现，如呻吟、呼吸困难等，故常不易被早期发现。

预防肺炎要从孕期开始，做好孕期保健；注意防治孕妇的感染性疾病；避免难产，临产时要严格消毒，以免接触污物；有异常分娩或临产感染史者，胎儿出生后应隔离观察，必要时及早应用抗生素等均可预防感染。

肺炎从发病到痊愈大约需要 1 个月的时间，病情重者应住院治疗，轻者可在家治疗、护理。小儿的居室要空气新鲜，阳光充足，室温恒定，约 20℃。每天应通风半小时左右，同时要保持一定的湿度。

得了肺炎的小儿易呛奶，可在奶中加入奶糕干粉等调成糊状，选用小孔奶嘴，每吸入几口就应拔出奶头，让孩子喘口气，注意多饮水，可加一些富含维生素 C 的果汁。

穿衣盖被要注意适度，不能过厚，否则会使孩子烦躁，诱发气喘，呼吸困难。

宝宝肺炎护理十分重要，家长和护士要非常耐心，注意病情的发展变化，及时予以处理。室内严禁吸烟，要与厨房隔开，以免油烟进入宝宝卧室。

>> 温馨提示

假如宝宝出现肺炎症状，在睡觉时应增加空气湿度，除非医生指示，否则不要使用止咳药，要让宝宝多喝水，想睡就睡，如觉得没有减轻，应及时就医。

护理生理性腹泻的宝宝

因母乳中含有某种成分超过了婴儿的消化能力而引起的腹泻称为生理性腹泻。据国内资料报道，136 例母乳喂养的新生儿中，80 例（占 58.8%）有不同程度的生理性腹泻，可见这是一种很常见的病症。其原因与母乳中的前列腺素 E_2 过高有关。母乳中前列腺素 E_2 过高时刺激了婴儿肠道，引起肠蠕动增加，使水分和电解质排出增加而导致腹泻。生理性腹泻的临床特点有以下几点：

（1）多发生于 6 个月以内母乳喂养的婴儿，往往出生不久即发生腹泻。

>> 新手妈妈大课堂

家庭护理：

（1）不随地大小便，孩子便后立即清洗便盆。饭前、便后要洗手，不食不洁食物，不喝生水。

（2）勤换尿布，保持臀部清洁干燥，每次便后清洗臀部及肛门，局部涂鞣酸软膏，可防止臀部皮肤溃烂。

（3）继续喂母乳、补充液体及清淡易消化食物。止泻后，每日可加一餐，促进健康。

(2)大便次数每天可以从2~3次增至8~9次,大便为糊状,无特殊臭味。

(3)生理性腹泻的小儿往往外观虚胖,面部、耳后或发际处有湿疹。

(4)这种婴儿尽管腹泻,但其所吸收的营养物质仍比一般孩子多。因此,孩子尽管一边拉稀,而一边还在继续长胖,常常比同龄儿要重些,生长发育不受影响,食欲好,无病态。

随着婴儿的生长发育,消化功能的日渐健全,腹泻的次数会逐渐减少。待到添加粥、面、肉末、鱼等辅食时,大便即能逐渐转为正常。由于腹泻次数多,如不及时换尿布和清洗臀部会引起尿布皮炎。所以,要给孩子勤换尿布、勤洗臀部,必要时臀部可用一些鞣酸软膏或植物油涂抹,以保持局部皮肤清洁和干燥,防止发生尿布皮炎。

护理哮喘宝宝

我们经常遇见这样的现象:小儿哮喘发作,父母上气不接下气地来到急诊室,但突然间奇迹出现了,小孩的气急状况明显缓解,令父母大惑不解。原来这是小孩的神经因素起着微妙的作用。因此,如果你的小孩哮喘发作,你千万不可过于紧张,尤其不要在小孩的面前显得手足无措。你应该镇定自若,给孩子以信心。除了应急时用解痉剂外,你应扶患儿到室外呼吸新鲜空气,常能收到良好的效果。同时应好言安慰你的孩子,以解除其焦躁不安的情绪。说一些提示性的语言,例如,说“我们马上去医院,医院就在附近”或者说“医生有办法”。这些提示常能收到奇效。如果你的小孩哮喘发作,在送其上医院的途中,不妨试试我们为你提供的办法。

急性上呼吸道感染宝宝的护理

上呼吸道包括鼻腔、咽喉和气管。上呼吸道感染是小儿最常见的疾病之一,尤其是6个月~3岁的小儿,一年四季均可发病,以冬春季为多,1个小儿可1年数次发病。如果不及时治疗,可引起很多并发症,对患儿健康影响较大。

小儿急性上呼吸道感染若向下蔓延则可发展成为气管炎、支气管炎或肺炎,如向邻近器官蔓延则可引起中耳炎、副鼻窦炎、眼结膜炎及颈淋巴结炎和咽后壁脓肿。婴儿还可引起败血症、脑膜炎等,年长儿患链球菌感染引起的上呼吸道感染可能引起肾炎、风湿热等变态反应性疾病。因此必须加强对本病的防治工作。患儿应卧床休息,进食易消化的食物,多饮水,室温适宜,注意隔离,注意保暖。病毒感染时不宜用抗生素,有细菌感染和并发症时可选用敏感的抗生素。

患了上感后,机体会产生抗体和单核吞噬细胞等,一起来消灭病毒,从而使上感自愈。因此,高热时可服用扑热息痛、复方阿司匹林等来治疗。伴惊厥者可加用镇静类药物。中低热时不服退热药,可给予物理降温,如头部冷敷、温水洗澡、35%酒精溶液擦浴。咽喉疼痛可用各种含片,如草珊瑚含片、西瓜霜含片、四季润喉片等。痰多者可用必嗽平、鲜竹沥等化痰药。抗病毒中成药及利巴韦林、小剂量干扰素等也可缓解症状,但并不能缩短病程。

如果病情持续发展的话,还可能出现并发症。常见的并发症有鼻窦炎、支气管炎、肺炎以及中耳炎、颈淋巴结炎,以及扁桃体周围脓肿、咽后壁脓肿等。病毒感染者可口服吗啉胍、羚羊感冒片等。细菌感染者应口服抗生素,可选用氨苄西林、阿莫西林、复方新诺明、醋酸麦迪霉素,或根据医院的细菌培养结果选用抗菌药物。

护理泌尿系统感染的宝宝

儿童经常发生泌尿系统感染,特别是女孩。然而,刚出生的男婴较女婴更容易发生泌尿系统感染,如尿路感染、膀胱炎和肾炎。泌尿系统感染后应立即治疗,这点对防止肾脏结疤非常重要,肾脏结疤常发生在5岁以下的儿童身上。

泌尿系统感染经常是由于直肠细菌侵入尿道所致,细菌有时会经血液播散到泌尿系统。因为女孩的尿道较短,所以她们比男孩子更容易发生泌尿系统感染。另外,具有尿液回流症状的儿童特别容易发生泌尿系统感染。因以往感染导致肾脏结疤的儿童,也较容易发生泌尿系统感染。

2岁以下的幼儿很可能会出现全身感染的症状,包括:发烧、腹泻、呕吐、精神萎靡、易怒。

年龄较大的儿童,症状通常比较明确,包括:排尿时会感到灼热感,排尿次数日渐频繁,背部下方或腹部疼痛,停止尿床后再度发生尿床、发烧,由于出血尿液颜色可能是红色、粉红或暗色。

如果出现泌尿道感染的症状,父母应在24小时内带患儿去医院就诊,医生可能会收集患儿的尿液检品,或要求父母收集。一旦证实症状是因为感染所致,那么医生会使用抗生素治疗。病情较为严重的患儿要在医院接受抗生素注射治疗。医生也可能会检查患儿是否有肾脏结疤或泌尿系统结构异常的情况。有些患儿甚至得接受尿液回流的特殊检验。因为患有这几种病变的儿童经常会有复发现象,所以为了防患未然,患儿可能得连续服用抗生素数年。如果医生要父母收集患儿的尿液检品,那么他会给你一个消过毒的容器和一个粘性袋(婴儿用)。较大的儿童在清洁生殖器官之后,先排出少量的尿液后停止排尿,然后再将尿液直接排到消毒容器,以收集中段的尿液。当患儿发生感染时,应该让他饮用大量的水,摄取大量的液体可以稀释尿液,减轻排尿时的疼痛和不适,并且帮助排出细菌。

>> 温馨提示

泌尿系统感染经常会复发,而重复感染所致的肾脏结疤可能使患儿成年后发生高血压或肾衰竭,所以及时对泌尿系统疾病进行治疗,将有利于避免感染对肾脏造成永久的伤害。

儿童至少应该每4小时排尿1次,或在每次用餐前睡前排尿。排便后,孩子的屁股应由前往后彻底擦拭干净。儿童应每天洗澡或冲浴,但要避免使用诸如香皂或泡沫浴剂等刺激剂,洗澡后也要彻底擦干。

宝宝患了猩红热的护理方法

猩红热是由乙型溶血性链球菌引起的急性呼吸道传染病,主要经过呼吸道传播。患猩红热后,无终生免疫,猩红热的潜伏期为2~4天。猩红热起病急,早期发热、咽痛、头痛、呕吐。病初起时舌有白苔,起病3日后白苔脱落,舌面肉红色,舌乳头肿胀,状如草莓,因此称“草莓舌”或“杨梅舌”。于起病1~2日开始出疹,先于耳后、颈部及上胸部,数小时后胸脯、上肢也出疹,24小时后下肢出疹。全身皮肤充血发红,上面密布点状充血性红疹,手压则消退,有痒感。口鼻周围苍白,可见一苍白圈。皮疹出现后48小时达高峰,然后以出疹顺序消退,2~4日退完,退疹后1周开始脱落。

宝宝患了猩红热后的处理方法是：

1. 抗感染

由于本病的致病菌为A组B型溶血性链球菌，因此在治疗上青霉素为首选抗生素。若青霉素过敏，则选用红霉素或头孢菌素，严重者可两种抗生素合用。疗程7~10天。

2. 退热

“冷敷法”“热敷法”等。

3. 止痒

局部涂用炉甘石洗剂可减轻瘙痒。

4. 口腔清洁

较大的儿童可用淡盐水漱口。高热时可用退烧药或物理降温（冷毛巾敷头，枕冷袋及温水擦浴等）。目前尚没有猩红热疫苗进行自动免疫，预防着重于对患病儿童隔离。对于接触猩红热者或体弱、免疫功能低下的密切接触者，应服用复方新诺明或肌内注射青霉素预防。若已培养确定为带菌者，应接受青霉素治疗10天。

猩红热可合并多种疾病，如化脓性疾病、心脏炎症、变态反应性疾病等。在护理患儿时，要严密观察，对合并症要尽早治疗。青霉素是治疗猩红热的特效药。要注意休息，多饮水，常化验尿常规，观察有无并发肾炎。

宝宝感冒如何护理

有的宝宝动不动就流鼻涕或打喷嚏，很容易感冒。

多发生于出生后6个月~1岁的孩子。这个时期由于妈妈先天赋予他的抵抗力逐渐减弱而自身的免疫力又很差，对病原体的抵抗力也很弱，所以容易患各种感染。

（1）体质过敏的宝宝。这种宝宝经常长湿疹，患腹泻，也常流鼻涕或气喘。

（2）爸爸和妈妈外出回来后，没有洗手就抱宝宝。

（3）送到幼儿园的0~1岁的孩子。

(4)被带到公共场所的宝宝。

(5)家人感冒。

上述几种情况,不管哪一种感冒,都可以说是父母的责任。所以,为了预防宝宝感冒,爸爸和妈妈必须注意一些事项,例如,外出回来后应把手洗干净。婴幼儿患病期间尽量不去托儿所等公共场合,减少孩子继发感染的机会,并减少活动,注意休息。应选用易消化、少油腻、多维生素的饮食。人工喂养可将牛奶稀释,或少量多次,多饮开水,以利排泄体内毒素。孩子往往食欲缺乏,父母不要急躁,疾病痊愈后,食欲自然恢复。平时应养成日光浴及少穿衣服的习惯,使皮肤黏膜具有抵抗力。发热时不宜洗澡,退热时用物理降温或口服药物,效果不佳时可肌注退热药,不可滥用激素类的药。

宝宝患了百日咳怎么办

百日咳是一种由细菌引起的疾病,最容易感染年龄为6个月以内的小婴儿。由于目前广泛进行了免疫接种,发达国家中,此病已不常见。

百日咳的潜伏期为7天,分为两个阶段,第一阶段持续7~10天,可出现的症状有:

(1)患儿在夜间出现短暂的干性咳嗽。

(2)流涕。

(3)轻度发烧。

百日咳的第二阶段持续8~12周,这时出现的症状有:

(1)白天与晚上出现连续10~20次的短暂干咳。

(2)长时间咳嗽后伴有深长吸气,并发出鸡鸣样的吼声。

(3)咳嗽可引起呕吐。

(4)患儿有时会出现惊厥。

个别的情况下,由于黏液阻塞支气管,可使部分的肺萎缩。

如果6个月内的婴儿出现以上症状,请马上联系医生。医生会从孩子的喉咙中取样化验,以确诊疾病,并且会给病儿和病儿的兄弟姐妹应用10天的抗生素。抗生素可以缩短百日咳的病程,但是只有早期治疗才更为有效。

孩子如果体表发绀或出现惊厥,尤其是6个月以下的孩子,则需要住院治疗。如果孩子6周内咳嗽不见好转或是全身状态不佳,则需要做X射线检查。

父母可以给孩子摄入软食物和足量的水。轻轻拍打孩子的后背,这样会止住孩子的咳嗽。

经过治疗后，病儿的咳嗽还可能持续几个月，有时孩子在第二年感染病毒后，也可能再度引发咳嗽。但该病很少造成肺脏永久的损伤。

护理流鼻涕、鼻塞的宝宝

宝宝常会流鼻涕或鼻塞。这是因为宝宝的鼻腔非常狭窄，副鼻腔也尚不发达，而且鼻黏膜很敏感。因此，只要打喷嚏、哭泣或接触到外面的冷空气，就会流鼻涕或鼻塞。

流鼻涕或鼻塞的不同情形：没有发烧或咳嗽，只流鼻涕时，可不必过于担心。不过，流鼻涕、鼻塞却是感冒之初最常见的症状。在这种情形下，如果感冒程度不严重，又没有发烧，只有打喷嚏和流鼻涕，可以用热敷的方式治疗。把拧干的热毛巾敷在宝宝的鼻子到口的部分，鼻黏膜湿润后，宝宝会感到舒服。鼻塞时让他喝温汤或热牛奶，过一会儿鼻子就会畅通。

流鼻涕持续一个星期以上，鼻涕由透明状变成黄色时，要接受医生的诊察。

另一种情形是体质过敏的宝宝所引起的过敏性鼻炎，症状有打喷嚏、流鼻涕、鼻塞等，宝宝稍大后就会自然痊愈。

鼻塞所引起的呼吸困难，会让宝宝很难受。如果遇到这种情形，可用热毛巾敷在鼻子上，也可以使用市售的吸鼻器，为他吸出鼻屎或鼻涕。

第三章

宝宝用药常识

药物具有治疗疾病的有利作用，又有不良反应的有害作用，宝宝机体较弱，所以服药应更加注意，一定要根据病情和年龄慎重选择，不能随便滥用。

最理想的小儿科医生

有的妈妈在生产一个月后会到妇产科接受检查，同时顺便让婴儿也做检查。但是，妈妈还是应该为婴儿选择一位小儿科的家庭医生。

几乎大部分的内科都包含有小儿科，由招牌中可得知医生是否有小儿科专业。外面有许多内科、小儿科的广告板，请尽可能地选择小儿科专业医师，因为如果兼任内科的话，大人也可以去看诊，这样就很可能会被大人所患疾病而传染。

完善的就医程序：

1. 一个月健康检查

一般来说，一个月的健康检查，通常是母亲在产后接受检查的时间，于同一家医院中进行，如果已经决定好小儿科医生，也可前往该处进行一个月的健康检查。

在生产医院的指示下，也可第二个月后再进行检查，如果有发烧，或其他疾病，当然可以提早就诊。

2. 做好育儿咨询

与其等到孩子病了才带去看医生，倒不如平常多观察他的情形，这样和家庭医生比较好沟通。即使没有生病和反常，也希望在周岁前每月做一次定期的育儿咨询，并且接受保健门诊。

小儿科大多规定保健门诊时间，采取预约制度，因此要事前挂号。

3. 遵守诊疗时间

除了紧急情况外，最好能严守时间，如此一来，才不会影响医生的工作，而且也能进行完善的诊查。

4. 在夜间或假日如何就诊

父母应该尽量避免在夜间或休诊日打电话请家庭医生诊查，在放假日之前特别注意宝宝的情形，如果有异常，要及早接受检查。

原则上并不鼓励用电话咨询，但是接受第一次检查的疾病常需要咨询，因此需要事先讲好。

若临时找不到家庭医生，可带孩子前往医院的夜间门诊接受检查，或请求值班医生帮助。记住，随机应变是最好的解决之道。

5. 减少宝宝的负担

身体不舒服时，等候看病对宝宝和妈妈来说，都是很痛苦的事。如果不是很紧急，可以打电话问问就诊的人多不多，什么时候比较方便，再带孩子去看病。几次经验后，就会知道该医院人多的时段。

每家医院的挂号方法都不一样，有的是拿号码牌，妈妈想要减短宝宝等待的时间，必须先行前往办理挂号，然后估计好时间再带宝宝去看病。

结账和拿药都要等候，妈妈可以考虑先回家让宝宝睡觉再来办理。

>> 专家答疑

宝宝病了是打针还是吃药

许多父母带孩子看病总是要求医生打针，认为打针见效快。但打针对于孩子来说痛苦大，同时对药品的质量、护士的注射技术和医院消毒设施要求较高，还有可能造成局部感染。所以虽然采用针药注射，药物吸收快，但孩子有病时能口服药的应尽量口服为好。尤其是对于肠炎、痢疾等消化道疾病，口服药是最安全、方便和经济的，药物通过口腔进入肠胃道，可保持有效浓度，起到很好的效果。

家庭用药须知

目前很多家庭都备有日常用药，遇上小伤小痛什么的可自行用药，既方便又经济。不过在运用自备药箱治疗时父母要根据宝宝的生理特点慎重用药，在用药安全方面要注意以下几点：

1. 防止滥用药物

由于宝宝特殊的生理特点，父母在给宝宝用药时，要注意其病情及生理特点和药物性能，勿滥用药。滥用药轻则疾病无效，延长治疗时间，重则延误治疗时机使病情加重，或引起毒性反应，给患儿带来痛苦。

2. 尽量少联合用药

有些药物联合使用起相加作用，使疗效提高，有些药物联合使用起相减作用，使疗效降低，或毒性增加。因此，家庭用药最好单品使用。

不可忽视药品包装上的注意事项。使用某种药物时，不能仅看它的作用和用途，更应留意其注意事项，它是安全有效用药的保证。

3. 注意防止药物过敏

患儿有一些属过敏体质，若是以前有过药物过敏史者，在给宝宝喂服药物时应格外小心，尤其是青霉素类的，如阿莫西林、磺胺类的如复方新诺明、解热镇痛类的如去痛片等。以往对某种药有明确过敏史者应禁止再次使用。

要知道有些药物儿童是忌用的。比如阿司匹林，儿童使用阿司匹林有可能使脑部和肝脏受损，有一些药品是间接含有阿司匹林的，父母一定要注意。如果病情继续发展，就必须请教专业医师。

>> 温馨提示

宝宝出生后，一定会需要医生的帮忙，即使身体素质好的宝宝，在成长过程中，也难免会生病。

照顾宝宝很有学问，平常妈妈必须注意育儿事项，因此如果能找一位附近的小儿科医生当家庭医生就很理想。如果没有小儿科时，尽量找熟悉的内科医生。因为与其花30分钟的时间带宝宝去找小儿科医生，倒不如找附近的内科医生，以减轻宝宝的痛苦。原则上应在邻近范围内寻找医生，不管多有名的医生，若离你家太远，反而会增加困扰，如果有汽车，而母亲也会驾驶的话，那就另当别论，不过这得依家庭状况决定。

给宝宝喂药的方法

喂药需要的物品很简单，一个中等大小的不锈钢小勺、一个小酒盅和一块小毛巾即可。喂药前必须按标签查对所服药物，包括药名，即是否这次应服的药；药品质量，如果片剂发霉、变色不能用，水剂混浊、变色、有霉坏味不能用，放置时间过久的药和已过期失效的药也不能服用；还应核对应用剂量。服药前半小时至 1 小时将所需服用并能够同服的药片、药水按规定剂量同时置入小酒盅中，并放少量温开水浸泡。等到服药时药片已完全溶化，喂服非常方便。有人临服药时将药片用勺、擀面棍或瓶子碾碎，或者用小锤子砸碎。这样做不但不易将药片粉碎，影响服用，同时必然造成一些损失，使药物剂量失之准确，也容易使药物受到污染。

喂药前先准备好温度适宜的糖水。将已溶化好的药物用小勺子混匀。宝宝可以躺在床上，亦可抱在家长怀里，颌下围好小毛巾，使宝宝头略侧向一边。家长将药倒入勺中，一只手轻轻捏住宝宝双颊，另一只手将小勺放在宝宝口内，紧压住下齿使药液顺口角慢慢流入口中。无论宝宝怎样哭闹、挣扎，小勺始终压住下齿，不离宝宝的嘴，直到药物全部咽下。然后将勺取出，倒入少许糖水，与勺内残药混匀，再次喂入。如果动作熟练，整个过程用不了 2 分钟，同时能保证药物毫无损失地喂下去。

对于大一点的宝宝，应鼓励它们主动吃药，尤其要锻炼整片吞药。某些糖衣片或胶囊制剂整服既方便，又可避免药物的苦味；有的肠衣片整服还能减少胃部刺激症状和保证疗效。对于已经具备吞服药片的宝宝，拒绝服药，家长态度一定要坚决，让宝宝明白药是非吃不可的。同时讲明道理，使宝宝主动配合。

中药药量较多，但有些宝宝和小宝宝喂服并无困难，放入奶瓶中就像喝糖水那样喂，不妨一试。当然，宝宝服用中药应煎浓一些，尽量减少药量，每次可以浓煎至

1/3 至半茶杯。当然不能煎糊，煎糊的中药是不能服用的。同时，宝宝服中药可增加服用次数，即每剂药可分两次甚至更多次数。

用药原则

药物治疗是宝宝治疗疾病的重要组成部分，为了使药物发挥疗效而不产生或少产生不良反应，父母在给宝宝喂药时要注意以下几点：

1. 慎重选择新特药

有些父母看到宝宝患病，急得不知怎么办才好，恨不能代宝宝患病，因此在带宝宝看病时，总是要求医生开最贵、最新、最好的药。宝宝处于生长发育的动态变化之中，机体各组织器官尚未成熟，功能也不完善，与成人相比更易发生用药的不良反应。就像 20 世纪 60 年代末 70 年代初的四环素药一样，毁了多少宝宝的牙齿！所以，选择传统的经典药品更安全，因为它们经受住了时间的考验。

2. 打针不一定比吃药好

宝宝患病了，是打针好还是吃药好，父母不要太操心，医生会根据病情的需要合理选择用药方式，父母不可给太多的建议。

3. 选择药物种类宜少而精

宝宝服药种类不宜过多，可用可不用的药物尽量不用。如果需要同时服用几种药物，要严格遵守医嘱将服药时间错开，以免药物在体内相互作用而产生不良反应或降低药物的效果。

4. 遵医嘱服药

看了病不吃药就达不到治疗效果，父母在给宝宝喂药时要按时按量，不能想起来了就喂一次，忘了就把两次的量合在一起喂，该是饭前服的就不能饭后服。总之，父母在给宝宝喂药时，一定要遵医嘱。

宝宝常用药的不良反应

当医生为宝宝开出药品之后，其家长应当从医生那里获知所用的药有哪些不良反应及其和其他药物的相互作用。一般来说，药品对宝宝的不良反应并不常见，其发生率为 2% ~5% 。

1. 抗感染药

青霉素除过敏反应外，钠盐大剂量静脉滴注有时引起钠负荷过度充血性心力衰竭。在氨苄青霉素应用中,约有10%发生腹泻。四环素在体内存积于骨和牙质中,引起变色和釉质发育不全,在7岁以前是禁止使用的。红霉素抑制茶碱类药物的代谢,从而使茶碱类药血清浓度升高到毒性水平。庆大霉素、卡那霉素、链霉素以及小诺霉素可引起听神经及肾损害。氯霉素可抑制骨髓造血、增加灰婴综合征的危险性。异烟肼可引起肝损害、神经炎、小脑功能障碍和惊厥。

2. 抗疟药

儿童一般对其耐受良好,但有些药可引起急性溶血性贫血、视网膜及视神经的损害。

3. 驱虫药

哌哔嗪剂量过大可引起共济失调、眼震和反射减弱。

4. 止痛药和解热药

过敏性体质的儿童服用阿司匹林可能发生假变应性反应,如支气管痉挛、鼻炎和荨麻疹;可待因可引起便秘。

5. 抗惊厥药

苯巴比妥可使儿童出现倦睡。酰胺咪嗪量增加过快可引起倦睡、共济失调和复视。苯妥因钠血清浓度一旦达中毒水平,可出现小脑功能障碍和癫痫发作,因而一般不供儿童用,长期服用该药可出现齿龈增生和多毛症。安定可使呼吸暂停、低血压和心脏停搏,以直肠给药为宜。

6. 止喘药

舒喘灵(沙丁胺醇)可引起震颤、头痛、头晕、心悸和心动过速。茶碱可引起失眠、震颤、神经过敏、烦躁,剂量过大可引起全身性惊厥。

7. 激素

可使宝宝对感染性疾患易感性增加、向心性肥胖、多毛、高血压等。

8. 心血管药物

狄戈辛的毒性表现为厌食、恶心、倦睡、视觉障碍和心律失常。心得安引起支气管痉挛。速尿引起营养不良及低血钾症。

对策：

(1)必须及时发现药物不良反应的最初迹象，并立即停用有关的药物，以避免严重的药物不良反应。

(2)当小儿服用多种药物时，要注意分辨是哪种药物或某两种药物的相互作用所引起的不良反应。在出现严重药物不良反应时，必须停用所有药品，然后按每次增加一种药的方法重新使用，直到药物不良反应再次出现而停用某种药物。

(3)必要时可用某些对抗性药品来消除药物的不良反应，如狄戈辛中毒可用钾盐对抗；速尿(呋塞米)的低血钾症可合用保钾药安体舒通(螺内酯)等。

宝宝用药家庭常备

(1)小儿常用感冒药：东圣感冒灵、小儿迪康、小儿感冒冲剂、儿童泰诺感冒溶液等。

(2)小儿常用退热药：儿童美林混悬液(高热首选，长达八小时)、泰诺林退热滴剂和溶液、阿苯片、百服宁等。

(3)小儿常用止咳药：小儿宣肺颗粒、联邦止咳露、必嗽平、小儿止咳糖浆、急支糖浆等。

(4)小儿常用止泻药：思密达、乳酸菌素片、妈咪爱等。

(5)小儿常用止喘药：舒喘灵、美喘清、博利康尼、喘康素、爱喘乐等。

(6)小儿常用抗菌素：阿莫仙、氨奇、美欧卡、多粘菌素 E 等。

(7)小儿常用抗病毒药：利巴伟林、新博林、复方双黄连、复方双花口服液等。

(8)服药期间多喝开水，以利药物的吸收和排泄，减少药物对宝宝身体的毒害。

(9)3 岁以下宝宝，肝、肾还未发育成熟，不要口服或注射扑热息痛。

(10)宝宝或其家庭成员有解热药过敏史者，不要用退热药。

(11)退热药不要和碱性药同时服用，如小苏打、氨茶碱等，否则会降低退热的效果。

(12)其他小儿常用药：小施尔康、钙尔奇 D300、复合钙、葡萄糖钙、葡萄糖酸锌等。

退烧药的使用原则

发烧是一种“警报”，它表示身体出现了问题，需要及时就医。宝宝的正常腋下体温应为36～37℃，只要超过37.4℃就是发烧了。

但是，宝宝的体温在某些因素的影响下，也常常会出现一些波动。例如，在傍晚时，宝宝的体温往往比清晨时要高一些；宝宝进食、哭闹、运动后，体温也会暂时升高；如果衣被过厚、室温过高等，宝宝的体温也会升高一些。如果宝宝有这种暂时的、幅度不大的体温波动，只要他的一般情况良好，精神活泼，没有其他症状和体征，通常不应该有什么问题。

宝宝发热，临床上常用的降温方法主要有两种：物理降温、药物降温。不管采用何种方法帮助宝宝降温，要根据宝宝的年龄、体质和发热程度来决定。

新生儿期宝宝发热一般不宜采用药物降温，婴幼儿一般感染所致的发热最好先采用适当的物理降温措施。但对麻疹等出疹性疾病的患儿不宜采用冷敷和酒精擦浴降温，以免刺激皮肤，影响皮疹透发。

如果使用药物降温，要注意剂量不要太大，以免使宝宝出汗过多而引起虚脱或电解质紊乱。儿科常用的退热药物种类很多，不管使用哪种退热剂，都要在医师的指导下进行。

1. 阿司匹林

“头痛感冒发烧，阿司匹林一包。”不了解药品可能带来的不良反应，按这句顺口溜为宝宝用药，就可能会出问题。自20世纪70年代引起用药儿童出现瑞氏综合征后，医生们对这一老牌药物的用药安全更加注意了。1975～1985年，瑞氏综合征在北美高发，1980年达到了高峰，其致死率约为30%。因此从1986年起，在所有儿童用阿司匹林的包装上已提出警告。该综合征的主要表现有肝功能损害、黄疸、中枢神经系统症状和肾损害。据悉，此综合征在我国并不多见。此外，阿司匹林还会引起胃肠道刺激、延长出血时间、过敏反应等。在过敏反应中，以哮喘较为常见。

2. 安乃近

由于其明显的不良反应，这些年安乃近用得少了。1977 年该药已从美国市场上撤出，目前，27 个国家已禁用或限用安乃近。

3. 对乙酰氨基酚

该药有明显的剂量依赖性，即随剂量上升而疗效上升。过量应用此药会引起肝脏损害。对乙酰氨基酚没有其他解热镇痛药常见的胃肠道反应、血小板功能影响、粒细胞减少等，也无肾毒性，故安全性高，目前在全球广泛使用。

4. 布洛芬

该药也是较为安全的药物，对胃肠刺激和血小板影响不大。但在脱水、血容量低和心输出量低的状态下偶见可逆的肾损伤。过量服用可能有中枢神经系统抑制、癫痫发作等。

>> **新手妈妈大课堂**

不宜给宝宝使用氟哌酸

在国内儿童使用氟哌酸相当普遍，有些厂家的药品说明书上未注明“儿童禁用”字样。

动物实验提示，幼龄动物（狗、大鼠）接受较大剂量本类的药物时可发生关节和软骨损害。虽然人类尚未完全澄清其对儿童关节的远期影响（因为这需要 10 年以上的随访），但多数学者认为，儿童不宜使用氟哌酸，并且孕妇和哺乳妇女也不宜使用。

多痰的用药原则

宝宝在患急性支气管炎和肺炎时，在气管、支气管、肺泡中有大量的痰液，在应用抗生素的同时，可选用祛痰药，如氯化铵、远志酊等。由于这些祛痰药常可引起恶心、呕吐，所以用量不宜过大，以免导致电解质平衡紊乱。因此最好选用包含上述药物成分的药水，一般用量按每岁每次 1 毫升，每日服 3 次。

对于咳痰的病儿可酌情选用以下中成药进行治疗：

如因宝宝肺热宿滞，感冒风寒引起的发高热、流清鼻涕、咳嗽痰多、胸膈不利、呕吐痰水者，可用“九宝丹”，因为它具有清热解毒化痰止咳作用。每次一丸（3 克），日服 2 次，温开水送服，周岁内的宝宝酌情减量。

对于由肺胃热盛、感冒风邪引起的发高热、咳嗽痰盛、气喘、烦躁惊厥者，可用“妙灵丹”，因为它具有清热解表，祛风化痰的作用。每次一丸（15 克），日服 2 次，温开水送服，周岁内的宝宝酌情减量。

对于因风寒感冒、内热停食所引起的发热、咳嗽痰多、气喘、咽喉肿痛者，可用“解肌宁嗽丸”，每次一丸（3克），日服2次，温开水送服，周岁以内的宝宝应酌情减量。

对于宝宝因肺经热盛引起的咳嗽痰盛、气喘、咽痛、口干渴者，可选用“清金理嗽丸”，因为它具有清肺止嗽、化痰定喘的作用，每服一丸（3克），日服2次，温开水送服，周岁内的宝宝，酌情减量。

盗汗的用药原则

盗汗是指睡熟后出汗，醒生汗止。盗汗分为两种：一种是属生理性的；一种属病理性的。在治疗时，首先应明确诊断，才能针对性的用药。

生理性盗汗是由于小儿新陈代谢旺盛，神经系统发育还不健全，调节功能也欠完整，所以当孩子睡熟后有出汗现象，但不伴有其他症状。孩子的精神、饮食、面色、大小便都正常，对此尚无须治疗，过段时间就会自愈。病理性盗汗，多见于结核病和佝偻病。如果病儿在出盗汗的同时还会伴有其他症状，如伴有低热、咳嗽时，可能是患了肺结核；伴有睡觉不踏实、烦躁易怒、腹胀、出汗有酸味、尿味刺鼻等，很有可能是佝偻病的早期。对此，应及时找医生诊治。

中医认为盗汗多因表虚不固，气阴虚热等原因所引起。在治疗时应分清病因。

表虚不固的特点：以自汗为主，伴有盗汗，病儿神倦无力，面色少华，手足欠温，舌质淡舌苔薄白。治疗时，应选用具有益气固表作用的药如“玉屏风散”，它是由黄芪30克、防风30克、白术60克，共研成细粉，和匀后备用。用时周岁以内的小儿每次1克，日服2次，温开水调匀后喂服；2~4岁每次2~3克，日服2次；5岁以上每次可用5克，日服2次温开水调匀后服。

玉屏风散中的黄芪能补气固表，白术健脾益气、滋气血之源。两药全用气旺表实则汗止。方中的防风能走表祛风，而且还能协助黄芪益气御风，所以玉屏风散，治疗因表虚不固引起盗汗、自汗有很好的疗效。

气阴虚弱的特点：以盗汗为主，也伴有自汗，汗出较多，病儿消瘦、口干、精神萎靡不振、哭声无力、手足心热、睡觉不实、舌质淡舌苔少。治疗时应选用具有益气养阴作用的药，如"生脉散"或"生脉饮"。它是由人参、麦冬、五味子所组成。其中人参补肺益气、生津止渴；麦冬能养阴生津，清虚热而除烦躁；五味子具有酸收肺阴止汗而生津，并可安神宁心，所以是治疗因气阴虚弱所致盗汗的理想药。用生脉饮时，周岁内的小儿每次服1/3瓶，口服2次；2~5岁每次服1/2瓶，日服2次。另外对于孩子出盗汗又查不出任何原因者，可用五倍子适量或五倍子加明矾共研成细粉，用温开水或醋调成糊状，敷于肚脐上，每日一次，据观察效果，此法也很好。

感冒药的使用原则

感冒是小儿常见病，一年四季均可发生，治疗小儿感冒的药物较多，但如果使用不当，会事倍功半。小儿怎样正确服用感冒药呢？

1. 急于退热

发热是身体的一种防御性反应，既有利于歼灭入侵的病菌，又有利于孩子的正常生长发育。但高热时（39℃以上）应在医生指导下退热。退热的最好办法是物理降温，如冷敷、酒精擦浴等。如物理方法不能使体温下降，可配合使用退热药。常用的退热药有：10%~20%安乃近滴鼻液，每次1~3滴；扑尔敏片，每天每千克体重0.35毫克，分3~4次口服；小儿退热栓，每次半粒到1粒，塞入肛门，一日不超过3次，退热后停用。不要使用APC（复方阿司匹林），因为APC有兴奋作用，而婴幼儿的神经抑制机制尚未健全，高热时使用，易诱发惊厥，还会因大量出汗引起虚脱，甚至因血液中游离胆红素堆积而出现黄疸。

2. 随便使用抗生素

感冒大多为病毒感染，抗生素对病毒无效。常用的抗病毒药有：

（1）氮唑苷，每日每千克体重10~20毫克，分3次服，或按每日每千克体重10~15毫克肌内注射或静脉滴注。

（2）板蓝根冲剂，每次半袋，每日3次，开水冲服。

（3）双嘧达莫（潘生丁），1日2次，1次5~25毫克，口服。

以上药物可酌情选用,效果比较可靠,不良反应小。

3. 以下情况,可考虑合用抗生素

服用抗病毒药物不能退热;预防6个月龄以下婴儿发生继发性细菌感染;血液检查白细胞数明显增高;经常患扁桃体炎;出现支气管炎或肺炎。

4. 用何种药物,都要注意以下几个问题

(1)剂量不得过大,服用时间不应过久。

(2)服药期间多喝开水,以利药物的吸收和排泄,减少药物对小儿身体的毒害。

(3)3岁以下小儿,肝、肾还未发育成熟,不要口服或注射扑热息痛。

(4)小儿或其家庭成员有解热药过敏史者,不要用退热药。

(5)退热药不要和碱性药同时服用,如小苏打、氨茶碱等,否则会降低退热的效果。

如何使用爽身粉

爽身粉有去汗、爽身、防痱、润滑等作用。搽后会使人感到凉爽、舒适,故在炎热的夏季,一些妇女在洗澡后喜欢在身上扑一些爽身粉。但是,长期过多地使用爽身粉,对妇女及婴幼儿却有不可低估的隐患。

爽身粉主要原料是滑石粉,而滑石粉具有明显的致癌作用。近些年国内外一些医学家发现,女性阴道长期接触滑石粉与各种卵巢肿瘤的发生有密切的联系。美国医学家从大量病理检查中发现,约有75%的卵巢恶性肿瘤患者,在其组织切片中可见到2微米左右的滑石粉颗粒,临床流行病学调查也表明,大多数卵巢癌患者都有阴部接触滑石粉多年的历史。国内有关专家通过调查研究后也发现,如果妇女长期在会阴等部位扑用爽身粉,可使卵巢发病的危险性增加3.8倍。

滑石粉中含有一种叫作苄丙酮豆素的物质,可以通过婴幼儿柔嫩的皮肤吸收进入血液,引起血液中维生素K的含量急剧下降,发生贫血、黄疸等一系列综合征。因此,妇女及婴幼儿应尽量少用爽身粉,以及用滑石粉为原料制成的痱子粉、香粉等。

不给宝宝使用“鼻眼净”

小儿患上呼吸道感染出现鼻塞症状时,因影响呼吸常哭闹不安,还可影响吃奶和睡眠,如果能局部用药消除鼻塞使呼吸通畅,则可明显改善上述症状。但婴幼儿禁用鼻眼净,因其有致心动过缓和血压下降等危险,重者可危及婴幼儿生命。

鼻眼净也称滴鼻净,学名为盐酸萘甲唑啉,属拟肾上腺素类药物。该药具有强烈的收缩血管作用,收缩鼻黏膜、缓解鼻塞疗效确切,常用浓度为0.1%,滴药1次大约可维持4小时左右,成人常用来缓解上呼吸道感染、鼻炎等引起的鼻塞。但由于婴幼儿对该药特别敏感,耐受力低,而且鼻腔黏膜吸收迅速而完全。婴幼儿相对用量较大,体重3千克的新生儿用2滴相当于体重60千克的成人用40滴,体重10千克的1岁小儿用2滴相当于成人用12滴,所以小儿使用鼻眼净极易产生中毒反应,出现面色苍白、嗜睡、呕吐,严重者可致昏迷甚至死亡,因此3岁以下婴幼儿禁用鼻眼净,3岁以上小儿可根据情况选用浓度较低的0.05%鼻眼净。

>> 温馨提示

婴幼儿鼻塞,应首先用棉签清除鼻内的分泌物,如仍不通,还可以用热毛巾敷鼻部及前额,但切忌使用鼻眼净。

不宜给宝宝使用四环素

四环素类的药对8岁以前的孩子已被禁用。

因为用后常可刺激胃肠道,引起恶心呕吐、腹泻。8岁以前的孩子过多服用四环素后,可造成四环素牙,使牙齿变成永久性黄棕色,甚至使乳牙及恒齿的釉质发育不良;有时可出现暂时性阻碍孩子骨骼生长;用药后还可发生过敏反应,如药疹、肛门及外阴瘙痒;长期或大量使用四环素可造成肝、肾损害,血栓静脉炎,并且还可能造成尿中核黄素排泄增加。有的由于给孩子用四环素而引起体内正常菌群紊乱，导致耐药的葡萄球菌、大肠杆菌、真菌等二重感染，而且还可使肠道内制造B族维生素及维生素K的细菌遭到抑制，而出现维生素缺乏症。对于婴儿使用四环素的危害更大。

由于婴儿血脑屏障发育不全，通透性很高，使用四环素后，极易进入颅内而造成颅内高压症。一般在用药后5小时~4日出现，轻者可见孩子的前囟门隆起，重者可出现烦躁不安、哭闹、昏睡、拒食和呕吐等，如果不治疗及时，常可危及孩子的生命。因此小儿要禁用四环素。

第四章

宝宝疾病食疗方法

宝宝在不断地成长发育，所需要的营养非常多，如果不能科学喂养，可导致各种疾病的发生，并降低宝宝的机体抵抗力，所以在宝宝生病期间科学喂养更为重要。

咳嗽食疗方

咳嗽是儿科中常见的病症，可见于宝宝多种疾病中。宝宝不知冷热，机体防卫能力差，体若藩篱，易受外侵袭，故常因呼吸道感染而咳嗽。或因病后失调，肺气虚弱，亦易致外感而引起咳嗽。咳嗽虽非重症，但常使患儿夜不安寝，日不思食，影响宝宝的生长发育，所以应加以重视。咳嗽的治疗，除了一般的用药外，可配合适当的药饮食疗，尤其是迁延日久的咳嗽，效果更佳。

萝卜蜂蜜饮

【原料】 白萝卜5片，生姜3片，大枣3枚，蜂蜜30克。

【制作方法】 将萝卜、生姜、大枣加水适量煎沸约30分钟，去渣，加蜂蜜，再煮沸即可。温热服下。每日1~2次。

【特点】 萝卜味辛、甘，性凉，有清热生津，凉血止血，化痰止咳等作用。其醇提取物对革兰阳性细菌有较强的抗菌作用。生姜是散风寒、止呕下气的常用药，大枣多作和胃养血及调和药物使用。蜂蜜润燥止咳，常饮可起到散寒宣肺，祛风止咳的作用。

治疗伤风咳嗽，以风寒感冒咳嗽为宜。

>> 温馨提示

体弱易感冒咳嗽，久治不愈或反复拖延的宝宝可试用。但风热咳嗽，见发热痰黄者，则不宜选用。

丝瓜粥

【原料】 丝瓜500克，粳米100克，虾米15克，姜、葱各适量。

【制作方法】

(1)丝瓜洗净，去瓤切块备用，粳米洗好备用。

(2)锅内加水，上火烧开，倒入洗好的粳米煮粥，将熟时，加入丝瓜块和虾米及葱、姜烧沸入味即成。

【特点】 丝瓜含有皂甙、丝瓜苦味素、瓜氨酸、木聚糖、脂肪、蛋白质、维生素B、维生素C等成分，其味甘性凉，能清热、凉血、解毒，与粳米、虾米同用煮粥，有清热和胃、化痰止咳作用。对治疗慢性支气管炎、咳嗽或咽喉肿痛均有一定效果，可供早晚餐用。

核桃鸭子

【原料】 核桃仁20克，荸荠150克，老鸭子1只，鸡肉泥100克，鸡蛋清1只，花生油适量，湿淀粉少许。

【制作方法】

(1)将鸭子宰杀，去内脏，洗净，用开水浸一遍，置盆内，加葱、姜、盐、味精少许，上笼蒸熟，取出晾凉后，去骨，切成块。

(2)核桃仁、荸荠洗净，均切成碎末状，与鸡肉泥、鸡蛋清、少许湿淀粉共调成糊状。

(3)将糊淋在鸭膛上，下油锅炸酥，捞出，控油即成。佐餐食用。

【特点】 核桃仁能补肾助阳、补肺敛肺、润肠通便。荸荠味甘性寒，能清热生津、化痰消积。鸭肉味甘、咸，性微凉，能补阴益血、清虚热，可治咳嗽。此菜有补肾温肺、化痰止咳的作用。对治疗宝宝肾虚久咳、慢性气管炎、支气管哮喘等症有效。

百合蜜

【原料】 百合60克，蜂蜜30克。

【制作方法】 将百合洗净晾干，与蜂蜜拌匀，放入瓷碗中，置沸水锅中隔水蒸熟即成。

【特点】 百合含淀粉、蛋白质、脂肪、多种生物碱、钙、磷、铁等成分，有止咳作用。百合与蜂蜜共用，其润肺止咳作用更强。此品对治疗宝宝慢性支气管炎、咽干燥咳嗽，特别是入秋之后的咳嗽伴有便秘者更宜。

雪梨炖冰糖

【原料】 雪梨1~2个，冰糖30~60克。

【制作方法】

(1)将雪梨去皮去核，与冰糖同放在瓷碗内。

(2)锅置火上，将瓷碗放在屉内，炖至冰糖溶化即成。

【特点】 梨润肺清热、生津止渴，与冰糖同用，增强润肺止咳作用。可治疗肺燥咳嗽，干咳无痰，唇干咽干等症。咳嗽有痰者不宜用。

醋饮

【原料】 白醋适量。

【制作方法】 将醋烧沸，放凉后备用。

【服法】 每次服一小匙，慢慢咽之，日咽数次。

【特点】 醋味酸、甘，性平，有散瘀、解毒、消肿的功用。用于治疗咽炎咳嗽，取其消除咽痒的功效。见患儿因痒而咳，遇风则甚。所谓“痒则咳，不能已矣”。

>> 温馨提示

醋饮有时可收到意想不到的功效。但对脾虚湿盛，有骨关节病痛者不宜。病愈即止，多食会损齿伤胃。

佝偻病食疗方

维生素D缺乏性佝偻病俗称宝宝软骨病，是宝宝常见的一种慢性营养缺乏症，维生素D缺乏时人体内钙、磷代谢紊乱，影响宝宝的骨骼发育，骨骼生长缓慢、畸形、甚至骨折。除了用药及饮食调养外，本病患儿还应适当活动，接触野外的新鲜空气和阳光，以促进营养的利用，不要唯恐患儿体质虚弱、不耐风寒等而闭室户内，长期抱养，这样反而不利患儿的生长发育，甚至加重病情。

同时，辅以饮食配合治疗，则不失为简单、方便而有效的方法。

虾皮蛋羹

【原料】 虾皮10克,鸡蛋1个。

【制作方法】

(1)虾皮择去杂质,洗一下,鸡蛋磕入碗内搅打成泡,然后放入虾皮搅拌均匀。

(2)将盛有鸡蛋液碗放入蒸锅中蒸熟,佐饭吃。

【特点】 虾皮含钙、碘丰富,是宝宝骨骼生长必不可少的食品。此羹经常食用,可防止宝宝骨骼钙化不全的症状。

香浓胡萝卜奶糊

【原料】 胡萝卜200克,核桃仁50克,花生仁50克,黑芝麻40克,牛奶1杯。

【制作方法】

(1)将胡萝卜洗净,去皮,切丁。

(2)将切好的胡萝卜与核桃仁、花生仁、黑芝麻一起放入搅拌机打碎呈碎末状。

(3)将(2)中的材料加入牛奶,搅拌均匀。

(4)把拌好的材料倒入锅中,煮开后用少量盐调味即可。

【特点】 这道粥口感细腻,香味浓郁,营养丰富,是帮助宝宝成长发育的好食品。第(2)步搅碎时可视宝宝月龄而定,宝宝越小越需要搅拌碎。

羊骨粥

【原料】 羊骨一付,陈皮6克,良姜6克,草果2个,生姜30克,盐适量,粳米(或小米)50克。

>> 温馨提示

羊骨熬煮应用文火缓炖,时间宜长,超过2小时以上。汁成后应过滤,以去油膜。也可先用高压锅煮15~20分钟,再用砂锅慢熬。

【制作方法】 将羊骨全捶碎,放锅内加水熬煮,放入佐料,慢火熬成汁,滤出澄清,用此汁煮粥食之,亦可做羹汤食之。常用有效。

【特点】 本膳不但“以形取形”，而且“以物类形”，因羊胫强而善行。故本膳具有补肾、强腰、健骨的作用。适宜五迟之症，尤宜站立行走迟缓、骨软乏力的患儿常服。

骨枣汤

【原料】 动物骨(长骨或脊骨，猪、牛、羊骨均可)250克，红枣15～25枚，生姜数片。

【制作方法】 将骨头洗净捣碎，与红枣、生姜同置瓦煲内，加水适量，用旺火烧沸，后用文火烧2小时以上，汤稠之后，根据食者喜好调味即成。

【特点】 动物骨中含有丰富的钙、髓质，还含有其他营养成分，有益髓生骨的作用，红枣补中益血。骨枣汤益髓养血、助骨生长效果明显。汤鲜味香，可午餐时饮用。

香菇粥

【原料】 香菇5克，粳米50克。

【制作方法】

(1)将香菇用冷水洗净，切碎，粳米淘洗干净。

(2)锅置火上，放入适量水、香菇、粳米同煮粥，粥熟即成。

【特点】 香菇为补偿维生素D的要剂，预防佝偻病，并治贫血。此粥可治疗宝宝食欲不振、佝偻病、贫血等症。

虫草排骨煨鲍鱼

【原料】 猪排骨250克，冬虫夏草6克，枸杞子15克，鲍鱼200克，鸡汤、料酒、葱、姜、盐各适量。

【制作方法】

(1)将鲍鱼清洗干净，去鳞、内脏、鳃，下入砂锅中用水煮软，猪排骨洗净，切成小块，在开水中焯一下，捞出，用凉水冲干净，去血水。

(2)砂锅内放入排骨、鲍鱼、鸡汤，用文火炖煮2小时，加入料酒、葱、姜、盐及虫草、枸杞，继续煮半小时，即成。

【特点】 本膳补虚弱，壮腰膝，强筋骨，益气力，可促进骨骼发育，防止宝宝软骨病发生。

感冒食疗方

萝卜生姜汁

【原料】 鲜萝卜250克，生姜15克。

【制作方法】

(1)将萝卜、生姜洗净，萝卜连皮，生姜刮皮，两者均切碎捣烂，用干净纱布绞汁。

(2)将汁分次慢慢咽服。

【特点】 萝卜味辛、甘，性凉，具有凉血止血，化痰止咳，利小便及解毒的功效。其醇提取物对革兰氏阳性细菌有较强的抗菌作用，水浸剂对多种皮肤真菌有抑制作用。生姜辛温散寒和胃。本药汁能祛寒疏风，解毒消肿。用于风寒感冒，咽喉肿痛，声哑者尤宜。

>> 温馨提示

萝卜生姜汁：脾胃虚寒者不宜服用，不要与人参、地黄、首乌等补药同时服用。

白菜绿豆汤

【原料】 大白菜根数个，绿豆30克，白糖适量。

【制作方法】 先将绿豆洗净，放入锅中加水，用中火煮至半熟。再将白菜根洗净，切成片，加入绿豆汤中，同煮至绿豆开花、菜根烂熟，即成白菜绿豆汤，饮时加入白糖调味即可。

【特点】 清香且甜，绿豆可食。

荷叶粥

【原料】 鲜荷叶1张，粳米50克。

【制作方法】

(1)将粳米淘洗干净，荷叶洗净。锅置火上，放入清水适量，放入米煮粥，煮时将荷叶盖于粥上，煮熟即成。

(2)也可将荷叶洗净切碎煎汁，调入粥内，加白糖吃粥，可任意食用。

【特点】　荷叶是清热解暑的良药，与粳米煮粥，有健胃解暑的功效。暑天感冒，困倦乏力、头重、不思饮食者，可用此粥代餐。一般暑天感冒皆可食用。

豆腐葱花汤

【原料】　鲜豆腐2块，葱2~4根，油、姜片、酱油、香油、味精各少许。

【制作方法】

(1)豆腐切成小块或条，在清水中浸泡半小时，放入油锅中稍煎，加入适量清水，同时放进姜片、酱油，煮沸后再煮20分钟。

(2)将葱切碎，拌入豆腐汤内，烧开后，淋入香油，撒上味精即成。

【特点】　鲜嫩醇香，开胃进食，佐餐吃豆腐，饭后喝汤。

呕吐食疗方

呕吐是由于食管、胃或肠道呈逆行蠕动并伴有腹肌强力痉挛性收缩引起的，同时迫使食管或胃内食物从口腔涌出，是临床上宝宝常见的症状，可见于多种疾病中。中医认为其病机在于胃失和降，气逆于上所致。由于宝宝“脾常不足”，脏腑薄弱，外感六淫，内伤饮食，蛔虫侵扰和惊吓跌仆等，均可引起脾胃功能失调而发生呕吐。此外，宝宝哺乳后，乳汁随口角溢出，称“溢奶”。多为哺乳过急、过量或方法不当而致，并非病态，应注意改正哺乳方法。

中医依据寒、热、虚、实对呕吐进行治疗，但若患儿因高热惊厥而频繁呕吐，或腹胀如鼓、大便不通、腹部疼痛而致呕吐，多为急性热病或外科急腹症候，须到医院检查治疗，以免延误病情。以下提供一般的呕吐膳方以调理脾胃，读者可酌情选用。宝宝偶然呕吐，病情不重而由伤食引起者，应注意节制饮食，宜禁食1~2顿，然后再给予清淡、少油、少渣、稀软、易消化的食物，如米汤、稀粥、藕粉、面片等，可少量多餐。忌食辛辣、油辣厚味。

丁香酸梅汤

【原料】　乌梅100克，山楂20克，陈皮10克，桂皮30克，丁香5克，白砂糖500克。

【制作方法】　将乌梅、山楂择选洗净后，逐个拍破，同陈皮、桂皮、丁香一道装入纱布袋中扎口。锅中加水500毫升把药包放入水中，用文火烧沸，再转小火熬约30分钟，取出药包，静置15分钟，滤出汤汁，加白砂糖溶化即成。可作饮料随服。

【特点】 本方乌梅、山楂生津消食，陈皮、桂皮、丁香行气温中，白糖调味。本汤敛中有散，酸甜可口，用于暑热伤食伤津，挟湿之脘痞、吐泻、口渴等症。乌梅、山楂、肉桂、丁香，对胃肠道多种易感病菌有较强的抑制作用，故本汤又可作为肠炎、痢疾患者之饮料，尤其对呕吐不欲食者有效。

柿饼饭

【原料】 柿饼50克，大米250克。

【制作方法】 柿饼用水冲洗后，切成约0.5厘米见方的颗粒，用清水将大米淘洗干净后，与柿饼粒拌匀置饭盆内，掺入清水约500毫升，再放入蒸笼内蒸约40分钟，取出即成。

【特点】 本饭具有健脾、益胃、降逆之功效。对于胃气虚弱或胃虚有热之呃逆、呕吐等症有较好疗效，亦可作为病后体弱及胃神经官能症患者之用膳。

蜜饯萝卜

【原料】 鲜白萝卜500克，蜂蜜150克。

【制作方法】

(1)将鲜白萝卜丁放入沸水中立即捞出，挤干水，晾晒半日。

(2)锅置火上，将萝卜放入原汤中，加入蜂蜜调匀，小火煮沸，待冷备用。当点心分次食。或切碎略捣，绞取汁液，煮沸后加蜂蜜适量，频频温服。

【特点】 此菜有宽中消食、理气化痰作用，适用于饮食不消、腹胀、翻胃、呕吐等症。

藕汁生姜露

【原料】 鲜嫩藕适量，生姜适量，蜂蜜30克。

【制作方法】 将藕洗净切碎，绞汁约120毫升，生姜去皮洗净切碎，绞汁约10毫升，将两汁混合加蜂蜜调匀即成。一日内分次服完。

【特点】 藕汁清热生津，生姜汁和胃散寒。本露有散寒清热、生津和胃、止呕的作用。用于胃肠型感冒、烦渴、呕吐合并腹泻等症。脾胃虚寒的呕吐不宜选用。

橘茹饮

【原料】 橘皮 30 克，竹茹 30 克，柿饼 30 克，生姜 3 克，白糖适量。

【制作方法】

(1)先将橘皮洗净，切成 1 厘米宽的小长条，竹茹挽成 10 个小团，干柿饼切成 0.2～0.3 厘米厚的片，生姜洗净，切成 0.1 厘米厚的薄片。

(2)锅内(最好用砂锅)加清水 100 毫升，放入橘皮、竹茹、柿饼和姜片，烧沸用火煮 20 分钟，取出汁，再加水煮 1 次，两次药液合在一起，用清洁纱布过滤一遍，加入白糖搅匀即可。每次服 100～150 毫升。

【特点】 橘皮理气止呕，竹茹清胃止呕。此寒温并用，使清中有温，清而不寒。干柿饼含多种营养成分，能清热和胃，止呃止吐。合用有清胃降逆之功。宝宝恶心呕吐，可用此饮。

乌梅冰糖饮

【原料】 乌梅 6～12 克，冰糖 15 克。

【制作方法】 先将乌梅洗净，然后放入锅中加水适量煎煮，煮沸后 10 分钟，再加入冰糖煮 20 分钟，糖化后，即成。

【特点】 乌梅生津降逆，冰糖和中暖胃。本品可和胃降气，生津止呕。宝宝有呕吐者，可将此水频频服用，一日服用数次，定能见效。除适用于恶心呕吐外，也适用于慢性炎症所致的恶心欲吐的患儿。

便秘食疗方

便秘是宝宝常见的病症。宝宝脏腑娇嫩，肝肠易发生功能紊乱，产生便秘。特别是宝宝，因对食物的适应能力差，当改换食品后，易产生便秘。学龄前幼儿，由于不能自觉养成大便习惯，也容易发生便秘。一般来说，宝宝便秘多因喂养不当，饮食不节所致。因此，平时要注意饮食卫生，养成良好的生活习惯，定时大便，避免形成习惯性便秘。

蜜奶芝麻羹

【原料】 蜜糖 15～30 克，牛奶 100～200 毫升，芝麻 10～20 克。

【制作方法】 将芝麻炒熟，研细末，牛奶煮沸后，冲入蜂蜜，再将芝麻末放入调匀即成。

【特点】 蜜糖味甘，性平，能补中润肺，润肠解毒，为良好的营养剂。芝麻味甘性平，有补肝肾，益精血，润肠燥的作用。牛奶亦可益胃润燥，滋养补虚。三物同用，和胃养血，润肠通便。

治宝宝久病体弱，肠燥便结，尤以气血两虚为宜。

宜每日早晨空腹食用。

>> 温馨提示

痰湿腹胀，肠滑腹泻者忌服蜜奶芝麻羹。

桃肉散

【原料】 核桃肉适量。

【制作方法】 取核桃肉，在锅内炒香脆，研为细末备用。

每晚睡前服食，每次 15 克，便通后改为每次约 10 克。

【特点】 核桃即胡桃，由于含丰富的脂肪油，故有润肠通便的作用。

适用于宝宝无定时大便而形成的习惯性便秘，用之有良效。

>> 温馨提示

火热症引起的便秘不宜选用桃肉散。

芝麻杏仁糊

【原料】 黑芝麻、大米各 30 克，杏仁 10 克。

【制作方法】 将黑芝麻、大米用水浸透至软，研磨成糊。再将杏仁研成细末，放入芝麻米糊内，用沸水冲调成稠糊状即成。加糖后食用。

【特点】 芝麻润肠通便，滋阴养血，杏仁苦泄降气，润肠通便，与大米同用，则起润肠通便，健胃益阴作用。用于肺燥便结症。

>> 温馨提示

湿热内盛，风热感冒者不宜选用芝麻杏仁糊。

遗尿食疗方

肉苁蓉粥

【原料】　肉苁蓉10~30克，精羊肉30~60克，粳米30~60克，姜葱少许。

【制作方法】　先将肉苁蓉置砂锅煮烂，留汁去渣，再加入羊肉、粳米慢火煮成稀粥。粥成后入姜葱，再煮沸即成。调味后做晚餐食用。

【特点】　肉苁蓉味甘咸，益肾，性温无毒。《神农本草经》载："味甘微温，主五劳七伤，养五脏、益精气，久服轻身。"羊肉填精益肾，性温，粳米健胃。此粥多服则有温肾暖胃，益精养血的功效。可治肾虚不足，阳虚便秘，遗尿诸症。

猪肾粥

【原料】　猪肾（腰子）2枚，粳米50克，姜、葱适量。

【制作方法】　将猪肾洗净，用开水稍烫去除腥异味，与粳米合煮成粥，将熟时入姜葱。调味后适宜晨起作早餐食用。

【特点】　本粥取中医"以形补形"的用药原则，有补肾强腰、健脾和胃的作用。可治遗尿诸症，常食有较好的辅助治疗作用。

疳积食疗方

疳积是宝宝常见病之一，系由食滞不化、脾胃虚损、运化失宜致气液耗损、脏腑失养、营养不良、影响生长发育的一种慢性病。病的早期出现纳食不佳、厌食、腹胀、嗳腐、大便腥臭，重者头发稀疏，精神疲惫，腹大肢瘦，青筋暴露，或嗜食异物等症状。此病多发于1~5岁宝宝。本病治疗方法很多，但都见效缓慢，最好的方法当为食疗，宜用消积理脾之药膳。

乳粥

【原料】　牛乳或羊乳适量，大米60克，白糖适量。

【制作方法】 先用米加水煮粥，待煮至半熟时去米汤，加乳汁、白糖同煮成粥。早晚餐热食，空腹时佳。

【特点】 乳类均有补血润脾作用，牛乳为常食的营养滋补食品，富含蛋白质、脂肪、糖类及维生素类，蛋白质中含人体必需的氨基酸。同米煮粥，既可增强健补脾胃的作用，又能延缓在胃肠内消化吸收的时间，加强补益作用。

>> 温馨提示

做乳粥时，炎热的夏季，一定要用新鲜的乳汁，变质的不可食用。

用于宝宝营养不良，发育缓慢，肢体消瘦，气血不足，面色萎黄等。

枣黄面丸

【原料】 大枣肉 100 枚，大黄 30 克，白面 100 克。

【制作方法】 将大枣去核，再将大黄研末，做成如枣核大的丸，塞入大枣内，外面裹以面，在火中煅极熟，捣为丸，如枣核大即成。每次服 7 丸，1 日 2 次。

【特点】 健脾消积，主治宝宝疳积的脾虚夹积滞者。

二丑消积饼

【原料】 黑丑 60 克，白丑 60 克，面粉 500 克。

【制作方法】 先将二丑炒香脆，研成极细末，调和面粉，加白糖适量，焙制成饼干，每片 3 克，每次 1 ~2 片，每日 3 次。

【特点】 消食导滞，适用于宝宝积食。

焦三仙

【原料】 麦芽 30 克，山楂、神曲各 10 克。

【制作方法】 将三味放锅中炒焦存性，研成细末，分成小包，每包 3 克，每次 1 ~2 包，每日 3 次。

【特点】 消食导滞，对宝宝疳积有效。

健脾茶

【原料】 橘皮 10 克，荷叶 15 克，炒山楂 3 克，生麦芽 15 克。

【制作方法】 橘皮、荷叶切丝，与山楂、麦芽一起，加水煎半小时取汁。代茶饮。

【特点】 健脾祛湿，消积化滞，适用于宝宝疳积。

鸭粥

【原料】 青头雄鸭一只（约重2000克），粳米适量，葱白3根。

【制作方法】

（1）将青头雄鸭宰杀，除去毛及内脏，洗净，去骨，切成细丝（或薄片）。

（2）锅上火，放入鸭肉，烧沸，加入粳米、葱白煮粥。亦可先将鸭煮汤，用鸭汤煮粥。

【特点】 鸭肉含丰富的蛋白质、脂肪、碳水化合物以及B族维生素、无机盐等，可补身体，增强营养。鸭汤和粳米做粥，更具有健脾和胃作用。用于营养不良，久病体弱，食少消瘦，尤其适宜宝宝疳积见水肿者。主要是用鸭肉汤煮粥，味香适口。

淮莲汤

【原料】 淮山、莲子（去芯）、芡实各30克，瘦猪肉100克，酱油、花生油、葱、盐、姜各适量。

【制作方法】

（1）将淮山、莲子、芡实洗净，瘦猪肉在沸水锅中稍烫，除去血腥味，切成块，备用。

（2）锅中加油，先入葱、姜炒香，再下入猪肉和酱油、盐烧沸，下入淮山、莲子、芡实，用文火炖汤。

【特点】 淮山、莲子、芡实均为健脾益气、固肾开胃的常用药，同时还含有淀粉类碳水化合物、钙、铁、磷等物质，并有一定糖类及脂肪等，富有营养。猪瘦肉滋阴养血，营养丰富。多味同用，可起到健脾益血、开胃消滞的功效，很适合用于久病体弱，脾胃呆滞，少食神倦，不思饮食的疳积患者。

山楂糖水

【原料】 山楂60克，红糖30克。

【制作方法】 将山楂洗净后放入砂锅，加水适量，用文火煮5分钟，加红糖稍沸即成。

每日1剂，分次服完，随意饮用。

【特点】 山楂味酸、甘，性微温，能健胃消食，活血化瘀，尤以消化油腻肉食积滞为良。其

> **>> 温馨提示**
>
> 脾胃虚弱而无积滞者，不宜服用山楂糖水。

所含解脂酶能促进脂肪分解多种有机酸，可提高蛋白分解酶的活性，使肉食易被消化。红糖味甘、性温，能补中活血。此方有消食、开胃、健脾作用。用于治疗宝宝疳积，厌食异食症。

栗子山药姜枣粥

【原料】 栗子30克，大枣30克，山药60克，生姜6克，粳米100克，红糖适量。

【制作方法】

(1)将栗子剥壳除皮，山药去皮洗净，大枣生姜洗净，大米淘洗干净。

(2)锅置火上，放入适量清水，下大枣、山药、生姜、粳米同煮粥，粥成后加红糖调味。

【特点】 栗子健脾止泻，富有营养，大枣益气养血，山楂健脾和胃，生姜暖胃和中。此粥有温胃健脾、消滞止泻的作用。适用于宝宝消化不良、胃肠功能紊乱，或久泻不止、大便溏稀的疳积。早晚服食，连服7天为1个疗程。

>> 温馨提示

胃阴不足、大便干结的患儿不宜食用栗子山药姜枣粥。

缺铁性贫血食疗方

营养性缺铁性贫血可发生在任何年龄段的宝宝上，6个月~3岁的宝宝更容易发病。主要表现为体力差、易疲劳、不活泼、不爱动、胃口差、精神萎靡。年长儿会头晕、耳鸣、眼花、生长发育缓慢，也可有烦躁不安、多动、注意力不集中。反应迟钝、记忆力差、智力减退，以及心率加快、气短、心脏扩大、抵抗力差等症状。治疗上主要是以调整改善饮食，补充铁剂，益气养血，健脾补肾。本病食疗效果较佳。

杏仁苹果豆腐羹

【原料】 豆腐3块，杏仁24粒，苹果1个，冬菇4只，食盐、菜油、糖、味精各少许，淀粉适量。

【制作方法】

(1)将豆腐切成小块，置水中泡一下捞出。冬菇洗净，切碎，搅成蓉，和豆腐煮至滚开，加上食盐、菜油、糖，用淀粉调成芡汁，制成豆腐羹。

(2)杏仁用温水泡一下，去皮，苹果洗净去皮切成粒，同搅成蓉。

(3)豆腐羹冷却后，加上杏仁、苹果糊、味精拌匀，即成杏仁苹果豆腐羹。

【特点】 此羹富含蛋白质和铁质，可提高宝宝免疫力，防止贫血发生。软糯、清香、嫩滑可口是宝宝可食之品。

当归生姜羊肉汤

【原料】 当归15~30克，生姜10~15克，羊肉250克，桂皮少许。

【制作方法】 当归应选用原支，不用切片。将羊肉洗净切块，起油锅翻炒片刻，加黄酒、生姜，烧焖5分钟。然后入当归、桂皮，以文火炖2小时，至羊肉酥烂，离火，去当归，调味。

饭前饮汤，每日2次，每次1小碗。羊肉作佐餐食用。

【特点】 取当归补血行气作用，并含维生素B_1、维生素B_2类物质，具有抗恶性贫血作用。羊肉味甘性温，能补血益气，温中暖肾，含有丰富的蛋白质、脂肪、磷、铁、钙、胆固醇及维生素B_1、维生素B_2、维生素B_{12}等可起到补血温中的效果。用于治疗顽固性贫血，宝宝发育迟缓，肾阳不足，有独到的疗效。

>> 温馨提示

外感病邪，素体有热，或阴虚有火者不宜选用当归生姜羊肉汤。

菠菜粥

【原料】 新鲜连根菠菜150克，粳米100克。

【制作方法】

(1)将菠菜洗净，用开水焯一下，捞出切碎，粳米淘洗干净。

(2)砂锅置火上，放入水及粳米，煮至米烂粥稠时加入菠菜，烧开即成。

【特点】 菠菜含铁量丰富，有补血作用，能治贫血，有养血止血作用。此粥具有补血、止血、润肠功能。常食此粥可防治宝宝缺铁性贫血。

鸡汁粥

【原料】 母鸡 1 只(约 1000 克),粳米 60 克。

【制作方法】 将鸡宰杀洗净,煎煮鸡汁,以原汁鸡汤分次同粳米煮粥。先用旺火煮沸,改用微火煎煮成粥。早晚餐食用。

【特点】 鸡肉味甘、微温,能温中补脾,益气养血,补肾益精,母鸡性温和,偏于补阴血。鸡肉含蛋白质、脂肪、钙、磷、铁、镁、钾、钠、维生素等,其中的脂肪以不饱和脂肪酸为主。鸡煎汁同粳米煮粥则有补脾益阴,养血强体作用。主治年幼体弱,气血不足,营养不良。凡实证、热证或邪毒未清,新感外邪者不宜选用。前人有“多食生热动风”之诫,应加以注意。

猪脊肉粥

【原料】 猪脊肉 100 克,粳米 100 克,食盐、香油、胡椒粉少许。

【制作方法】 先将猪脊肉洗净,切成小块,放锅内用香油炒一下,然后加入粳米煮粥,待粥将烂熟时,加入盐、胡椒粉调味,再煮沸即成。

【特点】 猪脊肉是指猪脊背上的精肉,古代人已作为药用。其性味甘、咸、平。猪瘦肉含有丰富的蛋白质,并含有较多的碳水化合物、钙、磷、铁等营养成分,可防止发生营养不良。此粥补益人体,宝宝常食可防止发生贫血。